工业和信息化部"十四五"规划教材

职业教育机电类系列教材

Mastercam.

CAD/CAM 应用技术

Mastercam | 项目式 | 微课版

王凯 冯娟 / 主编

王瑜 王哲 冯雨 柳亚倩 / 副主编

ELECTROMECHANICAL

人民邮电出版社

北京

图书在版编目（CIP）数据

CAD/CAM 应用技术：Mastercam：项目式：微课版 /
王凯，冯娟主编. -- 北京：人民邮电出版社，2025.
（职业教育机电类系列教材）. -- ISBN 978-7-115-65713-
8

Ⅰ. TP391.7

中国国家版本馆 CIP 数据核字第 2024JN3721 号

内 容 提 要

本书使用 Mastercam，基于项目式教学理念，通过音箱、陀螺和航空翼肋 3 个项目系统地介绍了从
CAD 到 CAM 的过程，帮助读者掌握数控木雕自动编程、数控车削自动编程和数控铣削自动编程的步骤。
本书的每个项目按照工作过程分成若干任务，用任务作为主线将相关知识点串联起来，让读者在完成任
务的同时学习相关知识点，并掌握 Mastercam 的常用功能。

本书适合作为高等院校机械、机电、数控、模具类专业相关课程的教材，也可作为从事机械设计的
工程技术人员的参考书。

◆ 主　编　王　凯　冯　娟
　　副主编　王　瑜　王　哲　冯　雨　柳亚倩
　　责任编辑　赵　亮
　　责任印制　王　郁　焦志炜
◆ 人民邮电出版社出版发行　　北京市丰台区成寿寺路 11 号
　　邮编　100164　电子邮件　315@ptpress.com.cn
　　网址　https://www.ptpress.com.cn
　　北京市艺辉印刷有限公司印刷
◆ 开本：787×1092　1/16
　　印张：18.5　　　　　　　2025 年 8 月第 1 版
　　字数：469 千字　　　　　2025 年 8 月北京第 1 次印刷

定价：69.80 元

读者服务热线：(010)81055256　印装质量热线：(010)81055316
反盗版热线：(010)81055315

推荐序

四年？还是十三年？

本书表面上看是过往四年执笔与录制的成果，但其所含知识体系与视频图文的积累要从十三年前说起。

作者团队基于 Mastercam 进行了长期的 CAD/CAM 教学实践，结合 Mastercam University 原版项目式学习（Project Based Learning，PBL）经典素材进行了线上及线下混合式教学与翻转课堂的探索。

在素材选择上，音箱和陀螺都源自生活场景，容易被读者所感知和接受，降低了入门难度，提高了技术与工具的亲和力；航空翼肋源自真实工业场景，为读者打开了生产应用的窗口。

在工艺流程上，按照单一典型零件的建模设计与加工编程全步骤，串联起各种特征加工的知识与技能，引导读者完成从概念到实物的全程体验，不仅收获了宏观与微观的有机统一，更收获了实践中的酸甜苦辣。

Mastercam 依托 40 余年的积累，在全球范围内有着最为广泛的应用场景，持续培育、塑造着制造业的未来。截至 2023 年，Mastercam 已经连续 29 年荣获 CAM 软件装机量世界冠军。基于 Mastercam 如此广泛长久的应用积累，本书将为 CAD/CAM 初学者打开前所未有的新世界，为形成基于 Mastercam 智能制造平台的新质生产力打下坚实的基础！

马斯康（浙江）信息技术有限公司首席执行官

黄昌秀

本书内容由浅入深，首先介绍 Mastercam 的基本操作，然后通过音箱、陀螺和航空翼肋 3 个基于项目导向学习理念的案例，让学生围绕项目的真实任务，综合各学科知识，在合作学习的环境下，设计并实施一系列的探究活动，并对探究成果进行表达和交流，帮助学生熟练掌握用 Mastercam 完成实际项目的过程。其中陀螺项目主要介绍回转体零件车削的三维造型、加工工艺方案设计和自动编程的全过程，音箱和航空翼肋两个项目主要介绍木雕、铣削的三维造型、加工工艺方案设计和自动编程的全过程。本书从实用的角度出发，将 3 个项目基于工作过程划分为若干个循序渐进的任务，结构严谨、条理清晰、易学易用，注重实用性和技巧性。书中操作步骤明确，插图详尽，可操作性强。

为方便教学，本书配有电子教案、课件、源文件等资源，读者可以登录人邮教育社区（www.ryjiaoyu.com）下载查看。

为深入贯彻党的二十大报告中提出的"推进教育数字化，建设全民终身学习的学习型社会、学习型大国"要求，本书在编写过程中，将电子资源与纸质教材关联在一起，实现传统教材与新媒体数字资源的充分融合。本书中的微课视频已经上线智慧职教 MOOC 学院，并于 2023 年 1 月被教育部认定为 2022 年职业教育国家在线精品课程。微课视频能帮助学生掌握零件从建模到虚拟加工的全过程，大幅提高学习效率。此外，本书注重提升学生的职业素养，考虑航空工业技术特点，通过小提示的方式将素养内容与课程任务进行了有机结合。本书设计了"科技突破""大国工匠"等素质教育模块，在向学生传递知识和培养能力的同时，实现价值塑造，结合专业知识提高学生精益求精的专业素养，践行大国工匠精神，激发学生科技报国的家国情怀和使命担当，在潜移默化中提升育人效果。素质教育环节设计如下表所示。

素质教育环节设计

素质教育环节	数量（个）
科技突破	5
学习党的二十大报告	4
大国工匠	5
赛证练习	4
大国重器	5
科技词条	8
人物长廊	5
合计	36

本书的参考学时为 48 学时，建议采用理论实践一体化教学模式，各项目的参考学时见下面的学时分配表。

学时分配表

项　　目	课　程　内　容	学　　时
微课视频	135 个基础知识讲解视频（551 min）	10
项目 1	Mastercam 入门（演示视频 8 个，27 min）	4
项目 2	仿真加工实战——音箱（演示视频 30 个，91 min）	10
项目 3	仿真加工实战——陀螺（演示视频 20 个，41 min）	12
项目 4	仿真加工实战——航空翼肋（演示视频 14 个，124 min）	12
总计（视频时长共计 834 min）		48

本书由西安航空职业技术学院的王凯、冯娟任主编，王瑜、王哲、冯雨、柳亚倩任副主编。马斯康（浙江）信息技术有限公司李幸呈负责提供 Mastercam 案例并组织协调技术团队提供了技术支持。参加编写的人员还有西安航空职业技术学院的叶婷、刘强、王超、白玉田，叶婷、刘强、王超、白玉田参加了部分视频的录制工作。

由于编者水平有限，书中难免存在欠妥之处，恳请广大读者不吝赐教。

天道酬勤，熟能生巧，以此与读者共勉。

编　者
2025 年 1 月

"CAD/CAM 应用" 微课简介

  "CAD/CAM 应用"是国家级双高专业群核心课程、国家级骨干专业重点建设课程。该课程于 2019 年上线智慧职教 MOOC 学院，2021 年被认定为"陕西省职业教育在线精品课程"，2023 年 1 月获批教育部"2022 年职业教育国家在线精品课程"。

  课程团队充分利用"双高计划""虚拟仿真实训基地"等建设项目，采用校企深度合作的方式，将计算机辅助设计与制造的新技术、新方法引入课程内容，制作了航空零部件设计、仿真加工设置和实操加工等数字化课程资源（共 200 余个，其中视频有 144 个）。

（一）课程定位

  "CAD/CAM 应用"是装备制造大类的一门专业核心课程，主要对接生产制造类企业计算机辅助设计与制造等岗位，融合数控程序员大赛、数控车铣加工"1+X"证书的要求，帮助学习者掌握数字化设计与制造的基础知识、典型零件的数字化设计与加工方法，成为适应制造领域数字化、信息化发展的具有创新意识的高素质技术技能人才。

（二）课程目标

  知识目标：了解 CAD/CAM 的基本概念及系统组成，掌握线框、曲面、实体造型方法及典型零件的刀具选型、路径规划、程序编制与数控加工方法。

  能力目标：具备利用 CAD/CAM 软件对典型零件进行造型、数控编程及加工的能力。

  素质目标：培养良好的职业道德，爱岗敬业、精益求精的职业素养，团队协作精神和创新意识。

（三）课程结构与内容

  依据企业的计算机辅助设计与制造岗位需求、全国数控大赛数控程序员赛项要求、数控车铣加工"1+X"证书标准等，通过融合岗、赛、证中对数字化建模与虚拟加工的要求，选用企业真实案例，将典型生产任务转化为模块化学习内容，将"航空报国"等思政元素融入课程。

微课目录

	名称	内容简介	二维码
导学篇	1. 导学	带领大家认识计算机辅助设计与制造，了解 Mastercam 以及 CAD/CAM 人才发展的职业通路，从而开启课程的学习	
	2. 课程简介	主要介绍"CAD/CAM 应用"课程的基本信息、结构与主要内容，以及课程建设历程、教学组织安排、教学活动过程、学习考核评价、教学环境、教学效果和特色创新等	
初识篇	1. 概述及安装	介绍 Mastercam 的基本信息、安装方法及注意事项	
	2. 软件启动及许可证查看	讲解软件安装完成后，正常启动软件的方法，以及许可证的类型、编号、到期时间、版本信息的查看方法	
	3. 公制和英制相互转换	讲解如何在 Mastercam 中进行公/英制单位的相互转换	
	4. 界面	讲解 Mastercam 的界面	
	5. 认识操作管理器	讲解 Mastercam 中的【刀路】、【实体】、【平面】和【层别】等多种管理器	
	6. 【文件】选项卡	介绍软件后台管理页面【文件】选项卡中的内容	
	7. 层别设置	在 Mastercam 中进行 CAD 绘图或数控编程时，介绍模型的图素颜色、层别和属性的设置方法，本视频主要演示设置层别的操作方法及注意事项	
	8. 抓点设置	讲解抓点设置的方法及注意事项	
	9. 缩放设置	介绍缩放的目的、缩放的方式及操作方法	
	10. 图素的删除及分析	删除的目的是将多余的部分除去，主要方法有按【Del】键法和鼠标右键法。本视频主要演示删除及分析图素的操作方法	

	名称	内容简介	二维码
CAD 二维线框基础篇	1. 点的绘制	Mastercam 为用户提供了多种绘制点的工具及命令,这些工具的启动命令位于【线框】工具栏的【绘点】工具组中。本视频主要演示点的绘制方法	
	2. 绘线操作	Mastercam 为用户提供了多种绘制直线的工具及命令,包括绘制任意线、近距线、平行线等,这些命令位于【线框】工具栏的【绘线】工具组中。本视频主要演示线的绘制方法	
	3. 圆及圆弧的绘制	Mastercam 为用户提供了多种绘制圆/圆弧的工具及命令,包括圆心+点、极坐标圆弧、三点画弧和切弧等,这些命令位于【线框】工具栏的【圆弧】工具组中。本视频主要讲解圆及圆弧的绘制方法	
	4. 矩形绘制	在 Mastercam 中,可以使用矩形和矩形形状设置两个工具来绘制矩形。本视频主要讲解矩形的绘制方法	
	5. 多边形绘制	多边形是指由 3 条或 3 条以上的边组成的封闭轮廓图形。在 Mastercam 中,绘制多边形的操作和使用矩形形状设置命令绘制特殊矩形的操作相似。本视频主要讲解多边形的绘制方法	
	6. 椭圆绘制	用户可以绘制完整的椭圆,也可以绘制椭圆弧或椭圆曲面,方法是:在【线框】工具栏的【矩形】下拉列表中选择【椭圆】命令。本视频主要讲解椭圆的绘制方法	
	7. 螺旋线	螺旋线就是绕着中心轴线往上旋转的曲线。在绘制螺旋线时,只需确定螺旋线的半径、圈数和高度即可。本视频主要讲解螺旋线的绘制方法	
CAD 二维线框进阶篇	1. 修剪、打断、延伸、分割	用于修剪、打断、延伸、分割几何图形的命令位于【线框】工具栏的【修剪】工具组中。本视频主要演示修剪、打断、延伸、分割工具的使用方法	
	2. 倒圆角、倒角	Mastercam 提供了用于倒圆角的命令,即倒圆角和串连倒圆角。用于倒角的命令也有两个,即倒角和串连倒角。本视频主要讲解倒圆角及倒角的操作方法和注意事项	
	3. 串连设置	使用【串连】对话框可选择用于生成表面、实体或刀具路径的实体链,来执行某些分析、转换或其他操作。本视频主要讲解串连的类型、方法及注意事项	
	4. 动态转换	动态转换功能用于选择图形和定位指针,可以转换和旋转平面。本视频主要演示动态转换的操作方法	
	5. 平移、转换到面	平移功能就是对选择的图素进行移动、复制或连接操作。转换到面功能就是将图素从一个平面移动、复制、连接到另一个平面。这不会改变此图素的方向、大小和形状。本视频主要演示平移、转换到面的操作方法	

续表

	名称	内容简介	二维码
CAD 二维线框进阶篇	6. 旋转、投影	旋转功能就是将所选的图素对象绕指定基点旋转指定的角度，从而获得新的图形效果。投影功能就是将原有的曲线投影到构图平面、指定的平面或曲面上，从而生成新的图形。本视频主要演示旋转、投影的操作方法	
	7. 移动到原点	介绍如何将选定的图形移动到原点	
	8. 缠绕	使用缠绕功能可以将选定的图素对象卷成圈，类似于将图素盘绕于假设的圆柱面上；另外，使用该功能还可以展开卷绕的图素对象，使其平铺。本视频主要演示缠绕的操作方法	
	9. 补正	补正功能，在其他绘图软件中称为偏移功能，就是根据指定的距离、方向及次数移动或复制一段简单的线、圆弧或聚合线。本视频主要演示补正的操作方法	
	10. 直角阵列	直角阵列功能就是在指定复制的数量、距离及角度等后，按照网格阵列的方式进行实体复制。本视频主要演示直角阵列的操作方法	
	11. 拉伸、比例缩放	拉伸功能是基于三角形的 X、Y、Z 值延伸线段之间的两个位置，或极向量和长度。比例缩放功能就是以某一点作为比例缩放的中心点，然后输入缩放的角度及次数，从而生成新的图形。本视频主要演示拉伸、比例缩放的操作方法	
	12. 标注	在 Mastercam 中，用于进行绘图尺寸标注的命令位于【标注】工具栏中，常用的尺寸标注方法包括水平标注、垂直标注和平行标注等。本视频主要讲解 Mastercam 中尺寸标注的方法	
	13. 注释、剖面线	主要介绍图形注释及剖面线的使用方法	
	14. 新功能：分割扩展	主要介绍分割扩展的使用方法	
CAD 二维线框综合篇	1. 二维线框绘制综合任务 1	主要讲解综合使用圆、切弧、线段、椭圆等绘制工具命令和旋转命令的操作方法及注意事项	
	2. 二维线框绘制综合任务 2	主要讲解综合使用圆、切线、三物体切弧、多边形绘制和旋转、转换命令的操作方法及注意事项	
	3. 二维线框绘制综合任务 3	主要讲解综合使用多边形、圆、旋转和切弧等命令的操作方法及注意事项	

续表

名称	内容简介	二维码
4. 二维线框绘制综合任务 4	主要讲解综合使用圆绘制命令和旋转等命令的操作方法及注意事项	
5. 二维线框绘制综合任务 5	主要讲解综合使用圆、矩形、阵列和旋转等命令的操作方法及注意事项	
6. 二维线框绘制综合任务 6	主要讲解综合使用倒圆角、倒角和镜像等命令的操作方法及注意事项	
7. 二维线框绘制综合任务 7	主要讲解综合使用圆、切线、平行线、旋转、镜像和倒角等命令的操作方法及注意事项	
8. 二维线框绘制综合任务 8	主要讲解综合使用镜像和旋转命令的操作方法及注意事项	
1. 【平面】管理器	主要讲解【平面】管理器悬浮、固定、折叠或移至另一个监视器中的方法及构图深度 Z 的设定方法	
2. 基本曲面创建	在 Mastercam 中，可以很方便地绘制预定义的基本曲面，如圆柱体曲面、圆锥体曲面、立方体曲面、球体曲面和圆环体曲面等。本视频主要介绍基本曲面的创建方法及注意事项	
3. 拉伸曲面	拉伸曲面是一种定义三维几何的方法，拉伸曲面是将垂直于平面的二维图形平移至定义距离或平移到指定点处。本视频讲解拉伸曲面的创建方法及注意事项	
4. 扫描曲面	扫描曲面就是将截面图素沿着一条轨迹线进行扫描所形成的曲面。本视频讲解扫描曲面的创建方法及注意事项	
5. 旋转曲面	旋转曲面就是将选择的串连轮廓图素绕指定的旋转轴旋转一定的角度而生成的曲面。本视频讲解旋转曲面的创建方法及注意事项	
6. 拔模牵引曲面	拔模牵引曲面就是以当前的构图面为牵引平面，将一个或多个外形轮廓按照指定的长度或角度牵引出曲面或牵引到指定的平面。本视频讲解拔模牵引曲面的创建方法及注意事项	
7. 网格曲面	网格曲面的基本形状是由 4 个边界形成的曲面。创建由相交曲线网格组成的曲面，必须将至少两条轮廓曲线串连起来，与两条引导曲线相交。本视频讲解网格曲面的创建方法及注意事项	

CAD 二维线框综合篇 / CAD 曲面基础篇

续表

	名称	内容简介	二维码
CAD 曲面基础篇	8. 直纹、举升曲面	直纹、举升曲面是通过指定不在同一高度的多个截面线框而生成的曲面。为避免生成的曲面出现扭曲现象，命令使用时应做到依序、同点、同向。本视频讲解直纹、举升曲面的创建方法及注意事项	
	9. 围篱曲面	围篱曲面的创建基于位于曲面上的曲线，方向垂直于给定长度的曲面。本视频讲解围篱曲面的创建方法及注意事项	
CAD 曲面进阶篇	1. 曲面补正	曲面补正就是将选定的曲面沿着其法线方向移动一定的距离。本视频讲解曲面补正的操作方法及注意事项	
	2. 平面修剪	平面修剪功能就是在同一个平面上选择封闭的轮廓线来创建一个新的曲面。本视频讲解平面修剪的操作方法及注意事项	
	3. 修剪到曲线	修剪到曲线功能就是由曲面修剪为选定的线、圆弧、样条或曲面曲线。本视频讲解了修剪到曲线的操作方法及注意事项	
	4. 修剪到曲面	修剪到曲面功能就是修剪两组曲面之间的相交部分，其中一组必须包含一个曲面，并且修剪两组曲面的一组或两组。本视频讲解修剪到曲面的操作方法及注意事项	
	5. 修剪到平面	修剪到平面功能就是将曲面修剪为选择的平面。本视频讲解修剪到平面的操作方法及注意事项	
	6. 填补内孔	填补内孔功能就是对曲面或实体面上的破孔和烂面进行填补，从而产生一个新的独立曲面。本视频讲解填补内孔的操作方法及注意事项	
	7. 曲面延伸	曲面延伸功能就是将已知曲面的宽度或长度延伸到指定平面或一定的距离。本视频讲解曲面延伸的操作方法及注意事项	
	8. 曲面倒圆角	曲面倒圆角就是在两组已知曲面之间创建圆角曲面，使两组曲面进行圆角过渡连接。有 3 种曲面倒圆角方式，分别是曲面与曲面、曲线与曲面、曲面与平面。本视频讲解曲面倒圆角的操作方法及注意事项	
CAD 曲面综合篇	1. 曲面综合项目 1	主要讲解扫描曲面的绘制方法。绘制线框时要注意各图素所处的构图面，可根据情况实时调整视角	
	2. 曲面综合项目 2	主要讲解网格曲面的绘制方法及注意事项	

续表

	名称	内容简介	二维码
CAD 曲面 综合篇	3. 曲面综合项目 3	主要讲解直纹/举升曲面的绘制方法及注意要点	
	4. 曲面综合项目 4	主要讲解特殊网格曲面的绘制方法及注意要点	
CAD 实体 基础篇	1. 基本实体	在 Mastercam 中可以快捷地创建一些预定义的基本实体,如圆柱体、圆锥体、立方体、球体和圆环体等。本视频介绍基本的三维实体的创建方法	
	2. 拉伸实体	拉伸实体功能就是串连平面曲线来创建新的实体主体、切割主体、添加凸台主体等。本视频讲解拉伸实体的类型、操作方法及注意事项	
	3. 旋转实体	旋转实体功能就是将所选择的一个或多个外形轮廓绕着某一旋转轴,并设置旋转的角度而产生的实体,或者在已有的实体中切割材料。本视频讲解旋转实体的操作方法及注意事项	
	4. 扫描实体	扫描实体功能就是选择共面的一个或多个外形轮廓后沿着某一固定轨迹进行扫描,从而产生实体,或从已有的实体上切割材料。本视频讲解扫描实体的操作方法及注意事项	
	5. 举升实体	举升实体功能就是将两个或两个以上的封闭外形轮廓按照选择的先后顺序,以平滑或线性方式进行熔接,然后在第一个和最后一个外形轮廓上覆上实体面,从而构建新的实体,或从已有的实体上切割材料。本视频讲解举升实体的操作方法及注意事项	
CAD 实体 进阶篇	1. 实体布尔运算	实体布尔运算就是在两个或两个以上的已有实体上通过结合、切割和交集运算来构建一个新的实体,并且将原有实体进行删除的操作。布尔运算有 3 种方式,即结合、切割和交集。本视频将演示实体布尔运算的方式、操作方法及注意事项	
	2. 由曲面生成实体	由曲面生成实体就是将一个或多个曲面缝合为一个实体的操作。本视频讲解曲面生成实体的操作方法及注意事项	
	3. 拉伸实例	讲解绘制支架零件的操作方法及注意要点,使用到的命令有拉伸实体、布尔运算等	
	4. 实体孔设置	实体孔设置功能就是自动创建和编辑实体中的孔,自动将圆柱形的孔编辑进实体中。孔的样式有简单钻孔、沉头孔、锥形沉孔、埋头孔、锥度孔等。本视频讲解实体孔加工的操作方法及注意事项	

续表

	名称	内容简介	二维码
CAD 实体 进阶篇	5. 工程图	工程图功能就是将 Mastercam 环境中所绘制的图形通过设置纸张的大小、缩放比例、视图等，以线框模式自动生成工程图。本视频讲解 Mastercam 中生成工程图的操作方法	
	6. 实体倒圆角	实体倒圆角就是在实体的边缘处倒出圆角，以使实体平滑过渡。实体倒圆角主要有两种方式，即倒圆角和实体表面倒圆角。本视频讲解实体倒圆角的操作方法及注意事项	
	7. 实体倒角	实体倒角是对实体的边进行斜切处理，即在选定的实体边上切除材料。倒角有 3 个功能：单一距离功能、不同距离功能、距离/角度功能。本视频讲解实体倒角的操作方法及注意事项	
	8. 实体抽壳、修剪	抽壳功能就是将一个实体以一定厚度进行抽壳，从而生成薄壁体。修剪功能就是使用指定的平面、曲面或薄片实体去切割实体，将其一分为二，然后选择保留一部分，或者两部分都保留。本视频讲解实体抽壳和修剪的操作方法及注意事项	
	9. 实体阵列	实体阵列有 3 种方式，分别是直角阵列、旋转阵列、手动阵列。本视频讲解实体阵列的方式及操作方法	
	10. 薄片实体加厚	薄片实体加厚功能就是将一些由曲面生成的没有厚度的实体进行加厚操作，从而生成具有一定厚度的实体。本视频讲解薄片实体加厚的操作方法及注意事项	
	11. 实体拔模	实体拔模方式有 4 种，分别是依照实体面拔模、依照边界拔模、依照拉伸边拔模、依照平面拔模。本视频讲解实体拔模的方式及操作方法	
CAD 实体 综合篇	1. 实体综合项目 1	主要讲解综合使用【线框】、【视图】、【转换】等工具栏中的命令进行实体造型的方法和操作技巧	
	2. 实体综合项目 2	主要讲解综合实体的绘制方法及绘制前的注意要点	
数控加工工艺知识篇	1. 数控机床	主要讲解数控机床的组成和分类、数控加工的特点及数控机床的发展趋势	
	2. 数控机床坐标系	主要讲解数控机床的坐标系、机床原点及参考点、工件坐标系及工件原点	
	3. 数控加工工艺基础内容	主要讲解数控加工工艺的主要内容、加工方法的选择和加工阶段的划分	

续表

	名称	内容简介	二维码
数控加工工艺知识篇	4. 工序的划分	主要讲解工序划分的原则、方法和加工顺序的安排	
	5. 数控程序编制基础	主要讲解数控编程的内容、步骤,以及分析零件图纸及工艺处理	
	6. 加工中常用工艺文件	主要讲解常用工艺文件的种类	
CAM 基础篇	1. 加工设置界面基础	介绍 CAM 模组中加工前的相关设置,包括刀具设置、毛坯设置、加工仿真模拟设置等,以及加工通用参数设置,如高度设置、补偿设置和进退刀设置等	
	2. 刀路属性设置	【刀路】管理器是加工设置的主要窗口,是可以悬浮、停靠的功能面板,列表可扩展或收缩	
	3. 刀具的选择与设置	加工刀具的设置是所有加工都要进行的步骤,也是需要最先设置的。本视频讲解刀具的选择与设置方法	
	4. 加工共同参数设置	讲解安全高度、参考高度、下刀位置、工件表面、深度等参数的设置方法	
CAM 二维铣削加工基础篇	1. 二维外形铣削加工	二维外形铣削加工是指沿着选取的串连曲线进行加工,不加工其他区域。本视频讲解二维外形铣削加工的刀具选择、加工参数设置及仿真验证	
	2. 平面铣削加工	平面铣削加工是对工件的平面进行铣削加工,用户可以选择一个或多个封闭的外形边界进行平面铣削加工。本视频讲解平面铣削加工的刀具选择、加工参数设置及仿真验证	
	3. 挖槽铣削加工	挖槽铣削加工就是将工件上指定区域内的材料挖去,其槽的深浅根据需要来设置。本视频讲解挖槽铣削加工的刀具选择、加工参数设置及仿真验证	
	4. 键槽铣削加工	键槽铣削加工快速围绕着槽加工,该槽必须封闭并包括两条平行的垂直边。本视频讲解键槽铣削加工的刀具选择、加工参数设置及仿真验证	
	5. 二维雕刻加工	二维雕刻加工实际上属于铣削加工的一个特例,其二维加工的图形一般是平面上的各种图案和文字。本视频讲解二维雕刻加工的刀具选择、加工参数设置及仿真验证	

续表

	名称	内容简介	二维码
CAM 二维铣削加工基础篇	6. 动态二维铣削加工	动态二维铣削加工完全利用刀具刀刃进行切削，快速加工封闭型腔、开放凸台或先前操作剩余的残料区域。本视频讲解动态二维铣削加工的刀具选择、加工参数设置及仿真验证	
	7. 动态外形铣削加工	演示使用 Mastercam 进行动态外形铣削加工的实例及主要特点	
	8. 区域铣削加工	快速加工封闭型腔、开放凸台或先前操作剩余的残料区域称为区域铣削加工。本视频讲解区域铣削加工的刀具选择、加工参数设置及仿真验证	
	9. 剥铣铣削加工	剥铣铣削加工是在两条边界内或沿一条边界进行摆线式加工。本视频讲解剥铣铣削加工的刀具选择、加工参数设置及仿真验证	
	10. 熔接铣削加工	熔接铣削加工是在两个边界之间产生平滑渐变的刀路。本视频讲解熔接铣削加工的刀具选择、加工参数设置及仿真验证	
	11. 钻孔加工	钻孔加工主要用于进行钻孔、镗孔、攻丝、铰孔等的加工，其常用的刀具有钻头、镗刀、绞刀、丝攻、中心钻等。本视频讲解钻孔加工的刀具选择、加工参数设置及仿真验证	
	12. 全圆铣削加工	全圆铣削加工是指基于一个点进行挖槽操作，操作时可以选择某一个点或者圆弧中心点。本视频讲解全圆铣削加工的刀具选择、加工参数设置及仿真验证	
	13. 螺旋铣削加工	螺旋铣削在孔加工中称为螺旋镗孔，是基于单一点的螺旋式孔加工方式，创建粗切路径时是往下铣孔。本视频讲解螺旋铣削加工的刀具选择、加工参数设置及仿真验证	
CAM 二维铣削综合篇	二维铣削综合项目	通过一个典型零件的加工参数设置，讲解 Mastercam 二维铣削中外形铣削、平面铣削、挖槽加工和钻孔加工等加工方法的综合应用	
CAM 三维铣削粗加工篇	1. 三维挖槽粗铣加工（凸台）	三维挖槽粗铣加工是指按照用户指定的 Z 高度一个切面一个切面地依次逐层向下加工等高切面，指导零件轮廓的加工。本视频主要介绍三维挖槽粗铣加工（凸台）部分的加工参数设置及仿真验证	
	2. 三维挖槽粗铣加工（凹槽）	介绍三维挖槽粗铣（凹槽）加工的参数设置及仿真验证	
	3. 三维平行粗铣加工	三维平行粗铣加工是指沿着特定方向生成一系列相互平行切削粗加工的刀具路径。本视频讲解三维平行粗铣加工的加工参数设置及仿真模拟	

名称	内容简介	二维码
CAM 三维铣削粗加工篇 4. 钻削粗铣加工	钻铣也称为插铣，可极快地进行区域清除加工，它尤其适合于深型腔的粗加工。本视频讲解钻削粗铣加工的加工参数设置及仿真模拟	
5. 优化动态粗铣加工	优化动态粗铣加工是指完全利用刀具刀刃长度进行切削，可以快速移除材料。本视频讲解优化动态粗铣加工的加工参数设置及仿真模拟	
6. 区域粗铣加工	区域粗铣加工是指快速加工封闭型腔、开放凸台或先前操作剩余的残料区域。本视频讲解区域粗铣加工的加工参数设置及仿真模拟	
7. 多曲面挖槽粗铣加工	挖槽粗铣加工是指根据零件形状自动去除材料，大多用于凹槽加工。多曲面挖槽粗铣加工按照用户指定的 Z 高度一个切面一个切面地依次逐层向下加工等高切面，指导零件轮廓的加工。本视频讲解多曲面挖槽粗铣加工的加工参数设置及仿真模拟	
8. 投影粗铣加工	投影粗铣加工是指通过将选定图形或现有刀路投影到加工区域来创建刀具移动轨迹的加工方法。本视频讲解投影粗铣加工的加工参数设置及仿真模拟	
CAM 三维铣削精加工篇 1. 等高铣削精加工	等高铣削精加工是指沿所选图形的轮廓创建一系列轴向切削加工路径。本视频讲解等高铣削精加工的加工参数设置及仿真模拟	
2. 环绕等距精加工	环绕等距精加工就是生成等距环绕三维模型曲面的精加工刀路。本视频讲解环绕等距精加工的加工参数设置及仿真模拟	
3. 混合铣削精加工	混合铣削精加工就是等高铣削和环绕精加工的组合，对陡峭区域进行等高操作，对浅滩区域进行环绕加工。本视频讲解混合铣削精加工的加工参数设置及仿真模拟	
4. 平行铣削曲面精加工	平行铣削曲面精加工是沿着特定方向产生一系列平行的铣削精加工刀路。本视频讲解平行铣削曲面精加工的加工参数设置及仿真模拟	
5. 放射铣削精加工	放射铣削精加工就是指刀具围绕一个旋转中心点，对工件在某一范围内进行放射状的加工。本视频讲解放射铣削精加工的加工参数设置及仿真模拟	
6. 螺旋铣削精加工	螺旋铣削精加工就是在零件上产生螺旋状刀路的加工方式。本视频讲解螺旋铣削精加工的加工参数设置及仿真模拟	
CAM 车削加工篇 1. 车削加工线框及准备设置	讲解车床加工系统的各模组生成刀路之前的工件、刀具及材料参数等的设置方法	

续表

名称	内容简介	二维码
2. 车削毛坯的设置	讲解车床加工系统中工件夹头、尾座和中心架等的设置方法	
3. 粗车加工设置	粗车模组用于切除工件上大余量的材料，使工件接近于最终的尺寸和形状，为精加工做准备。本视频讲解零件粗车加工的加工参数设置及仿真模拟	
4. 精车加工设置	精车加工也可切除工件外形外侧、内侧或端面的多余材料，同样只需要绘制旋转体的一半剖面图形。本视频讲解零件精车加工的加工参数设置及仿真模拟	
5. 车削 – 沟槽加工	车削 – 沟槽加工用于加工锯齿形状或凹槽区域。本视频讲解车削 – 沟槽加工的加工参数设置及仿真模拟	
6. 车螺纹	车螺纹是在一个零件上创建螺旋形状，在螺栓或螺母上车一个螺纹，也可在端面零件直线或者锥度的内侧、外侧车螺纹。本视频讲解零件车螺纹的加工参数设置及仿真模拟	
7. 车端面	车端面就是选择两点或使用毛坯边界快速车零件端面。本视频讲解车端面加工的加工参数设置及仿真模拟	
8. 车削 – 钻孔加工	车削 – 钻孔加工就是在零件端面上创建钻孔刀路。本视频讲解车削 – 钻孔的加工参数设置及仿真模拟	
9. 车削 – 切断加工	车削 – 切断加工就是选择该零件切断点，垂直切断零件。本视频讲解车削 – 切断加工的加工参数设置及仿真模拟	
1. 四轴挖槽加工	四轴挖槽加工可以加工具有回转轴的零件或沿某一轴四周需要加工的零件。本视频简要说明四轴模型零件的建模过程，重点讲解零件的毛坯设置、挖槽刀路选择、刀具选择、加工参数设置及仿真验证过程	
2. 四轴外形加工	讲解四轴外形铣削加工刀路选择、刀具选择、加工参数的设置及仿真验证过程	
3. 四轴钻孔加工	讲解四轴钻孔加工的刀路选择、刀具选择、加工参数设置及仿真验证过程	
4. 四轴加工综合 – 零件分析	简要介绍四轴模型的零件分析，使用到的命令包括拉伸实体、实体倒圆角、布尔运算、旋转阵列及薄片加厚等	

其中第一列（跨行）：CAM 车削加工篇（对应 2~9 行）、CAM 四轴加工篇（对应 1~4 行）

	名称	内容简介	二维码
CAM 四轴 加工篇	5. 四轴加工综合 – 加工设置及仿真验证	演示在绘制好的实体上完成加工参数设置及仿真验证的过程，主要是针对复杂零件四轴加工的综合应用	
CAM 五轴 加工篇	1. 五轴加工综合项目 1	五轴加工相当于在三轴的基础上添加两个回转轴来加工，可以加工特殊五面体和任意形状的曲面。本视频主要讲解 Mastercam 的 CAD 和 CAM 的综合使用，包括 CAD 项目中立方体、拉伸、修剪到曲面命令和扫描命令等的操作方法，以及 CAM 项目中三维挖槽、环绕精加工、多轴沿面加工和多轴多曲面加工的仿真加工方法及注意事项	
	2. 五轴加工综合项目 2	主要讲解实体建模和实体生成刀路的方法，包括旋转、拉伸、粗切挖槽、沿面五轴加工命令的应用	
	3. 五轴加工综合项目 3	主要对实体建模和实体生成刀路的方法进行讲解，涵盖实体建模中的立方体、拉伸、修剪到曲面命令和曲面中的扫描命令的使用，以及实体生成刀路中的曲面粗切挖槽、沿面五轴加工和曲面精修流线加工方法等的应用	

目　录

Mastercam 入门

【项目导入】

以 Mastercam 为例,介绍计算机辅助设计(Computer-Aided Design,CAD)、计算机辅助制造(Computer-Aided Manufacturing,CAM)软件的工作环境、通用设置、串连选项等基本内容。

工作任务单

项目 1

【素质目标】

1. 通过对软件基本环境和通用设置的介绍,培养学生的学习兴趣。
2. 通过对标注、图层、线型等知识的介绍,培养学生良好的操作习惯。

科技突破

铸锻铣金属3D打印技术

自主创新引领未来:铸锻铣一体化 3D 打印技术助力高端制造

我国被誉为"制造大国",但在高端制造领域,尤其是高端数控机床方面,还面临着依赖国外设备的困境。华中科技大学张海鸥教授团队研发的铸锻铣一体化 3D 打印数控机床,改变了这一局面。北京北一机床原总工程师刘宇凌认为,这项技术是突破中国高端装备制造瓶颈的关键。

3D 打印技术(增材制造)通过计算机控制逐层叠加材料形成所需形状,适用于塑料、陶瓷和金属等多种材料,在航空航天、汽车和医疗等领域应用广泛。然而,传统金属 3D 打印存在抗疲劳性差、气孔和未融合部分导致安全隐患、设计自由度和精度受限等问题。

张海鸥教授团队经过多年研究,成功开发出铸锻铣一体化 3D 金属打印技术,将铸造、锻造与铣削工艺结合,实现一次性成型。2012年,该团队为西安航空动力制造发动机过渡段零件,其产品在抗拉强度、屈服强度及塑性指标上分别超出航空标准锻件的 12.9%、31.4%和 5.9%。新技术不仅缩短了 40%~70%的生产周期,还大幅降低了

成本并减少了环境影响。

张海鸥教授团队的成功启示我们，自主创新是提升国家核心竞争力的重要途径，鼓励我们在学习和工作中培养自主创新意识，勇于探索和进取。

任务 1-1　初识 Mastercam

【任务情境】

本任务介绍 Mastercam 的启动、退出方法及其窗口界面等内容。

【学习目标】

1. 通过本任务的学习，读者可快速认识该软件各模块的用途。
2. 熟悉 Mastercam 窗口界面的构成。

【任务练习】

练习 1：启动和退出 Mastercam 2023

下面介绍启动和退出 Mastercam 2023 的方法。

1. 启动。

① 在桌面上双击 Mastercam 2023 的快捷图标，如图 1-1-1 所示。

② 在 Windows 的【开始】菜单中选择【Mastercam 2023】命令，如图 1-1-2 所示。

演示视频

项目 1-Mastercam 入门-1-1-
练习 1：启动和退出
Mastercam 2023

图 1-1-1　Mastercam 的快捷图标　　　图 1-1-2　【开始】菜单

2. 退出。

① 单击 Mastercam 窗口右上角的【关闭】按钮。

② 按【Alt+F4】组合键。

练习 2：认识 Mastercam 2023 的窗口界面

学习软件的第一步是认识其窗口界面。只有对界面熟悉，才能掌握软件的操作。启动 Mastercam 2023 后，其窗口界面

演示视频

项目 1-Mastercam 入门-1-1-
练习 2：认识 Mastercam 2023
的窗口界面

如图 1-1-3 所示，其中包括标题栏、菜单栏、操作管理器、状态栏、绘图区等。

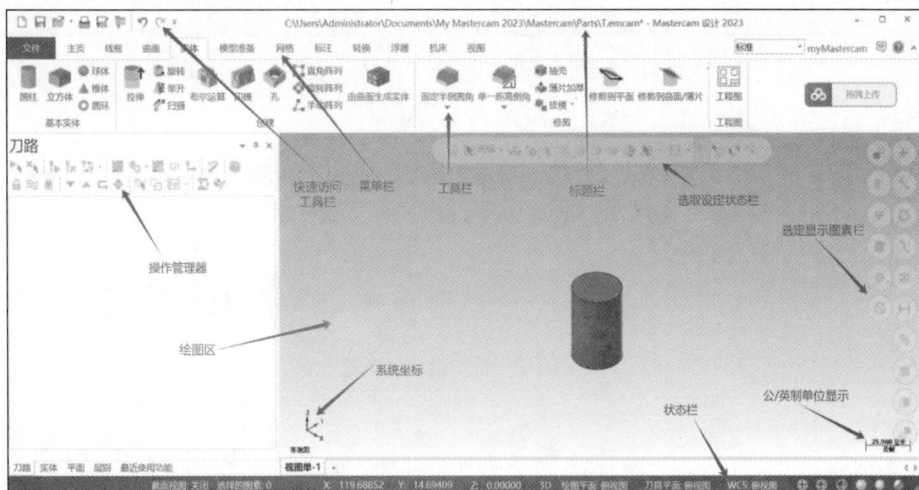

图 1-1-3　Mastercam 2023 的窗口界面

1. 标题栏。

Mastercam 2023 窗口界面的顶部是标题栏，它显示了软件的名称、当前所使用的功能模块、当前打开文件的路径及文件名称。

2. 菜单栏。

菜单栏包含环境设置以及从设计到加工过程需要用到的所有工具栏对应的选项卡，如图 1-1-4 所示。

图 1-1-4　菜单栏

3. 快速访问工具栏。

快速访问工具栏位于 Mastercam 2023 窗口界面顶部左侧，主要用于进行文件的打开、创建、保存、另存为、压缩、撤销、恢复等操作。

4. 绘图区。

在 Mastercam 2023 窗口界面中，最大的区域就是绘图区，主要用于创建、编辑、显示几何图形。Mastercam 2023 的绘图区是无限大的，可以对它进行缩放、平移等操作。在绘图区中右击，会弹出鼠标右键菜单，如图 1-1-5 所示。

绘图区的左下角有一个图标，这是工件坐标系（Workpiece Coordinate System，WCS）图标。同时，还显示了图形视角、WCS 和刀具平面、构图平面的设置信息等。

另外，在执行命令时，系统给出的提示也将显示在状态栏中。

5. 工具栏。

图 1-1-5　鼠标右键菜单

工具栏位于菜单栏的下面，里面的每一个命令都以图标的方式呈现。单击这些图标即可执行相应的命令。图 1-1-6 所示为【主页】工具栏。

图 1-1-6　【主页】工具栏

6. 选取设定状态栏。

选取设定状态栏位于绘图区的正上方，主要用于输入坐标和捕捉绘图元素，具体操作方法将在后续内容中介绍。图 1-1-7 所示为选取设定状态栏。

图 1-1-7　选取设定状态栏

7. 操作管理器。

操作管理器相当于 Office 等其他软件的特征设计管理器，包括【刀路】管理器、【实体】管理器、【平面】管理器、【层别】管理器和【最近使用功能】管理器等。图 1-1-8 所示为【实体】管理器，利用它能修改实体尺寸、属性及重排实体建构顺序等。

8. 已固定的操作管理器。

已固定的操作管理器为已经固定到 Mastercam 2023 绘图区左侧的操作管理器，通常隐藏在绘图区左侧，将鼠标指针移动到操作管理器位置时才会展开。用户可以在操作管理器顶部单击【自动隐藏】按钮（见图 1-1-9），将其展开并固定在绘图区左侧。

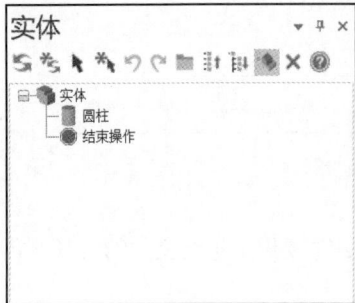

图 1-1-8　【实体】管理器

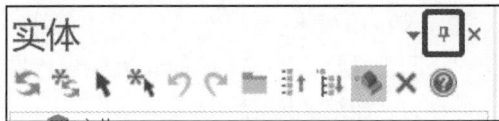

图 1-1-9　【自动隐藏】按钮

9. 选定显示图素栏。

选定显示图素栏位于 Mastercam 2023 绘图区右侧，里面的按钮可用于仅限选择项目或全部选择项目，具体可选项有选择全部图形、仅选取图形等。

Mastercam 2023 的操作及控制方法：Mastercam 2023 是使用鼠标与键盘来操作的。鼠标左键一般用于选择命令或图素，鼠标右键则用于根据不同的命令打开相应的鼠标右键菜单。

【自测练习】

你能回答这些问题吗？

1. 退出 Mastercam 2023 只有单击窗口右上角的【关闭】按钮这一种方式。

A. 正确　　　　　　　　　　　　　　B. 错误

2. Mastercam 2023 窗口界面左侧的操作管理器位置不能调整。

A. 正确　　　　　　　　　　　　　　B. 错误

3. Mastercam 2023 中的操作管理器有哪些?

A.【刀路】管理器　　　　　　　　　　B.【实体】管理器

C.【层别】管理器　　　　　　　　　　D.【最近使用功能】管理器

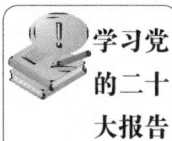

学习党的二十大报告

加快实施创新驱动发展战略

党的二十大报告提出要"加快实施创新驱动发展战略",这对大学生既是挑战也是机遇,应努力做到以下几点。

(1)强化创新能力。大学生需加强科技创新,掌握关键核心技术,提升自主创新能力,关注国家战略需求,培养原始创新和解决实际问题的能力。

(2)提升实践技能。大学生应重视实训和实习,通过实际操作深化理论知识,参与项目管理和团队协作,增强解决复杂工程问题的能力。

(3)增强竞争意识。大学生应积极了解制造行业动态,调整学习方向,提升就业竞争力。参加技术竞赛和创新创业大赛,以锻炼实际操作和团队协作能力。

作为大学生应认真贯彻党的二十大精神,抓住机遇,不断提升素质和能力,成为推动中国式现代化的栋梁,为建设科技强国贡献力量。

任务 1-2　【文件】选项卡与操作管理器

【任务情境】

以 Mastercam 为例,介绍 CAD/CAM 软件的【文件】选项卡的用法,以及【平面】、【刀路】、【层别】和【实体】管理器等内容。

【学习目标】

1. 能够对【文件】选项卡中的各项参数进行修改。
2. 能够在操作管理器中进行层别的设置及平面视图的切换。

演示视频

项目 1-Mastercam 入门-1-2-
练习 1: 认识【文件】
选项卡

【任务练习】

练习 1: 认识【文件】选项卡

【文件】选项卡位于菜单栏的左侧,这里主要介绍其中的【信息】、【配置】和【选项】选项的功能。【文件】选项卡的位置如图 1-2-1 所示。

| 文件 | 主页 | 线框 | 曲面 | 实体 | 模型准备 | 网格 | 标注 | 转换 | 浮雕 | 机床 | 视图 |

图 1-2-1　【文件】选项卡的位置

1.【信息】选项。

单击菜单栏中的【文件】菜单，可以打开【文件】选项卡，其中第一栏就是【信息】选项，该选项主要用于查看所打开文件的属性、文件大小、位置、单位等。【信息】界面如图 1-2-2 所示。

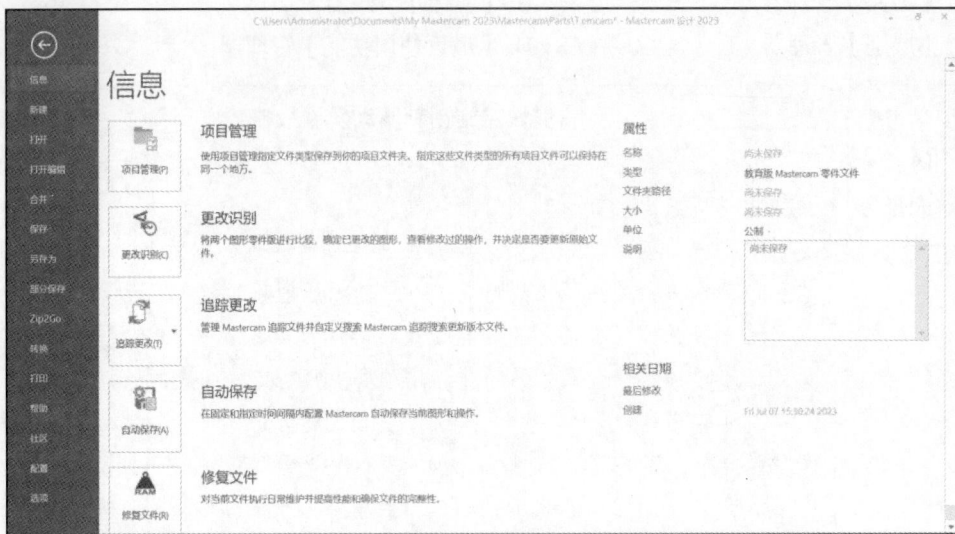

图 1-2-2　【信息】界面

2.【配置】选项。

对一般用户来说，采用系统默认的参数设置就能够较好地完成各项工作，但有时也需要改变系统的某些设置，以满足某些特殊的需要。在【文件】选项卡中单击左侧的【配置】选项，会弹出【系统配置】对话框，如图 1-2-3 所示。该对话框由多个选项卡组成，包括 Mastercam 软件运行时所需的各方面的参数设置。不同选项卡中的内容各不相同，分别决定系统某方面的运行环境。在【系统配置】对话框中，可以进行精度与公/英制单位的设置，对话框中的内容将在后续内容中进行介绍。

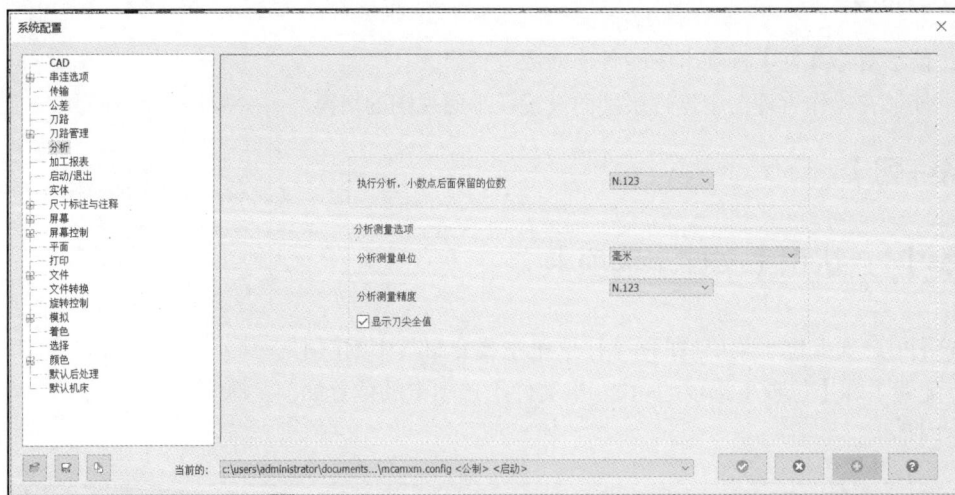

图 1-2-3　【系统配置】对话框

3.【选项】选项。

在【文件】选项卡中单击左侧的【选项】选项，会弹出【选项】对话框，如图 1-2-4 所示。在【快捷访问工具栏】选项卡中选中需要增加的命令，单击【添加】按钮，再单击【确定】按钮，可将其添加到快速访问工具栏中。

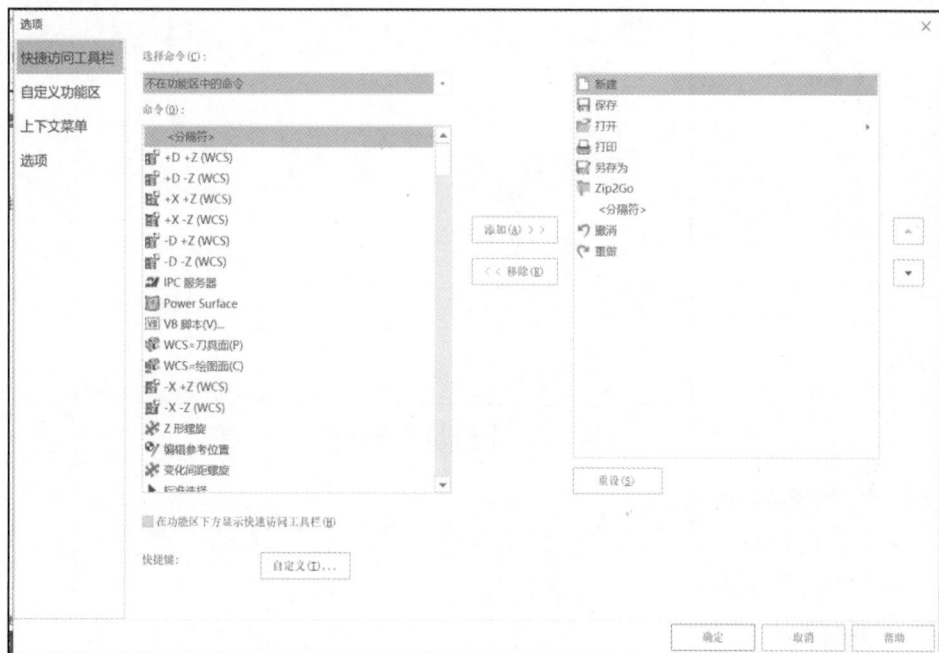

图 1-2-4　【选项】对话框

练习 2：认识操作管理器

1. 操作管理器。

操作管理器如图 1-2-5 所示，其中常用的是【刀路】、【层别】、【实体】、【平面】和【最近使用功能】管理器。

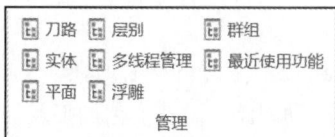

图 1-2-5　操作管理器

演示视频

项目 1-Mastercam 入门-1-2-
练习 2：认识操作管理器

2.【平面】管理器。

【平面】管理器如图 1-2-6 所示，它主要用于选择、创建、编辑和管理平面视图。Mastercam 中常用的平面视图有俯视图、前视图、后视图和反向等视图等 9 种。【平面】管理器具有管理和设置视角（又称屏幕视角）、工件坐标系、平面、构图平面与刀具平面等功能，可根据绘图需要进行选择。

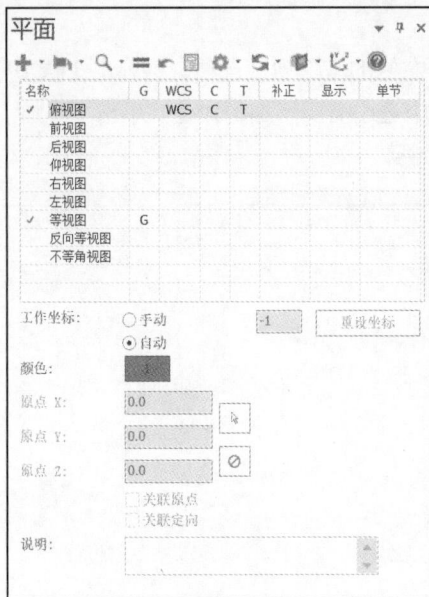

图 1-2-6 【平面】管理器

命令栏中各按钮的功能如下。

① ✚：创建新平面。

② ▶：选择车削平面。

③ 🔍：查找平面。

④ ＝：设置当前 WCS 的绘图平面和刀具平面为选择的平面。

⑤ ↶：将 WCS 的绘图平面和刀具平面恢复为原始状态。

⑥ ▣：隐藏平面属性。

⑦ ⚙：显示选项。

⑧ ⮌：跟随规则。

⑨ ▨：截面视图。

⑩ ✏：显示指针。

⑪ ❓：帮助。

3.【刀路】管理器。

【刀路】管理器（见图 1-2-7）是使用 Mastercam 编制程序的核心所在，主要对刀具路径（刀路）的相关内容进行操作管理，包括选择、验证与移动刀路，以及模拟加工及加工后处理等。【刀路】管理器还能对已经产生的刀具参数、图形等进行修改，如重新选择刀具的大小和形式、修改主轴转速和进给率、更换图形串连等。

图 1-2-7 【刀路】管理器

命令栏中各按钮的功能如下。

① ↖：选择全部操作。

② ↖：选择全部失效操作。

③ ↳：重新生成全部已选择的操作。

④ ↳：重新生成所有无效操作。

⑤ ↳：依赖项。

⑥ ≋：模拟已选择的操作。

⑦ ↳：实体仿真所选操作，即验证已选择的操作。

⑧ ↳：模拟器选项。

⑨ G1：执行选择的操作以进行后处理。

⑩ ↳：高速铣削。

⑪ ↗：删除所有操作群组和刀具。

⑫ ◎：帮助。

⑬ 🔒：锁定选择的操作。

⑭ ≈：切换显示已选择的刀路。

⑮ 🗮：切换已选择的操作。

⑯ ▼：移动插入箭头到下一个操作，在【刀路】管理器的刀路树状图中，将待生成的刀具路径移动到目前位置的下一个刀具路径之后。

⑰ ▲：移动插入箭头到上一个操作，在【刀路】管理器的刀路树状图中，将待生成的刀具路径移动到目前位置的上一个刀具路径之后。

⑱ ↳：使插入箭头位于指定的操作或群组之后。

⑲ ↕：滚动插入指定操作，即把待生成的刀具路径以滚动的方式插入指定位置。

⑳ ↖：仅显示已选择的刀路。

㉑ ⬚：仅显示关联图形。

㉒ 🖼：高级显示选项。

㉓ 🗲：在机床上装载刀具。

㉔ ✎：编辑参考位置。

4.【层别】管理器。

【层别】管理器（见图 1-2-8）主要用于组织和管理图层，例如在设计中将图素、刀具路径和尺寸标注等内容放在不同的图层中，以便控制各类设计内容的可见性等。使用【层别】管理器还可以很方便地修改某一个图层的图素属性，而不会影响到其他图层。

命令栏各按钮的功能如下。

① ＋：添加新图层。

② 🔍：查找指定层别。

③ ≋：切换所有图层为"打开"。

④ ≋：切换所有图层为"关闭"。

⑤ ↰：重设所有图层。

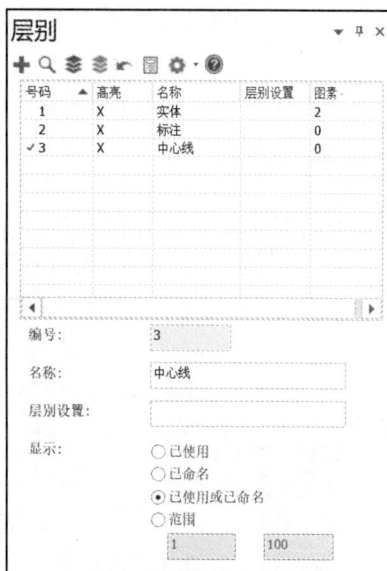

图 1-2-8 【层别】管理器

⑥ 🖼：隐藏或显示层别属性。

⑦ ⚙：显示选项。

⑧ ❓：帮助。

5.【实体】管理器。

【实体】管理器（见图 1-2-9）以阶层结构方式按创建顺序列出每个实体的操作记录，一个实体包含一个或一个以上的操作记录，每个操作记录又分别具有相应的参数和图形记录。利用【实体】管理器，除了可以很直观地观察三维实体的构建记录和图素父子关系外，还可以编辑实体特征（图素）的参数和图形，改变实体特征的顺序等。

命令栏各按钮的功能如下。

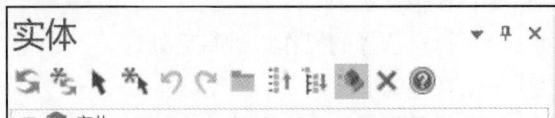

图 1-2-9 【实体】管理器

① 🔄：重新生成选择。

② 📊：重新生成。

③ ➤：选择。

④ 🖉：选择全部。

⑤ ↩：撤销。

⑥ ↪：重做。

⑦ 📁：添加群组。

⑧ ⬇：折叠选择。

⑨ ⬆：展开选择。

⑩ 💧：自动高亮。

⑪ ✕：删除。

⑫ ❓：帮助。

【自测练习】

你能回答这些问题吗？

1. 在【系统配置】对话框中，可以进行精度与公/英制单位的设置。

A. 正确 B. 错误

2. Mastercam 中常用的平面视图一共有 9 种，无法再创建新的平面视图。

A. 正确 B. 错误

胡双钱

中国商飞上海飞机制造有限公司数控机加工车间钳工组组长胡双钱是一位拥有非凡技术的大国工匠。至今，他还是一名具有工人身份的老师傅，但这并不妨碍他成为制造中国大型客机团队里不可缺少的一分子。

要做好一件事，不难；要做好一天的工作，也不难；但是，要在几十年间，不出差错，做好每一件事，却是难上加难。出色的工作技能，良好的工作习惯，谦虚谨慎的工作态度，精益求精的工作作风，最终锻造出了胡双钱这样的"大国工匠"。我们学习和练习时一定要拿出工匠精神，认真做好每一个环节，努力做到少出错或不出错；对每个案例的图纸、每一个加工工艺参数的设置都要精益求精，绝不能马虎了事。

任务 1-3 通用设置

【任务情境】

这一任务将介绍 Mastercam 的选取设定状态栏的内容、尺寸标注的设置、标注方法及图形属性的设置。

【学习目标】

1. 通过本任务的学习，读者可快速认识软件的选取设定状态栏。
2. 掌握图形的尺寸标注方法。
3. 掌握 Mastercam 中屏幕、颜色、图层、线型、线宽等图素属性的设置方法。

演示视频

项目 1-Mastercam 入门-1-3-
练习 1：认识选取设定
状态栏

【任务练习】

练习 1：认识选取设定状态栏

选取设定状态栏位于绘图区的上方，如图 1-3-1 所示，主要有目标选择的功能。

图 1-3-1 选取设定状态栏

① ▣光标：光标。【光标】下拉列表中包含图 1-3-2 所示的选项。

② ▣：输入坐标。绘制图形时，单击 ▣ 按钮，会弹出坐标输入文本框 ▭，在其中可输入图形的坐标(x,y,z)，按【Enter】键确定。

③ ▣：选择设置。单击【选择设置】按钮 ▣，会弹出【选择】对话框，如图 1-3-3 所示，在该对话框内可设定需要自动抓点的命令。自动抓点是指在命令行中提示"指定点的位置"时，将鼠标指针移动到一个图素的特征点附近，系统能自动捕捉该点。如果该点是用户所需的点，那么单击即可指定该点。

④ ▣：选择实体。单击 ▣ 按钮可选择绘制的实体。

⑤ ▣：边缘选择。单击 ▣ 按钮可选择绘制的实体边界。

⑥ ▣：选择实体面。单击 ▣ 按钮可选择绘制的实体的各个面。

⑦ ▣：选择主体。单击 ▣ 按钮可选择绘制的主体。

⑧ ▣：选择背面。单击 ▣ 按钮可选择绘制的实体背面。

⑨ ▣：选取方式。单击 ▣ 按钮会弹出下拉列表，其中包含【自动】、【串连】、【窗选】、【多边形】、【单体】、【区域】、【向量】等选项，用户可以使用这些命令在绘图区内选择对应的图素。

⑩ ▣：选择方式。单击 ▣ 按钮会弹出下拉列表，其中包含【范围内】、【范围外】、【内+相交】、【外+相交】、【交点】选项。

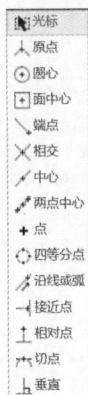

图 1-3-2　【光标】下拉列表

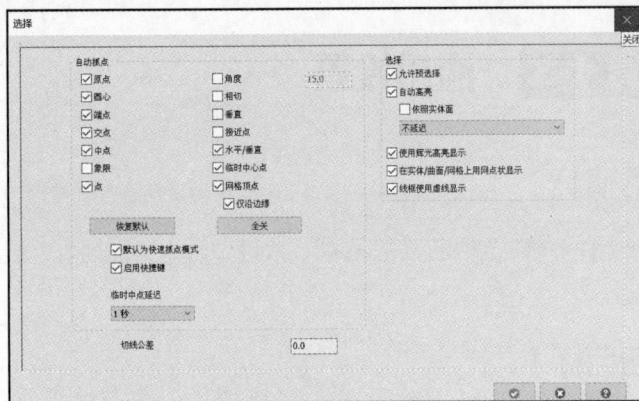

图 1-3-3　【选择】对话框

⑪ ▨：临时中心点。单击▨按钮可设置临时中心点。

⑫ ▨：验证选择。单击▨按钮可验证选择。

⑬ ▨：反选。单击▨按钮可选择选定图形外的其他图形。

⑭ ▨：选择最后的点。单击▨按钮可选择最后一个点。

练习 2：尺寸标注

演示视频

项目 1-Mastercam 入门-1-3-
练习 2：尺寸标注

在 Mastercam 中，尺寸标注主要包括 3 个方面的内容：尺寸标注、注释和图案填充。

1. 尺寸标注样式设置。打开【标注】工具栏，如图 1-3-4 所示，在【尺寸标注】工具组的右下角单击【尺寸标注设置】按钮，或者按【Alt+D】组合键，打开【自定义选项】对话框，如图 1-3-5 所示，在其中可以设置【尺寸属性】、【尺寸标注文本】、【注释文本】、【引导线/延伸线】和【设置】等内容。

图 1-3-4　【标注】工具栏

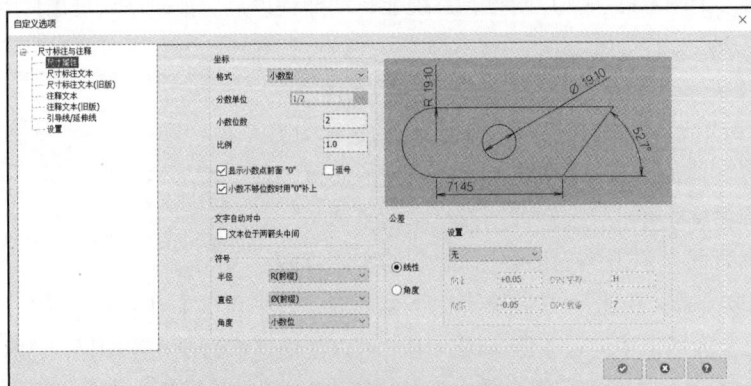

图 1-3-5　【自定义选项】对话框

2. 尺寸标注操作。

① ⊢水平：水平标注。用于标注任意两点的水平距离，这两个点可以是选取的两个点，也可以是直线段的两个端点。

② Ⅰ垂直：垂直标注。用于标注任意两点的垂直距离，这两个点可以是选取的两个点，也可以是直线段的两个端点。

③ ↘平行：平行标注。用于标注任意两点间的距离，且尺寸线平行于两点的连线，这两个点可以是选取的两点，也可以是直线段的两个端点。

④ ⊢基线：基线标注。以已存在的线性尺寸标注为基准，对一系列的点进行线性标注。要注意设置合适的基线标注间隔。

⑤ 串连：串连标注。以已存在的线性尺寸标注为基准，对一系列的点进行标注，相邻尺寸共用一个尺寸界线。

⑥ △角度：角度标注。用于标注两直线段间或者圆弧的角度值，可在系统提示下选择要标注角度的线或圆弧。

⑦ ◎直径：直径标注。用于标注圆弧的直径或半径。

⑧ ⊨相切：相切标注。用于完成点和圆弧、直线段和圆弧以及圆弧和圆弧间的切线标注。

⑨ ↙点：点标注。用于标注点的坐标。

3. 注释相关设置。

① ▨剖面线：剖面线。用来对各种剖视图进行图案填充。

单击【剖面线】按钮，弹出【线框串连】对话框，如图 1-3-6 所示，根据需要选择图样，确定参数，单击 按钮，结果如图 1-3-7 所示。

图 1-3-6　【线框串连】对话框　　　　图 1-3-7　剖面线示例

② ↗引导线：引导线。按照需要手动绘制的具有箭头的引线。在【标注】工具栏中单击【引导线】按钮，在系统的提示下画出需要的引导线即可。

③ ▨：注释。单击【标注】工具栏中的【注释】按钮，可为图形添加附加说明。

4. 快速标注。

采用快速标注时，系统能自动判断图素的类型，从而自动选择合适的标注方式来完成标注。这样就最大限度地减少了单击次数，提高了设计效率。

单击【标注】工具栏中的 按钮，弹出【尺寸标注】对话框，如图 1-3-8 所示，在其中可根据图素类型自动标注出圆、圆弧、直线段等的尺寸。

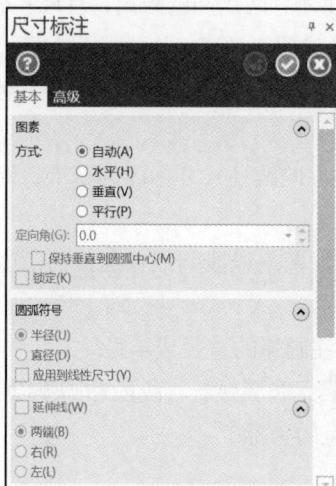

图 1-3-8 【尺寸标注】对话框

> **小提示**
>
> 图样是表达和交流技术思想的工具，是工程界的语言。国家标准对图样上的有关内容（包括图纸幅面和格式、比例、字体、图线和尺寸标注等）做了统一的规定，每个从事技术工作的人员都必须掌握并遵守这些国家标准。"无以规矩，不成方圆"，绘图时需遵守相关的制图国标规定。

练习 3：图形属性的设置

图形又称图素，是构成图样的基本几何图形，包括点、直线段、曲线、圆弧、曲面和实体等。每个图素除了它本身包含的几何信息外，还有其他属性，如颜色、线型和线宽等。一般地，在绘制图素之前，要先设置这些属性，具体可在【主页】工具栏的【属性】工具组中进行设置，如图 1-3-9 所示。

演示视频

项目 1-Mastercam 入门-1-3-
练习 3：图形属性的设置

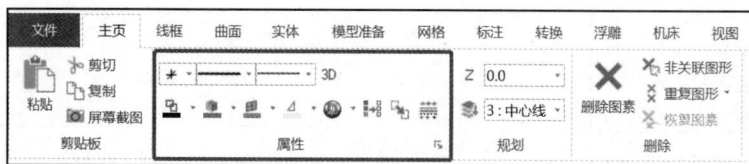

图 1-3-9 【属性】工具组

1. 【点】按钮 、【线型】按钮 和【线宽】按钮 ，可根据需要单击右侧的下拉按钮进行相应设置。

2.【线框颜色】按钮、【曲面颜色】按钮、【实体颜色】按钮，单击右侧的下拉按钮可设置对应图素的颜色。

3. 许多图形编辑命令，如【平移】、【旋转】等，可对原有图素进行操作后而生成新图素。为了对新生成的图素与原有图素加以区别，Mastercam 采用不同的颜色来显示，此时可以单击【清除颜色】按钮清除图素颜色，使它们恢复原本的颜色。

【自测练习】

你能回答这些问题吗？

1. Mastercam 所提供的自动抓点功能可以自动捕捉哪些点？

A. 原点、圆心、端点

B. 相交点、中心、两点中心

C. 单个点、四等分点、接近点、相对点

D. 以上都正确

2. 通过【系统配置】对话框，将绘图区颜色设置为蓝色，将绘图颜色设置为黄色，并将第 1 ~ 4 个图层分别命名为中心线层、虚线层、粗实线层、点画线层。

科技突破

国产工业软件崛起

工业软件作为高端装备研制生产全生命周期中数据源生成、加工、共享和增值不可或缺的工具和基础，是支撑研发设计、生产调度、业务管理和过程控制的隐形"工业之魂"。它是推动中国制造向"智"造升级的关键利刃。

近年来，工业软件安全问题愈发凸显。《"十四五"智能制造发展规划》提出全面推行制造业企业数字化、网络化的建设目标，加速制造业转型升级。CAD/CAM 作为工业软件的核心，广泛应用于制造业的产品设计、生产加工及仿真验证等关键环节，是我国制造业数字化转型的重要支撑，对实现制造业高质量发展具有重大意义。

鉴于此，我国多部门发布了工业软件自主研发的指导文件，鼓励国产化并集中突破高端芯片和工业软件的关键核心技术，提升国家核心竞争力。我们必须正视与国外高性能软件的差距，奋发学习，立志追赶超越。坚定研发自主知识产权工业软件的信念，相信通过持续努力，我国工业软件一定能达到国际先进水平。

国产工业软件崛起

任务 1-4　串连选项的操作

【任务情境】

这一任务将介绍 Mastercam 的串连选项。

【学习目标】

1. 通过本任务的学习，读者可了解串连选项的使用方法。

2. 了解【线框串连】对话框的构成。

3. 掌握串连选项按钮的使用方法。

【任务练习】

练习：串连选项

演示视频

项目 1-Mastercam 入门-1-4-
练习：串连选项

串连是一种以指定顺序和方向选择图形的方法。串连有两种
类型：开放式串连和封闭式串连。开放式串连是指起点和终点不
重合，如简单的直线段、小于 360° 的圆弧；封闭式串连是指起点和终点重合，如矩形、三角形、
圆等。

在串连图素上，串连方向用箭头表示，以串连起点为基础。系统计算串连方向是依赖于串连
类型的，如选择的图素是开放式的还是封闭式的。若为开放式串连，则串连的起点紧接着串连图
素的端点，串连方向与串连端点相反；若为封闭式串连，则串连方向取决于选取串连选项对话框
的参数。

在【线框串连】对话框（见图 1-4-1）中，系统提供了多种图素选择串连的方式。

①   ：串连选项。这是默认选项，用于串联多个首尾相连的图素。单击   按钮可以
将相连的图素全部选中，具体如图 1-4-2 所示。

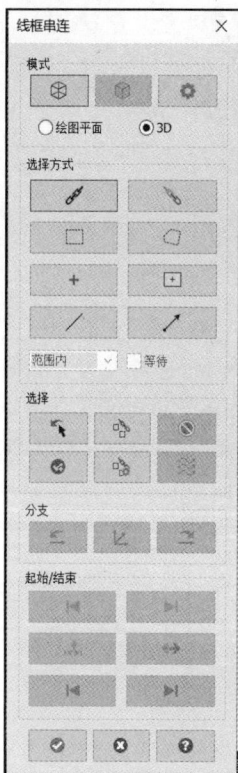

图 1-4-1 【线框串连】对话框

图 1-4-2 串连

②   /   ：单体选项。用于单个图素的选取，具体如图 1-4-3 所示。

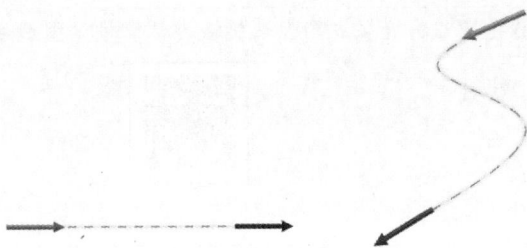

图 1-4-3　单体

③ 　　　：部分串连选项。部分串联是一种开放式串连方式，用于多个没有形成环形的图素的选取。单击　　　按钮，在开头、结尾处各单击一次即可，具体如图 1-4-4 所示。

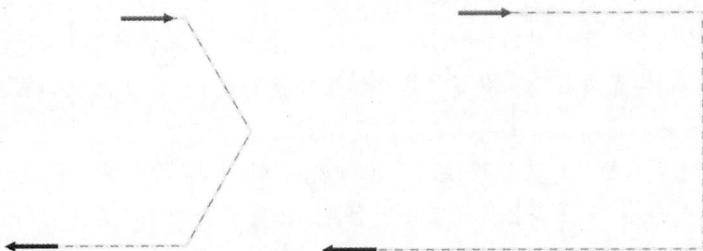

图 1-4-4　部分串连

④ 　　　：窗口选项。通过矩形窗口一次可以选择多个串连图素。系统通过矩形窗口的第一个角点来设置串连方向，起点应靠近图素的端点。

⑤ 　　　：多边形选项。与窗口选取方法类似，它用一个封闭多边形去选择串连图素。

⑥ 　　　：点选选项。选择点作为串连的图素。

⑦ 　　　：区域选项。在封闭区域内选取一点，则该区域内的部分图素或所有图素将被选取。

⑧ 　　　：向量选项。与向量相交的图素被选中。

⑨ □等待：等待选项。在【线框串连】对话框中，当勾选了【等待】复选框后，即表示所选定的串连箭头以单段呈现。一般用于线段较多的完整图素的选择。

⑩ 　　　：选择上次选项。再次选择上一个串连图素。

⑪ 　　　：结束选择选项。结束正在进行的串连操作，接着可以进行其他的串连操作。

⑫ 　　　：撤销选择选项。取消之前的选择操作。

⑬ 　　　：反向选项。更改串连方向。

⑭ 　　　：设置选项。设置串连选项。

【自测练习】

你能回答这些问题吗？

1. 在 Mastercam 中，串连分为开放式和封闭式两种类型。

A. 正确　　　　　　　　　　　　　　B. 错误

2. 封闭式串连时发现红色箭头，或者开放式串连中间有红色箭头，说明某个地方有断点。

A. 正确　　　　　　　　　　　　　　B. 错误

赛证练习

2020 安徽省第五届成图大赛机械类计算机绘图试卷

科技词条

神舟飞船返回舱

神舟飞船作为中国航天工程的骄傲，由轨道舱、返回舱和推进舱三部分组成。其中，返回舱是确保航天员安全返航的关键组件，而舱门的制造尤为关键。

舱门的安全性能至关重要，需承受太空极端环境的挑战。其制造过程遵循极其精密的加工工艺，从出舱舱门到门框均通过铣削加工精心打造。加工期间，返回舱必须保持绝对静止，工具则需精准旋转和移动，以确保设计形状符合标准。由于返回舱具有薄壁结构和极高精度需求，加工难度如同在气球上进行微雕。工程师们对工具的旋转速度和行进路径进行了细致设计，并选择了最优切削参数和严格的过程控制，确保密封区域满足严苛的平面度和表面光洁度要求。舱门采用高性能航空铝合金，加工时需特别小心以防材料损伤。内部还安装了隔热耐热材料，有效隔绝外部高温和辐射，进一步保障了航天员的安全。

项目 2

仿真加工实战——音箱

【项目导入】

本项目以音箱为载体，介绍 Mastercam 中二维图形的绘制、三维实体建模、铣削仿真加工流程和后置处理生成 NC 代码等内容。本项目完成音箱的三维实体建模和数控仿真加工流程。

工作任务单

项目 2

【素质目标】

1. 通过倒圆角功能的使用，培养学生的安全意识。
2. 通过刀具规格的选择，启发学生根据自身情况进行职业发展规划。
3. 通过仿真验证刀具路径功能的使用，培养学生节约生产成本的意识。
4. 通过高速动态加工功能的使用，培养学生重视生产效率的意识。
5. 通过层别功能的使用，培养学生统筹安排和合理规划的意识。
6. 通过轴向分层铣削和 XY 分层铣削知识的介绍，启发学生用全面、辩证的观点看待问题。

大国重器

上海振华重工

1992 年，上海诞生了一家主要生产大型集装箱机械的上海振华港口机械（集团）股份有限公司。经过 30 多年发展，已成为重型装备制造行业的排头兵。如今，振华港机已改名为上海振华重工（集团）股份有限公司。截至 2020 年，港口机械市场占有率连续 21 年位居世界第一，全球有 100 多个国家和地区的港口都在使用它们生产的港口起重机。1989 年 10 月，美国旧金山湾区发生 7.1 级地震，连接旧金山和奥克兰的海湾大桥（当时世界上最长的钢结构大桥）受损。经过几年的筹备，2006 年在世界范围内招标时，振华重工中标，负责建造难度最大的钢结构桥梁项目。振华重工组织集团内千余名学历不高的焊工进行严格培训，让焊工师傅们学习钢结构桥梁焊接技术，提高

读图能力，并得到美国焊接协会的技能证书，成为焊接高手。这些焊工师傅们凭借精益求精的工匠精神和夜以继日的艰苦努力，用短短的 5 年时间出色地完成了大桥的修建任务，美国专家对大桥的质量验收合格。

这个故事告诉我们，不论哪个领域、哪个行业，企业再大、科技人员再多，要想制造出世界领先的高质量产品，都离不开优秀的技术工人。只有拥有了一流的工匠，才能生产制造出有价值的产品。华为、格力、福耀、比亚迪等公司的成功，都能充分地证明这一点。

任务 2-1　创建音箱模型

【任务情境】

本任务将使用 Mastercam 的计算机辅助设计（Computer-Aided Design，CAD）功能来创建音箱模型，使用到的功能有线框、转换和实体功能。

【学习目标】

1. 理解构图深度 Z 和构造平面的含义。
2. 探究运用线框、实体和转换功能创建几何模型的方法。
3. 使用修剪到图素和分割功能来编辑几何模型。

【任务练习】

演示视频

项目 2-音箱-2-1-练习 1：
Mastercam 2023 系统配置

练习 1：Mastercam 2023 系统配置

打开 Mastercam 2023 并进行相关的系统配置。

1. 启动 Mastercam 2023。

① 在桌面上双击 Mastercam 2023 的快捷图标，如图 2-1-1 所示。

② 在 Windows 的【开始】菜单中选择【Mastercam 2023】命令，如图 2-1-2 所示。

图 2-1-1　快捷图标

图 2-1-2　【开始】菜单

2. 设置默认单位为公制。

① 打开【文件】选项卡。

② 单击【配置】选项，打开【系统配置】对话框，如图 2-1-3 所示。

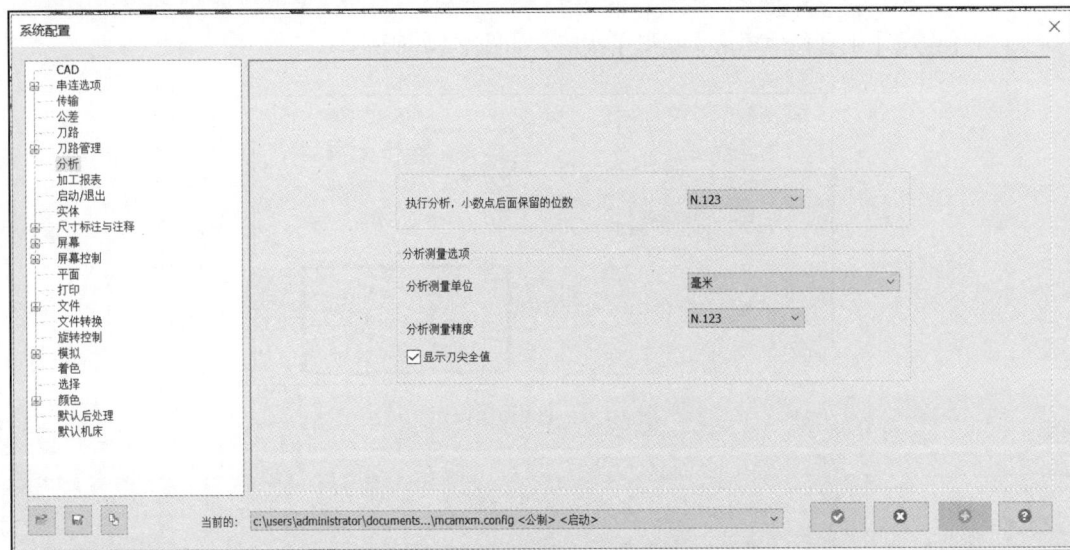

图 2-1-3　【系统配置】对话框

③ 从【当前的】下拉列表中选择【C:\users\administrator\documents...\..\mcamxm.config<公制><启动>】，如图 2-1-4 所示。

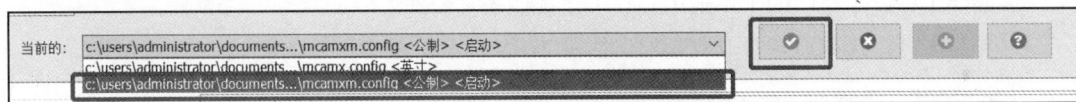

图 2-1-4　【当前的】下拉列表

④ 单击【确定】按钮 ⊘ 。

练习 2：创建基本图形

本练习将创建音箱的基本图形。

1. 在【视图】工具栏中单击【显示轴线】按钮，如图 2-1-5 所示（也可以按【F9】键显示轴线）。

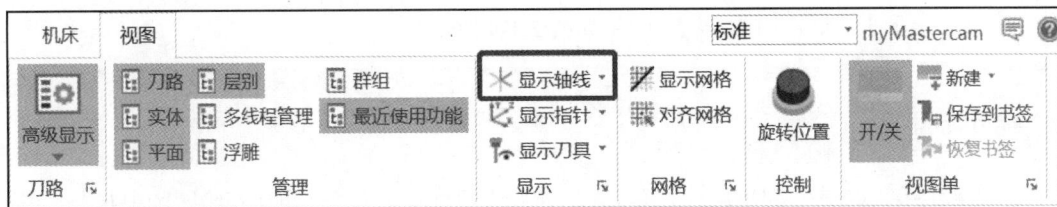

图 2-1-5　【显示轴线】按钮

演示视频

项目 2-音箱-2-1-练习 2：创建基本图形

> **讨论要点** Mastercam 提供了许多预设的快捷键来启动相应的命令。还可以通过【系统配置】对话框自定义快捷键。有关 Mastercam 预设快捷键的完整列表，请参阅 Mastercam 帮助文档。

2. 在【线框】工具栏中单击【矩形】按钮，如图 2-1-6 所示。

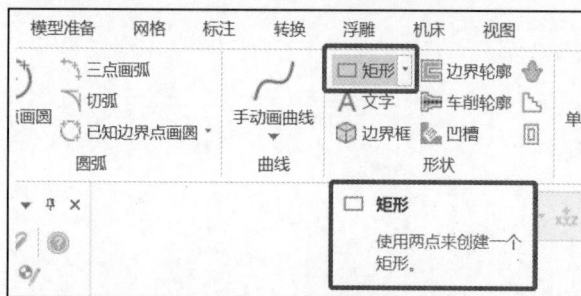

图 2-1-6　【矩形】按钮

> **讨论要点** Mastercam 工具栏中的每个按钮都有一个提示栏，将鼠标指针悬停在按钮上可查看其说明，而无须打开 Mastercam 帮助文档。

3. 弹出【矩形】对话框，设置以下参数，如图 2-1-7 所示。
① 设置【宽度】：输入【200.0】。
② 设置【高度】：输入【150.0】。
③ 确保【设置】栏中的【矩形中心点】复选框未被勾选。
4. 在绘图区中选择原点并放置矩形，如图 2-1-8 所示。

为第一个角选择一个新位置。

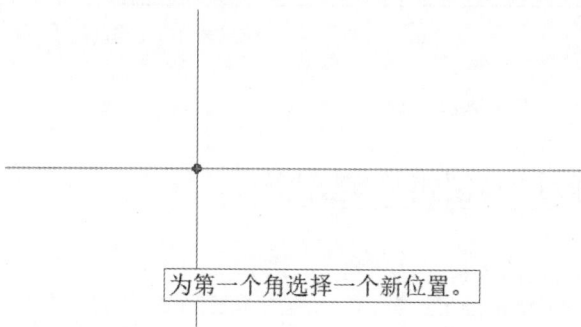

图 2-1-7　设置矩形参数　　　　图 2-1-8　在绘图区中选取原点并放置矩形

5. 在【矩形】对话框中单击 ⊘ 按钮，如图 2-1-9 所示。

> **小提示** 根据尺寸绘制图形，培养学生求真务实的精神以及严谨细致的工作作风。

6. 在绘图区中右击，弹出鼠标右键菜单，选择【适度化】命令。再次在绘图区中右击，在弹出的鼠标右键菜单中选择【等视图】命令，如图 2-1-10 所示。

图 2-1-9 ◉按钮

图 2-1-10 选择相应命令

7. 在【实体】工具栏中单击【拉伸】按钮，如图 2-1-11 所示，将弹出图 2-1-12 所示的【线框串连】对话框。

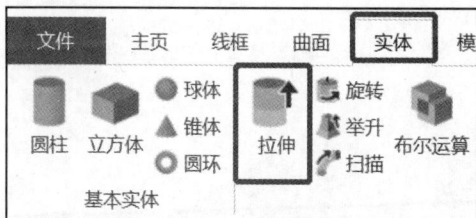

图 2-1-11 【拉伸】按钮

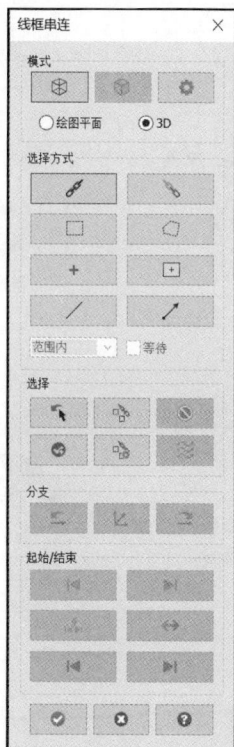

图 2-1-12 【线框串连】对话框

8. 选择绘图区中刚刚绘制的矩形线框作为串连图素，如图 2-1-13 所示。

9. 在【线框串连】对话框中单击 ◉ 按钮。

10. 打开【实体拉伸】对话框，设置以下参数，如图 2-1-14 所示。

① 设置【名称】为【BODY】。

② 设置【类型】为【创建主体】。

③ 设置【距离】为【32.0】。

图 2-1-13　选取矩形线框

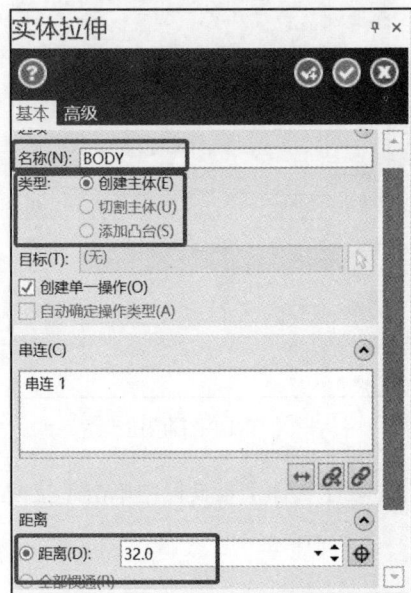

图 2-1-14　【实体拉伸】对话框

注意

　　在绘图区中查看拉伸箭头，如果矩形没有从底部挤出，则单击【全部反向】按钮，如图 2-1-15 所示，然后在功能面板中单击【确定】按钮生成实体，结果如图 2-1-16 所示。

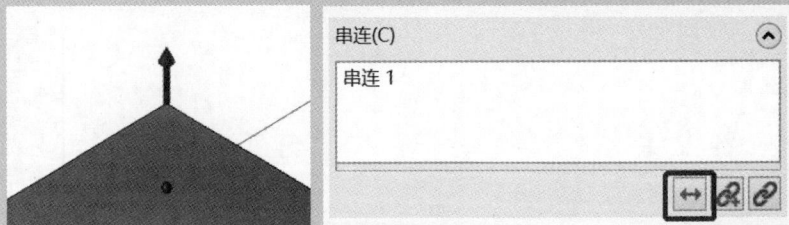

图 2-1-15　查看拉伸箭头和单击【全部反向】按钮

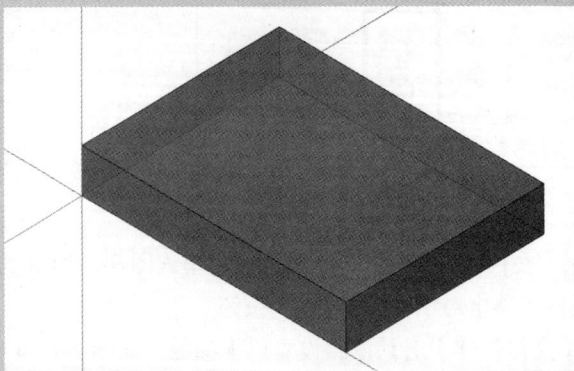

图 2-1-16　拉伸结果

11. 将文件保存为"音箱－×××.emcam",其中×××表示用户名字的首字母。

练习 3:创建音箱声音通道模型

本练习将创建声音通道模型,首先绘制线,然后使用修剪功能创建通道的基础形状。

> **讨论要点**　线框帮助我们创建最终用来创建零件的几何学,称为"构造几何学"。

1. 在 Mastercam 中打开之前保存的文件"音箱－×××.emcam"。
2. 打开【主页】工具栏。
3. 将【属性】工具组中的绘图平面设置为【2D】,将【规划】工具组中的构图深度【Z】设置为【32.0】,如图 2-1-17 所示。

图 2-1-17　【主页】工具栏

注:在状态栏中也可以更改构图深度 Z 和绘图平面,如图 2-1-18 所示。

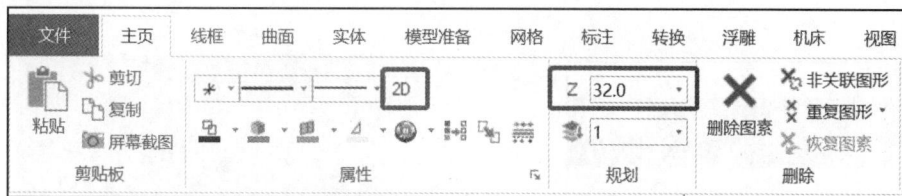

X: 273.44867　Y: 1.46630　Z: 32.00000　2D　绘图平面:俯视图　刀具平面:俯视图

图 2-1-18　构图深度 Z 和绘图平面的设置

> **讨论要点**　与顶面、正面、侧面平行的平面有很多个,同样,与其他类型的构图平面平行的平面也有很多个。为了区分某个方向上不同的平面,采用了构图深度这一概念,通常用 Z 表示,如构图平面为前视图时,Z 轴深度是指 y 轴的深度。改变 Mastercam 状态栏中 Z 的值将会改变当前绘图平面的深度。此设置也与绘图平面的 2D/3D 模式有关。
> - 在 2D 模式下,创建的所有几何图形都与当前的构建平面平行,且处于当前所设置的构图平面内。
> - 在 3D 模式下,Mastercam 将自动读取 x、y 和 z 坐标值来动态绘制草图。另外,在 3D 模式下,不使用 Z 深度值。

请思考,为什么在此深度内创建几何图形(并将几何图形全部限制在该深度范围内),而不是在原始深度中创建呢?

4. 在绘图区中右击，弹出鼠标右键菜单，选择【俯视图】命令，如图 2-1-19 所示。

5. 在【线框】工具栏中单击【线端点】按钮，如图 2-1-20 所示。

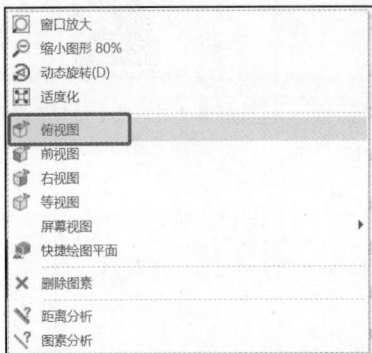

图 2-1-19 选择【俯视图】命令

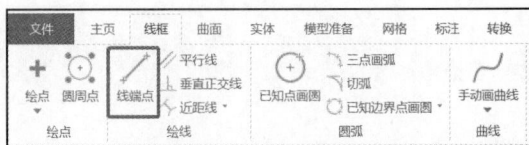

图 2-1-20 【线端点】按钮

6. 在弹出的【线端点】对话框中，将线端点【类型】设置为【垂直线】，如图 2-1-21 所示。

7. 单击实心矩形上方的绘图区并向下拖动，以创建通过该部分的垂直线，如图 2-1-22 所示。

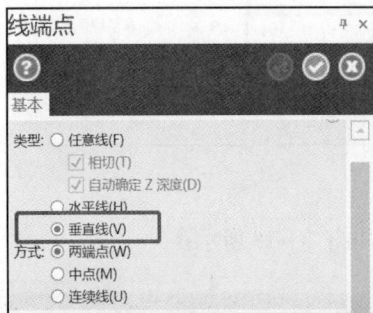

图 2-1-21 【线端点】对话框

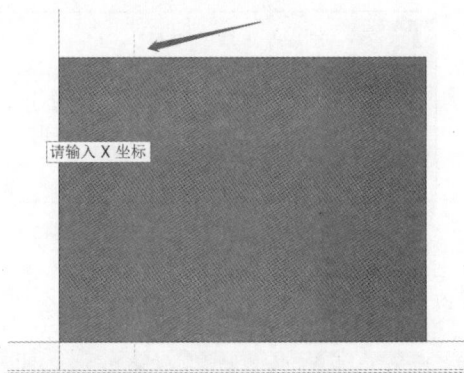

图 2-1-22 垂直线的创建

8. 在【轴向偏移】文本框中输入【25.0】，如图 2-1-23 所示，按【Enter】键确认。

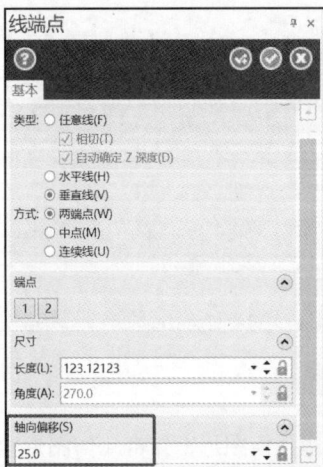

图 2-1-23 轴向偏移的设置

讨论要点

创建垂直线时，设置【轴向偏移】值，可以沿 x 轴或 y 轴将激活状态的垂直线移动到指定的距离。输入正值，向正方向偏移垂直线。输入负值,则向负方向偏移垂直线。

9. 单击绘图区，创建另一条垂直线，将【轴向偏移】值设置为【76.0】，按【Enter】键确认，效果如图 2-1-24 所示。

10. 在【线端点】对话框中将【类型】设置为【水平线】，如图 2-1-25 所示。

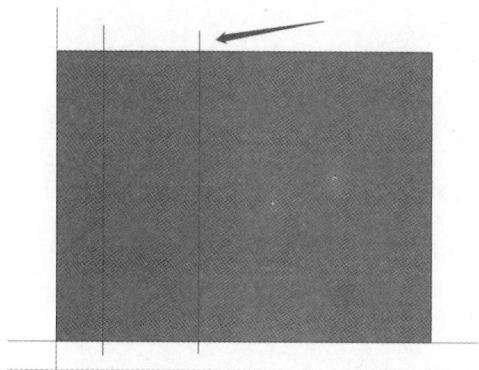

图 2-1-24　第二条垂直线的创建

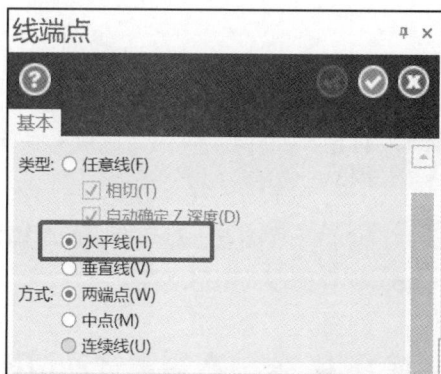

图 2-1-25　【线端点】对话框

11. 单击实心矩形左侧的绘图区域，并创建一条穿过矩形的水平线，如图 2-1-26 所示。水平线可以在矩形上的任何位置。

12. 在【轴向偏移】文本框中输入【90.0】，如图 2-1-27 所示，单击【确定】按钮。

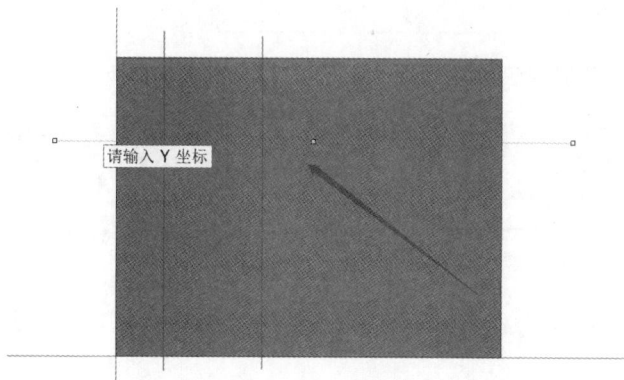

图 2-1-26　绘图区水平线的创建

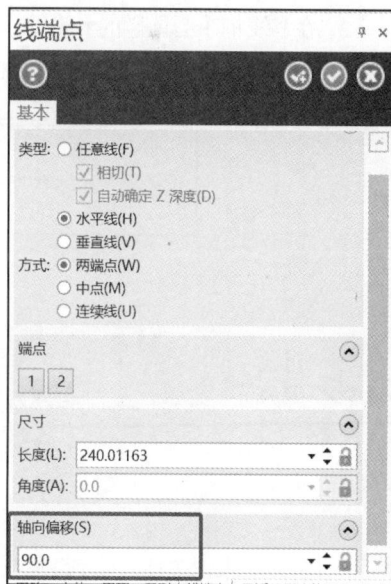

图 2-1-27　轴向偏移的设置

13. 以同样的方法创建另外两条水平线，一条水平线的【轴向偏移】值为【110.0】，另一条水平线的【轴向偏移】值为【130.0】。最终显示两条垂直线和 3 条水平线，如图 2-1-28 所示。

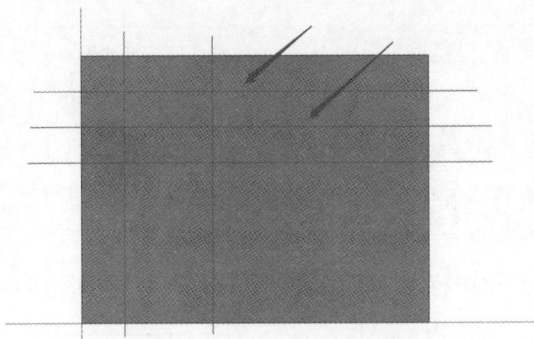

图 2-1-28　垂直线和水平线的创建结果

> 注意，我们创建的这些线是没有指定长度的。思考，为什么这里不需要指定线的长度？

讨论要点

14. 单击【线端点】对话框中的【确定】按钮。

15. 保存绘制的图形文件。

练习4：修剪音箱声音通道模型

本练习将修剪上一个练习中创建的几何形状，以创建出更平滑的通道形状。

1. 在 Mastercam 中打开之前保存的文件"音箱－×××.emcam"。

2. 在【线框】工具栏的【修剪】工具组中单击【修剪到图素】按钮或者【分割】按钮，如图 2-1-29 所示。

演示视频

项目 2-音箱-2-1-练习 4：修剪音箱声音通道模型

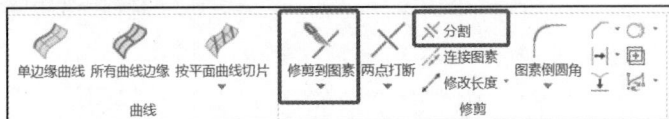

图 2-1-29　【修剪】工具组

讨论要点

这里演示用【修剪到图素】按钮修剪线框的不同方式，图 2-1-30 中显示了修剪图素的 4 种方式。

● 自动。选择要修剪的图素，可以是多个的图素，然后选择图素中要修剪的位置。

● 修剪单一物体。修剪一个图素。选择要修剪的图素，然后选择图素中要修剪到的位置。

● 修剪两物体。将两个图素修剪到它们的交点。分别选择第一个图素和第二个图素。选择图素时，要注意图素的选取位置，选择不同的位置，保留部分的结果会不一样。

● 修剪三物体。修剪 3 个图素。选择的前两个图素将被第三个图素修剪。

3. 单击【分割】按钮将弹出【分割】对话框，将【类型】设置为【修剪】，如图 2-1-31 所示。

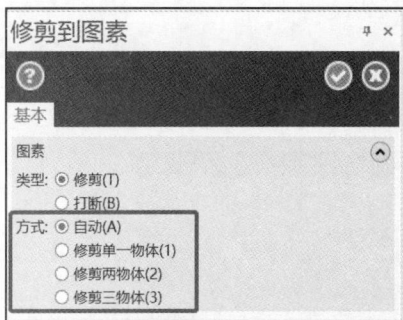

图 2-1-30　修剪到图素的 4 种方式

图 2-1-31　将【类型】设置为【修剪】

4. 按住鼠标左键不放，按照以下线路绘制修剪路径，如图 2-1-32 所示。
5. 得到图 2-1-33 所示的图像。

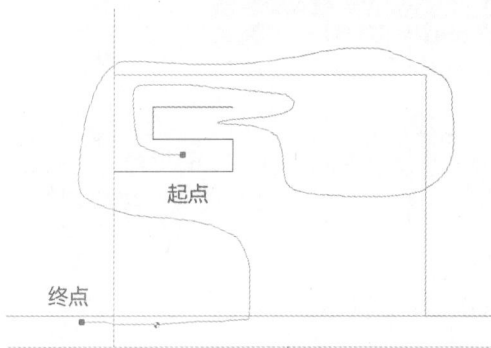

图 2-1-32　绘制修剪路径

图 2-1-33　修剪后的图像

6. 在【线框】工具栏中单击【已知点画圆】按钮，如图 2-1-34 所示。

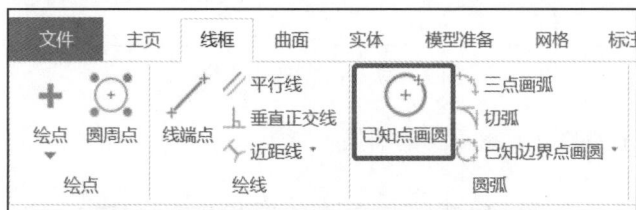

图 2-1-34　单击【已知点画圆】按钮

7. 弹出【已知点画圆】对话框，将【半径】设置为【10.0】，将【直径】设置为【20.0】，并依次单击【锁定】按钮，如图 2-1-35 所示。

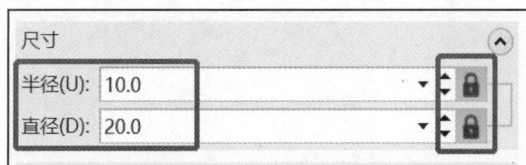

图 2-1-35　尺寸设置

讨论
要点 可以使用对话框中的【锁定】按钮来锁定参数值。锁定后，参数值便不会再改变，再次单击【锁定】按钮，才可编辑此数值。

8. 选择图 2-1-36 所示的两条直线段的中点为圆心。

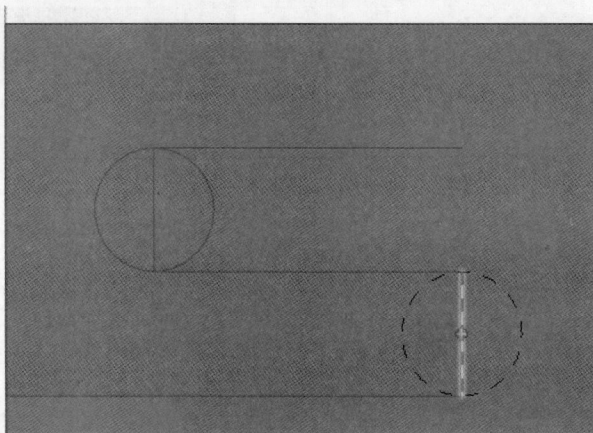

图 2-1-36　圆心的选取

讨论
要点 在 Mastercam 中，自动抓点是确保选择精准度的一个很好的方法，应确保熟练掌握自动抓取符号的使用。

9. 单击【已知点画圆】对话框中的【确定】按钮。

10. 在【线框】工具栏上单击【分割】按钮，如图 2-1-37 所示。

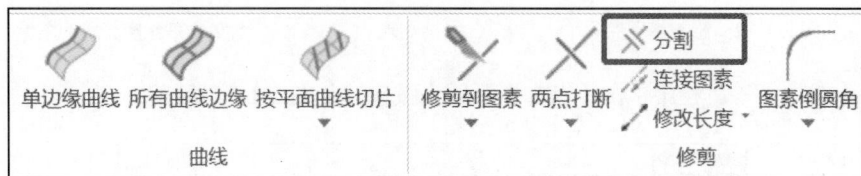

图 2-1-37　单击【分割】按钮

11. 在绘图区中选择图 2-1-38 所示的圆弧。

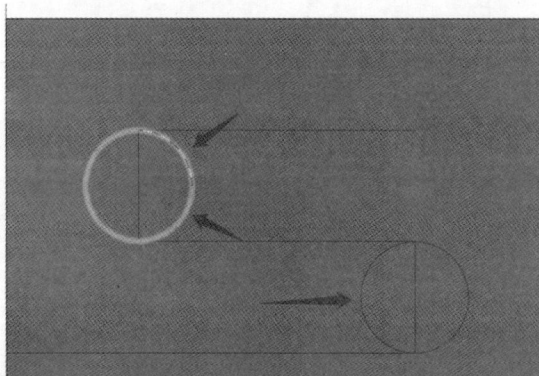

图 2-1-38　分割圆弧的选取

12. 然后，在【分割】对话框中单击【确定】按钮。

> Mastercam 的【分割】按钮通过删除位于两个分割交点之间的线段或单个交点与一个端点之间的线段，将直线段、圆弧或样条曲线修剪为两个不相交的部分。【分割】按钮还可以删除没有交点的图素。
>
> 【分割】按钮与【修剪到图素】按钮不同，可以先选择要保留的图素，再使用【分割】按钮选择要删除的图素。
>
> 思考，在哪些情况下两个命令中的哪一个更加实用？

13. 删除多余的图素后保存文件，修剪后的结果如图 2-1-39 所示。

图 2-1-39　修剪后的结果

练习 5：编辑音箱声音通道模型

本练习将使用【偏移串连】命令编辑之前创建的几何图形。

1. 在 Mastercam 中打开之前保存的文件"音箱－×××.emcam"。

2. 从【线框】工具栏中选择【偏移串连】命令，如图 2-1-40 所示，将显示【偏移串连】对话框。

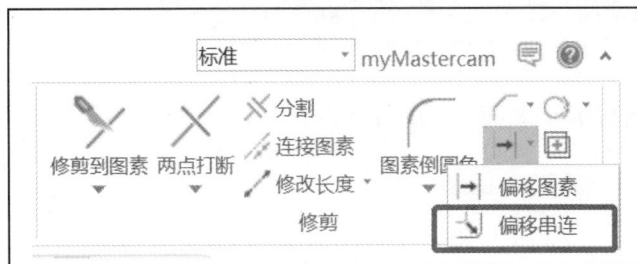

图 2-1-40　【偏移串连】命令

演示视频

项目 2-音箱-2-1-练习 5：编辑音箱声音通道模型

31

> **讨论要点** Mastercam 中有两种偏移图素的命令：【偏移图素】命令、【偏移串连】命令。
> 　　【偏移图素】用于偏移一个单独的图素，平行于原来的图素，按照指定的距离和方向进行偏移。【偏移串连】用于偏移一个或多个链状的图素，按照指定的距离、方向及深度进行偏移。

3. 选择图 2-1-41 所示的几何形状为偏移串连图形。

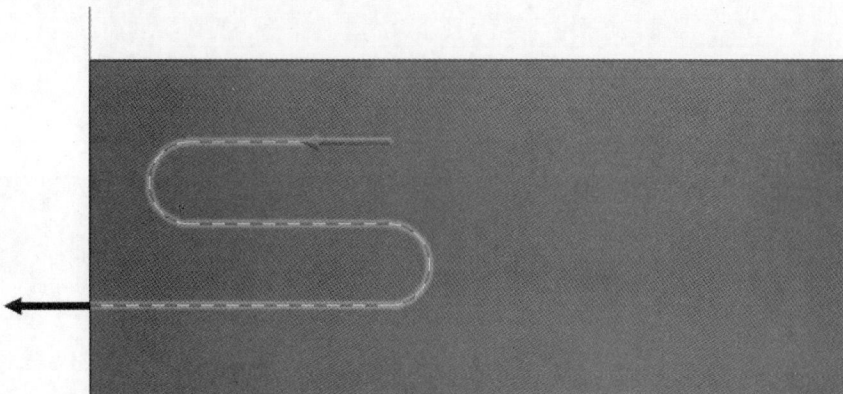

图 2-1-41　偏移串连图形的选取

4. 在【偏移串连】对话框中单击【确定】按钮。

5. 在绘图区中所绘制线条的上方，确定偏移图素的方向（即补正方向），如图 2-1-42 所示。这时，【偏移串连】对话框将处于"激活"状态。

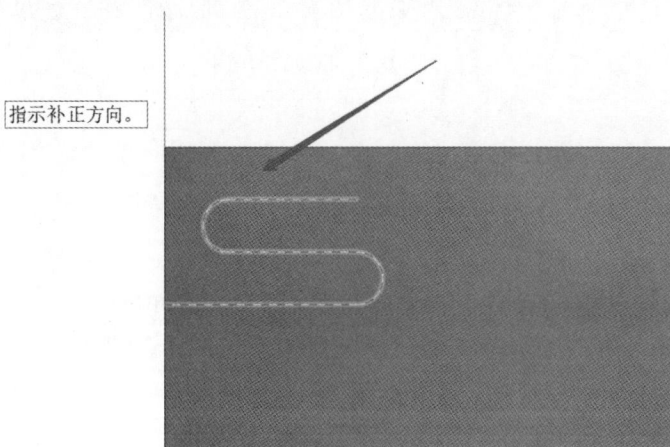

指示补正方向。

图 2-1-42　偏移图素方向的确定

6. 在【偏移串连】对话框中设置以下参数，如图 2-1-43 所示。

① 将【方式】设置为【移动】。

② 将【距离】设置为【6.0】。

③ 将【方向】设置为【双向】。

7. 单击【偏移串连】对话框中的【确定】按钮。

8. 在【主页】工具栏的【属性】工具组中单击【清除颜色】按钮，如图 2-1-44 所示。

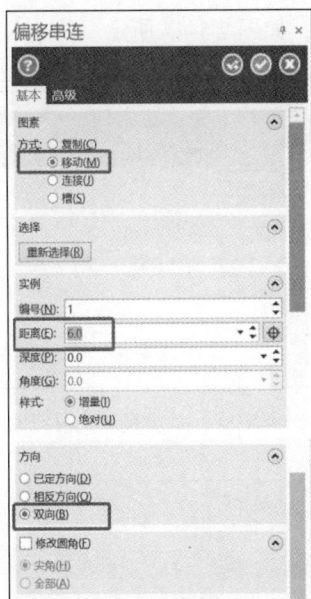

图 2-1-43 【偏移串连】对话框

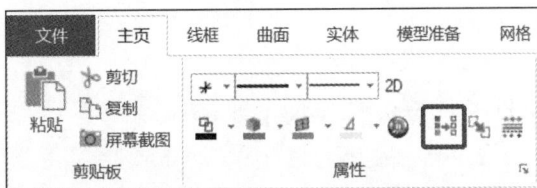

图 2-1-44 单击【清除颜色】按钮

> **讨论要点**
>
> 清除颜色就是重设所有的图素为默认颜色。
>
> 当执行【转换】工具栏中的各项命令时，原始图素颜色将转换为红色（默认），新产生的图素颜色为紫色（默认）。

9. 图 2-1-45 所示为偏移图素之后的结果，保存文件。

图 2-1-45 偏移图素之后的结果

练习6：创建音箱声音放大器通道模型

本练习将以之前练习中生成的音箱声音通道模型为基础，创建音箱声音放大器通道模型。

1. 在 Mastercam 中打开之前保存的文件"音箱 − ×××.emcam"。

2. 在【线框】工具栏中单击【线端点】按钮，如图 2-1-46 所示。

演示视频

项目 2-音箱-2-1-练习 6：创建音箱声音放大器通道模型

3. 弹出【线端点】对话框，将【类型】设置为【任意线】，如图 2-1-47 所示。

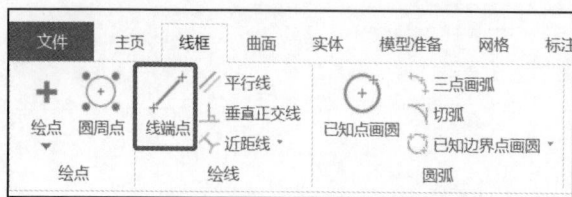

图 2-1-46 【线端点】按钮

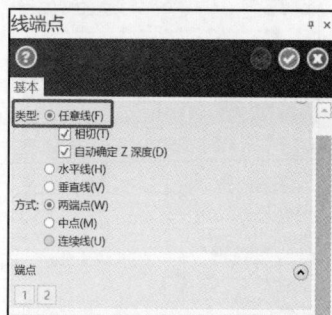

图 2-1-47 【线端点】对话框

> **讨论要点**
>
> 【任意线】类型允许在平面上的任何位置创建直线段。

4. 按住【Shift】键，在绘图区中选择原点，如图 2-1-48 所示，将会出现动态指针，如图 2-1-49 所示。

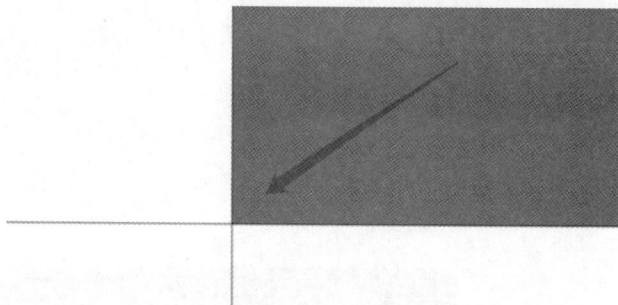

图 2-1-48 原点的选取

> **讨论要点**
>
> 动态指针可帮助用户以交互方式操纵几何体和平面，它由 3 个连接在原球体上的轴组成。图中 2-1-49 列出的 7 个位置，分别表示用于操作的转换类型。

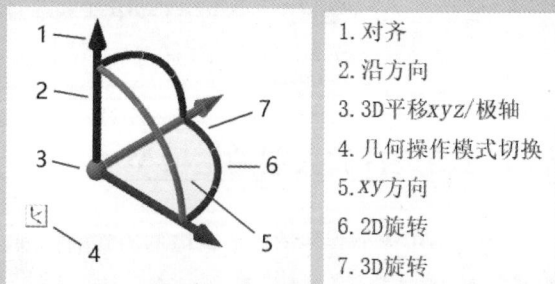

1. 对齐
2. 沿方向
3. 3D 平移 xyz/ 极轴
4. 几何操作模式切换
5. xy 方向
6. 2D 旋转
7. 3D 旋转

图 2-1-49 动态指针

当自动光标符号显示在绘图区中时，按住【Shift】键可激活 Mastercam 的动态指针。

5. 选择 x 轴，在文本框中输入【6.000】并按【Enter】键，如图 2-1-50 所示。

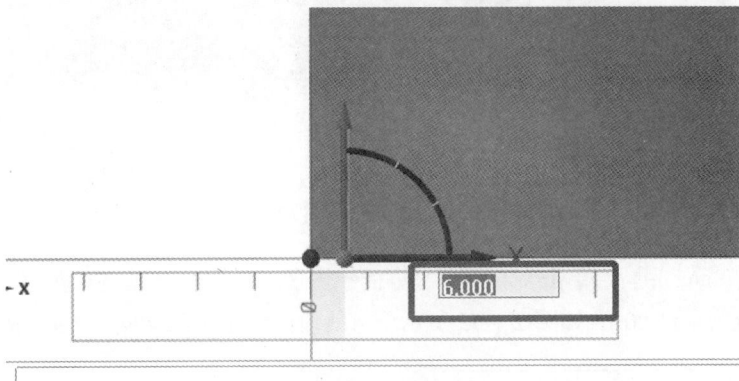

图 2-1-50 偏移距离的设置（1）

6. 按【Enter】键两次。

7. 单击实心矩形上方的绘图区以创建直线段，【长度】设置为【170.0】,【角度】设置为【70.0】，如图 2-1-51 所示。直线段绘制结果如图 2-1-52 所示。

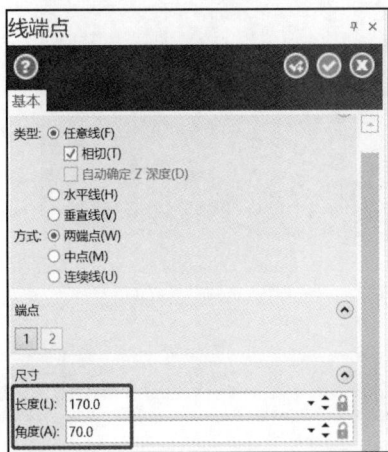

图 2-1-51 直线段的参数设置（1）

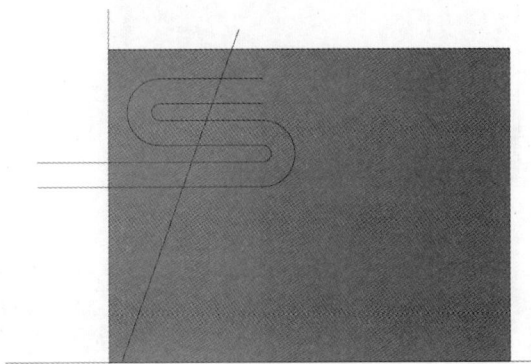

图 2-1-52 直线段的绘制结果（1）

8. 按住【Shift】键，在绘图区中选择底线的中点，如图 2-1-53 所示。

图 2-1-53 底线中点的选取

9. 选择 x 轴，在文本框中输入【-6.000】并按【Enter】键，如图 2-1-54 所示。

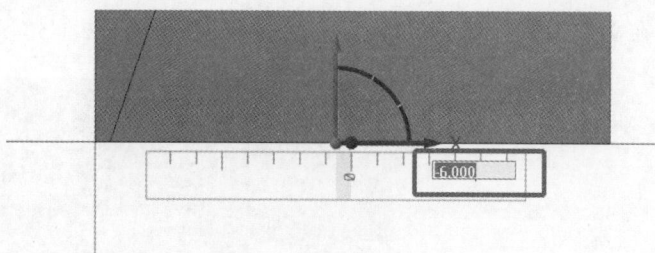

图 2-1-54　偏移距离的设置（2）

10. 按两次【Enter】键后，单击实心矩形上方的绘图区以创建直线段，将【长度】设置为【170.0】，将【角度】设置为【110.0】，如图 2-1-55 所示。直线段的绘制结果如图 2-1-56 所示。

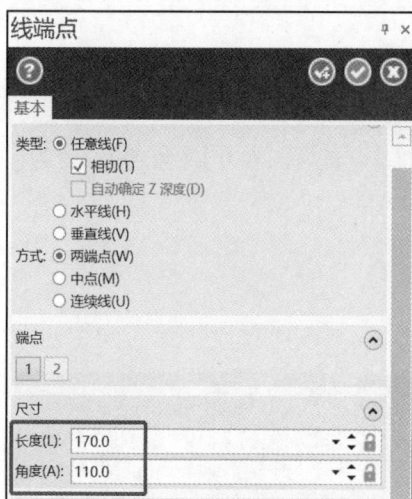

图 2-1-55　直线段的参数设置（2）

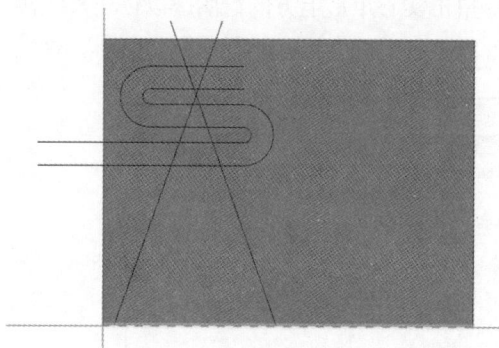

图 2-1-56　直线段的绘制结果（2）

> **讨论要点**
>
> 　　在 Mastercam 中，当图素处于可编辑状态时，我们称其处于"活动"状态；当图素不再可编辑时，我们称其处于"确定"状态。
>
> 　　创建图素后，该图素将处于"活动"状态，直到退出当前功能、启动新功能或开始创建另一图素，由【使用中】的图素颜色指定（位置在【系统配置】对话框中）。在图素确定后立即恢复为正常的颜色。要编辑确定的图素，须使用位于【主页】工具栏中的【图素分析】命令。

11. 在【线框】工具栏中单击【图素倒圆角】按钮，如图 2-1-57 所示。

图 2-1-57　【图素倒圆角】按钮

12. 在弹出的【图素倒圆角】对话框中将【半径】设置为【5.0】，如图 2-1-58 所示。

13. 在绘图区中，按图 2-1-59 所示的顺序选择线条。

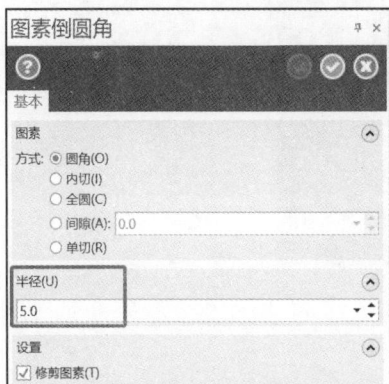

图 2-1-58   半径参数的设置

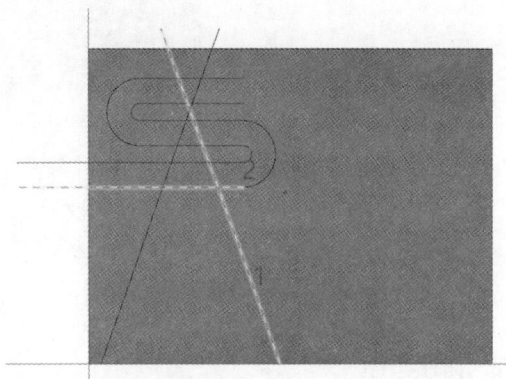

图 2-1-59   修剪线条的选择

14. 在【图素倒圆角】对话框中，单击【"确定"并创建新操作】按钮，如图 2-1-60 所示，创建新操作。

15. 将【半径】更改为【30.0】，如图 2-1-61 所示。

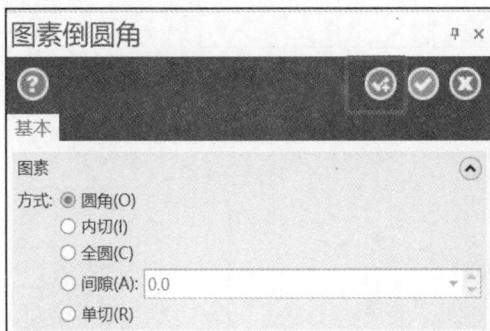

图 2-1-60   单击【"确定"并创建新操作】按钮

图 2-1-61   半径参数的更改

16. 在绘图区中，按图 2-1-62 所示的顺序选择线段。

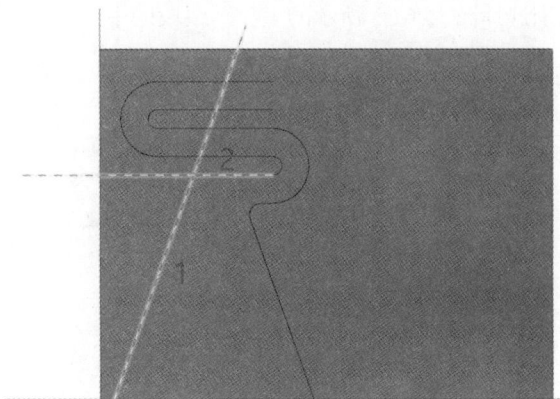

图 2-1-62   修剪线段的选择

17. 单击【图素倒圆角】对话框中的【确定】按钮，结果如图 2-1-63 所示。

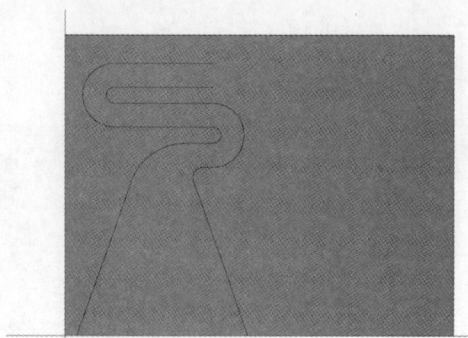

图 2-1-63　修剪最终的结果

18．保存文件。

为什么在这里选择顺序很重要？

使用 Mastercam 的【撤销】按钮，查看不同选择顺序的结果，并讨论选择顺序如何影响修剪结果，如图 2-1-64 所示。

图 2-1-64　【撤销】按钮

练习 7：镜像几何模型

本练习将使用【镜像】功能镜像出几何模型。

1．在 Mastercam 中打开之前保存的文件"音箱－××
×.emcam"。

2．在【线框】工具栏中单击【线端点】按钮。

3．在【线端点】对话框中，将【类型】设置为【垂直线】。

4．在绘图区中，分别选择图 2-1-65 所示的上、下线段的中点，创建一条垂直线。

演示视频

项目 2-音箱-2-1-练习 7：镜像几何模型

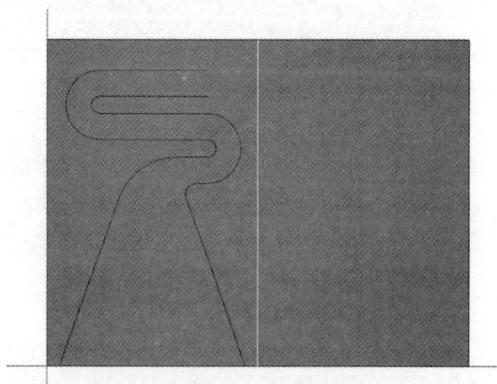

图 2-1-65　垂直线的创建

在本练习中，我们将创建一条临时垂直线作为镜像轴。

创建过渡自定义的几何图形，用以帮助生成线框、面或实体的转换或创建。

5. 单击【线端点】对话框中的【确定】按钮。

6. 在【转换】工具栏中单击【镜像】按钮，如图 2-1-66 所示。

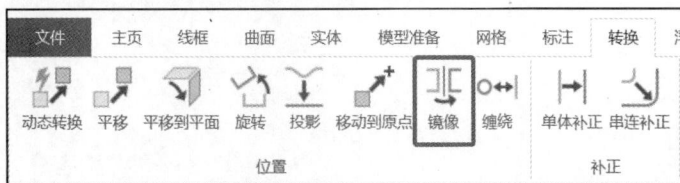

图 2-1-66　【镜像】按钮

7. 按住【Shift】键，在绘图区中选择之前绘制的两个图素，如图 2-1-67 所示，按【Enter】键确定。

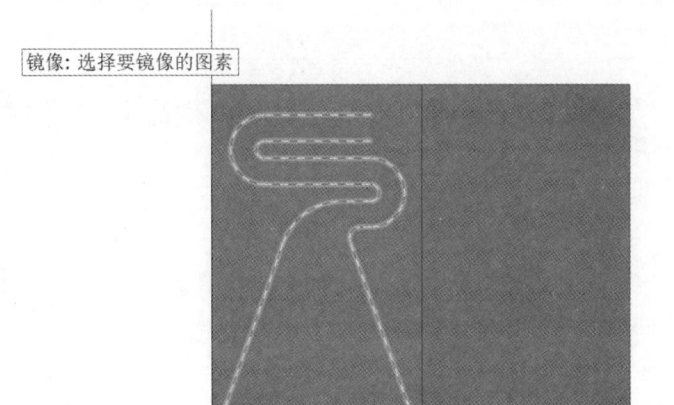

图 2-1-67　镜像图素的选择

8. 此时，【镜像】对话框处于激活状态。

镜像图素选择完毕后，也可以单击【结束选择】按钮，如图 2-1-68 所示。

图 2-1-68　【结束选择】按钮

在默认情况下，当第一次输入镜像参数后，图素将在 x 轴上镜像，可在【镜像】对话框中调整。

9. 在【镜像】对话框中，将【轴】设置为【向量】并单击【选择向量】按钮，如图 2-1-69 所示。

10. 选择之前创建的垂直线作为镜像轴，在【镜像】对话框中单击【确定】按钮，镜像结果如图 2-1-70 所示。

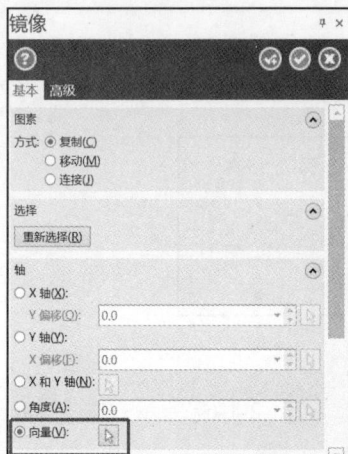

图 2-1-69　【轴】参数的设置

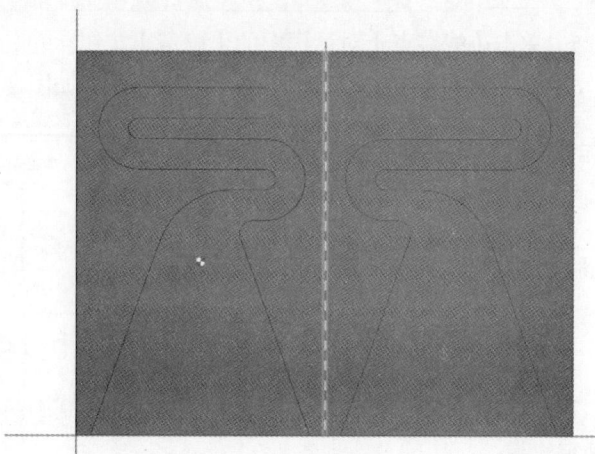

图 2-1-70　镜像结果

讨论要点　　镜像功能是指在当前的构图平面上以某一轴线为镜子复制图素。

11. 在【线框】工具栏中单击【修剪到图素】按钮，如图 2-1-71 所示。

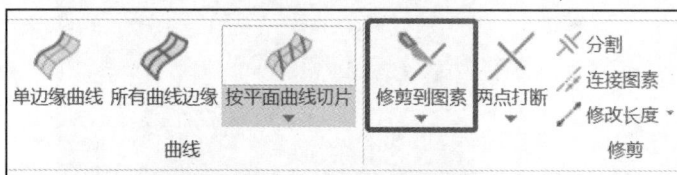

图 2-1-71　【修剪到图素】按钮

12. 在【修剪到图素】对话框中将【方式】设置为【修剪单一物体】，如图 2-1-72 所示。

13. 选择图 2-1-73 所示的顶线，再选择垂直线，封闭音箱通道。

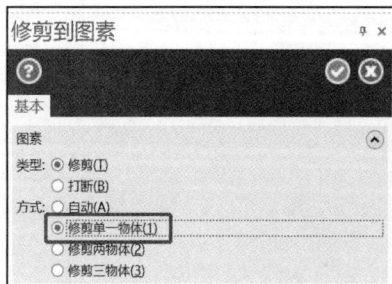

图 2-1-72　【修剪到图素】对话框

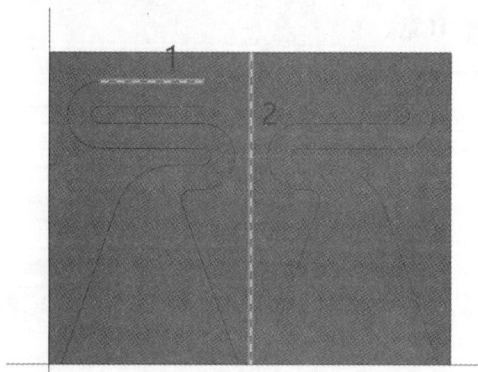

图 2-1-73　图示线条的选择

14. 重复执行上一步操作，结果如图 2-1-74 所示。

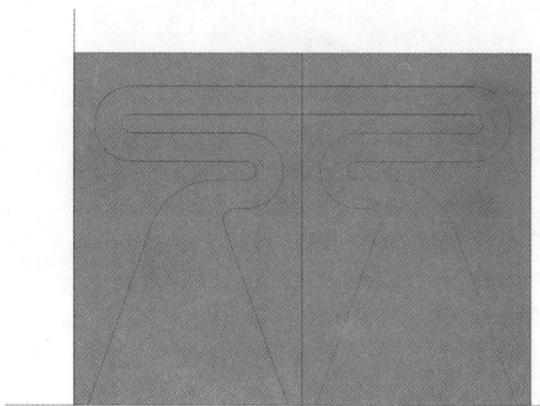

图 2-1-74 最终结果

15. 单击【修剪到图素】对话框中的【确定】按钮。

讨论
要点   Mastercam 中有不止一种方法可以完成此项任务，思考其他方法是什么。

16. 在绘图区中右击，将弹出鼠标右键菜单，选择【清除颜色】命令；再次在绘图区中右击，在弹出的鼠标右键菜单中选择【等视图】命令，如图 2-1-75 所示。

17. 结果如图 2-1-76 所示，保存文件。

图 2-1-75 选择【等视图】命令

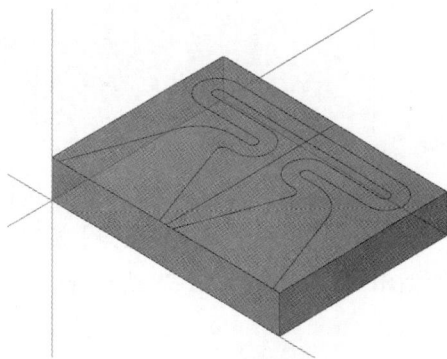

图 2-1-76 镜像几何模型结果

练习 8：创建音箱通道模型

本练习将挤出先前练习中创建和镜像的几何模型。

1. 在 Mastercam 中打开之前保存的文件 "音箱 – × × ×.emcam"。

2. 在【线框】工具栏中单击【线端点】按钮。

3. 在【线端点】对话框中，将【类型】设置为【水平线】。

4. 在绘图区中，选择端点以封闭通道区域，如图 2-1-77 所示。

演示视频

项目 2-音箱-2-1-练习 8：创建音箱通道模型

图 2-1-77　封闭通道区域的图形

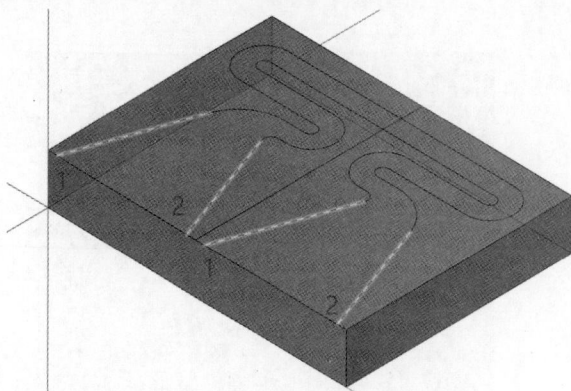

注意

　　将鼠标指针移动到直线段端点附近，等待端点图标出现后，才能确保选择的是直线段的端点，如图 2-1-78 所示。

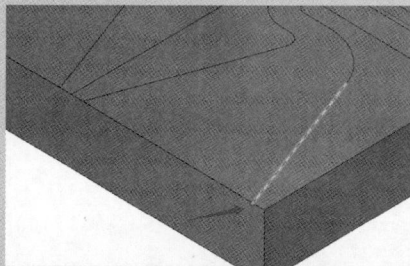

图 2-1-78　端点的捕捉

　　为了更清楚地查看实体边框，可以按【Alt+S】组合键切换该部件模式为线框模式。

5. 单击【线端点】对话框中的【确定】按钮。

6. 在【实体】工具栏上单击【拉伸】按钮，将弹出【线框串连】对话框。

7. 在绘图区中，选取图 2-1-79 所示的串连形状。

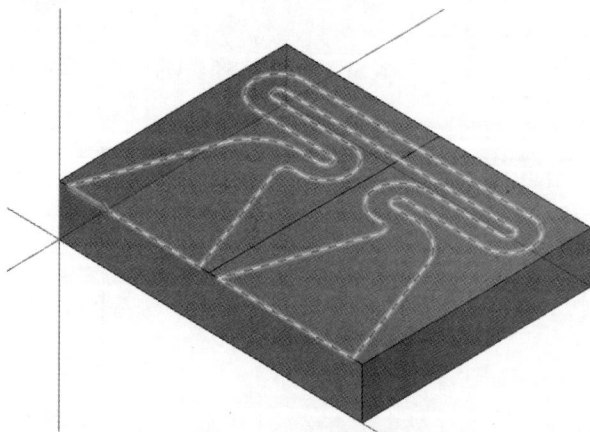

图 2-1-79　串连形状的选取

注意

选取过程中，确保串连形状上是绿色箭头。如果是红色的箭头，那么形状是没有封闭的，将无法挤出实体。

8. 在【线框串连】对话框中单击【确定】按钮，将出现【实体拉伸】对话框。

讨论要点

实体拉伸类型如下。
- 创建主体：创建一个或多个新实体。
- 切割主体：在现有的实体上创建一个或多个切割实体以移除材料。
- 添加凸台：在现有的实体中添加材料。

Mastercam 通过使用指定的方向、距离和其他参数，沿线性路径，依照曲线的形状来挤出实体。

查看【实体拉伸】对话框的【基本】和【高级】选项卡中的选项。那么能使用这些选项使实体的生成更加高效吗？

9. 在【实体拉伸】对话框中设置以下参数，如图 2-1-80 所示。
① 将【名称】设置为【拉伸 切割】。
② 将【类型】设置为【切割主体】。
③ 将【距离】设置为【25.0】。

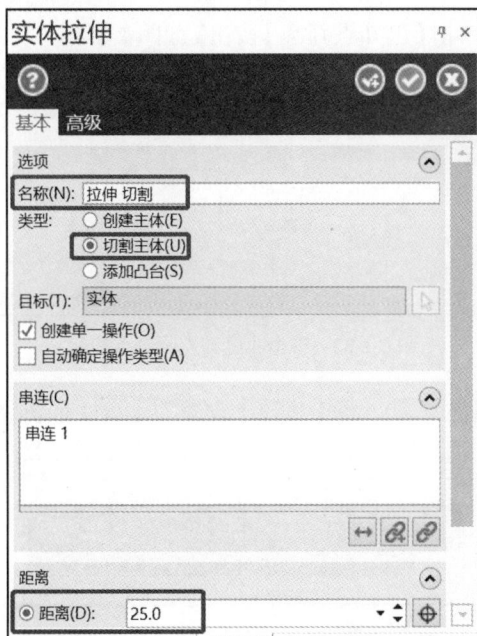

图 2-1-80　【实体拉伸】对话框

注意

如果没有向下切割原有实体，则可单击 ↔ 按钮以反转串连的方向。

10. 在【实体拉伸】对话框中单击【确定】按钮。
11. 图 2-1-81 所示为实体拉伸的结果，保存文件。

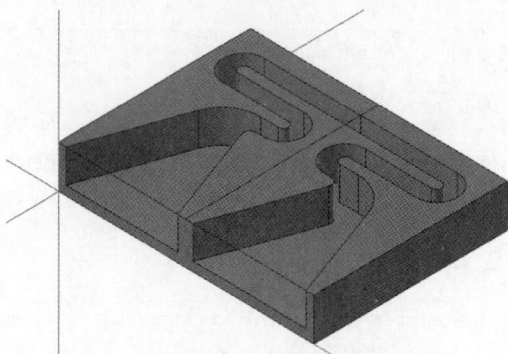

图 2-1-81　实体拉伸的结果

练习 9：创建索引孔

本练习将创建索引孔，用来组合音箱顶部和底部部件。

1. 在 Mastercam 中打开之前保存的文件"音箱－×××.emcam"。

2. 在绘图区中右击，将弹出鼠标右键菜单，选择【俯视图】命令。

3. 在【线框】工具栏中单击【已知点画圆】按钮，如图 2-1-82 所示。

演示视频

项目 2-音箱-2-1-练习 9：创建索引孔

图 2-1-82　单击【已知点画圆】按钮

4. 弹出【已知点画圆】对话框，将【直径】设置为【12.4】，如图 2-1-83 所示。

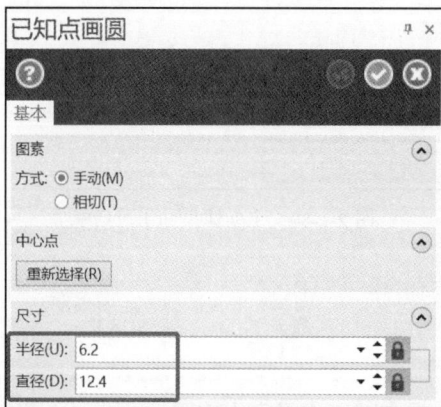

图 2-1-83　圆参数的设置

5. 在原点处创建圆弧，如图 2-1-84 所示。

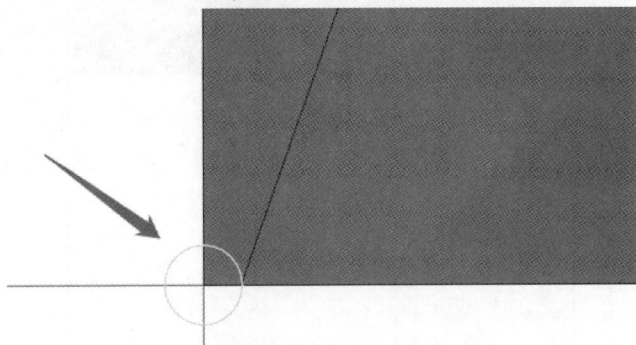

图 2-1-84 创建圆弧

6. 单击【已知点画圆】按钮对话框中的【确定】按钮。

7. 在【转换】工具栏中单击【平移】按钮，如图 2-1-85 所示。

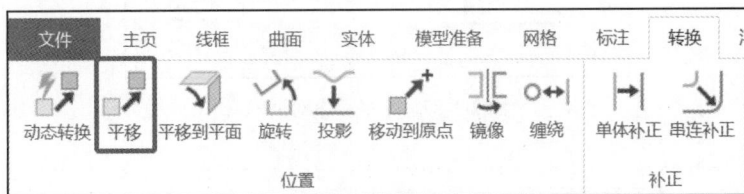

图 2-1-85 【平移】按钮

8. 在绘图区中选择图 2-1-86 所示的圆，并按【Enter】键。此时，【平移】对话框处于激活状态。

图 2-1-86 平移图素的选取

> **讨论要点**
>
> 平移功能：在同一平面内移动、复制或连接实体，而可以不改变方向、大小或形状。

9. 在【平移】对话框中设置以下参数，如图 2-1-87 所示。

① 将【方式】设置为【移动】。

② 将增量【X】设置为【20.0】。

③ 将增量【Y】设置为【90.0】。

图 2-1-87　【平移】对话框

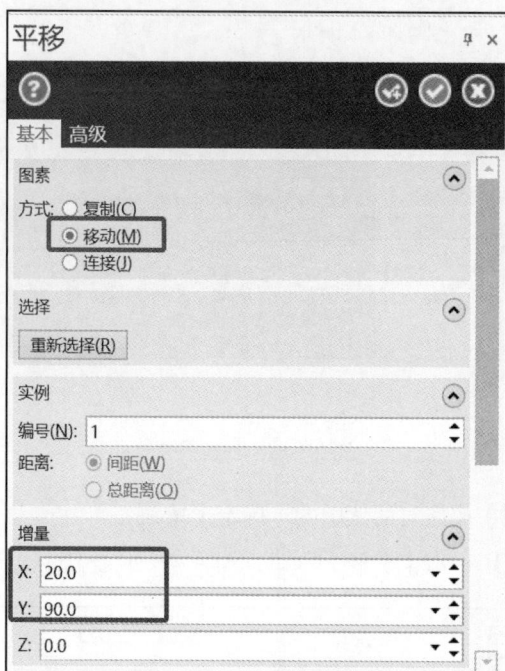

注意到绘图区中的增量控件了吗？

增量控件如图 2-1-88 所示，它提供了一种可视化编辑当前工作平面中实体位置的方法，而不是在对话框中输入增量数值。此控件由原点球体和 3 个可以独立操作的箭头组成。

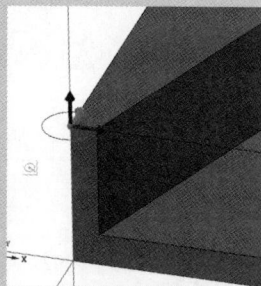

图 2-1-88　增量控件

- 在旋转中心单击并拖动原点球体，可以将控件移动到绘图区的不同位置。
- 将鼠标指针悬停在箭头上，会出现标尺。单击并拖动箭头到一个新的位置，标尺可以直观地指示目标位置。重新定位增量控件，将更新对话框中相应的 X、Y 或 Z 增量数值。

10. 在【平移】对话框中单击【确定】按钮。

11. 在【转换】工具栏中单击【镜像】按钮，如图 2-1-89 所示。

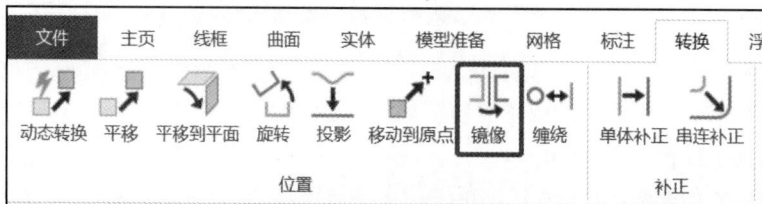

图 2-1-89　【镜像】按钮

12. 在绘图区中，选择图 2-1-90 所示的圆，并按【Enter】键。

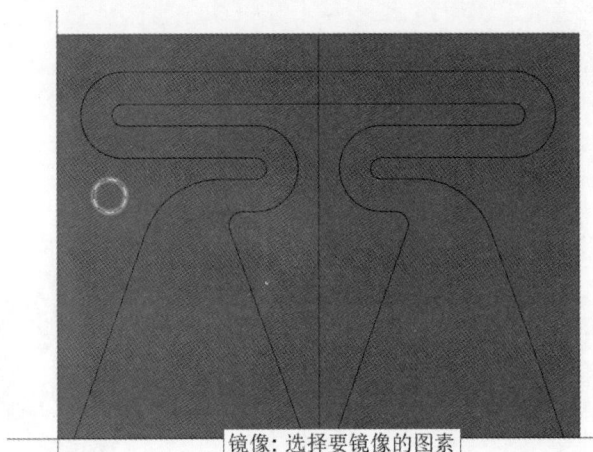

镜像: 选择要镜像的图素

图 2-1-90 镜像图素的选取

此时，【镜像】对话框处于激活状态。

13. 在【镜像】对话框中，确保【轴】设置为【向量】模式，如图 2-1-91 所示。单击【选择向量】按钮返回图形窗口。

14. 选择图 2-1-92 所示的垂直线，指定该线为镜像轴。

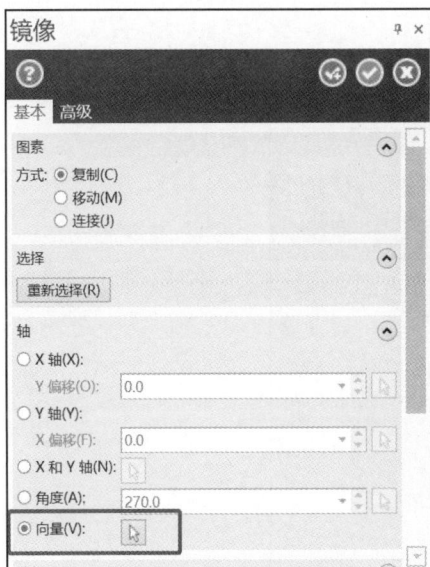

图 2-1-91 【轴】参数的设置

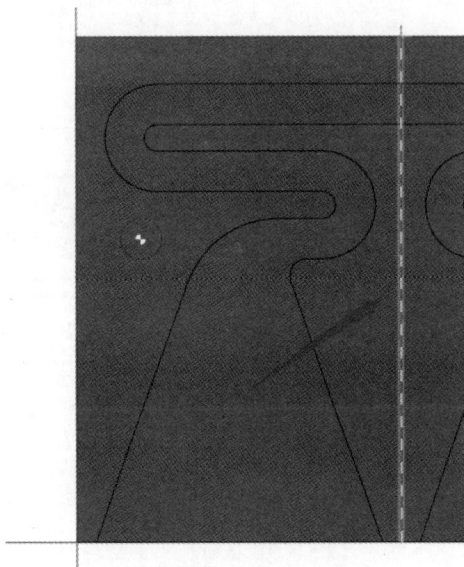

图 2-1-92 镜像轴的选取

15. 在【镜像】对话框中单击【确定】按钮。

16. 在绘图区中右击，将弹出鼠标右键菜单，选择【清除颜色】命令。再次在绘图区中右击，在弹出的鼠标右键菜单中选择【适度化】命令。第三次在绘图区中右击，在弹出的鼠标右键菜单中选择【等视图】命令，如图 2-1-93 所示。

17. 在【实体】工具栏中单击【拉伸】按钮，将打开【线框串连】对话框。

18. 在绘图区中选择图 2-1-94 所示的两个圆。

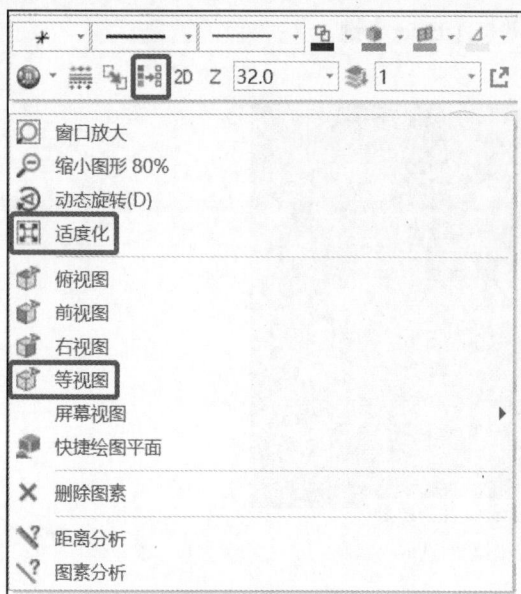

图 2-1-93　选择相应命令

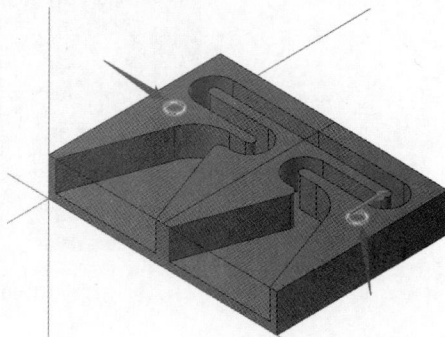

图 2-1-94　拉伸串连图素的选取

19. 在【线框串连】对话框中单击【确定】按钮。

20. 在打开的【实体拉伸】对话框中设置以下参数，如图 2-1-95 所示。

① 将【名称】设置为【索引孔】。

② 将【类型】设置为【切割主体】。

③ 将【距离】设置为【13.0】。

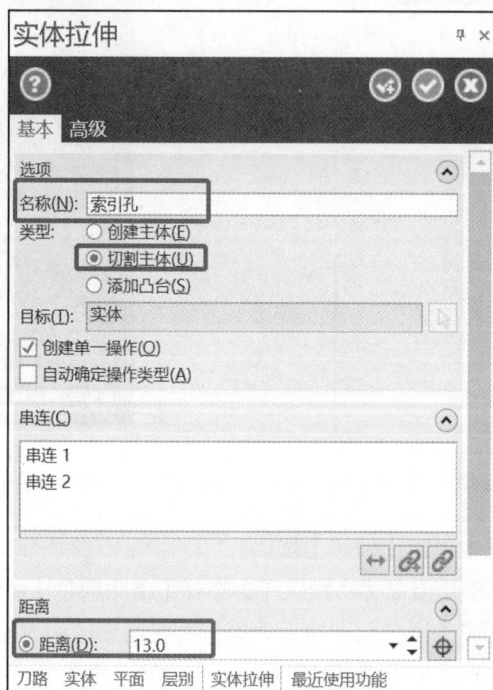

图 2-1-95　【实体拉伸】对话框

> **注意**　如果索引孔没有向下切割原有实体，则可单击⬌按钮以反转串连的方向。

21. 在【实体拉伸】对话框中单击【确定】按钮。
22. 在绘图区中右击，将弹出鼠标右键菜单，选择【清除颜色】命令。
23. 最终模型结果如图 2-1-96 所示，保存文件。

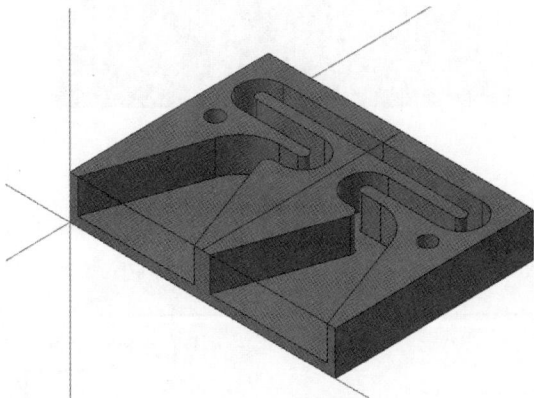

图 2-1-96　最终模型结果

> 演示视频
>
> 项目 2-音箱-2-1-练习 10：创建手机插槽模型

练习 10：创建手机插槽模型

本练习将创建手机插槽模型所需的几何图形。本练习给出的尺寸是某型号手机的实际尺寸。读者可根据自己的手机确定插槽参数。

> **讨论要点**　在这个练习中，为了创建手机插槽模型，我们测量了某型号手机以获得参数。为了个性化创建模型，每位学生都需要测量自己手机的宽度和高度。测量尺寸时需要考虑手机壳和其他配件等因素。

1. 在 Mastercam 中打开之前保存的文件"音箱－×××.emcam"。
2. 在 Mastercam 窗口底部的状态栏中，将 Z 值设定为【6.4】，如图 2-1-97 所示，按【Enter】键确定。

X: 19.86041　　Y: -45.00018　　Z: 6.40000　　2D　绘图平面: 俯视图

图 2-1-97　状态栏中 Z 值的设定

> **讨论要点**　降低构图深度 Z，将几何图形放置在工件底部的上方。思考，如何使用 Mastercam 的分析实体功能来确定合适的构图深度 Z。

3. 在绘图区中右击，将弹出鼠标右键菜单，选择【俯视图】命令。
4. 选择图 2-1-98 所示的垂直线。

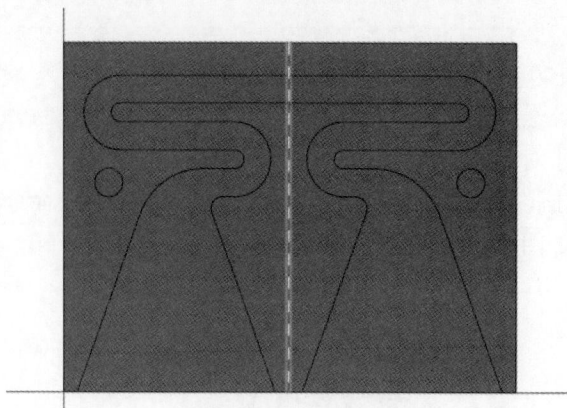

图 2-1-98　垂直线的选取

5. 在【主页】工具栏中单击【删除图素】按钮，如图 2-1-99 所示，或选取该垂直线后按【Delete】键，将该垂直线删除。删除图素后的工件效果如图 2-1-100 所示。

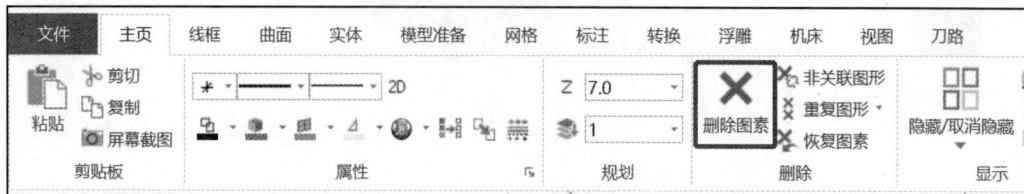

图 2-1-99　单击【删除图素】按钮

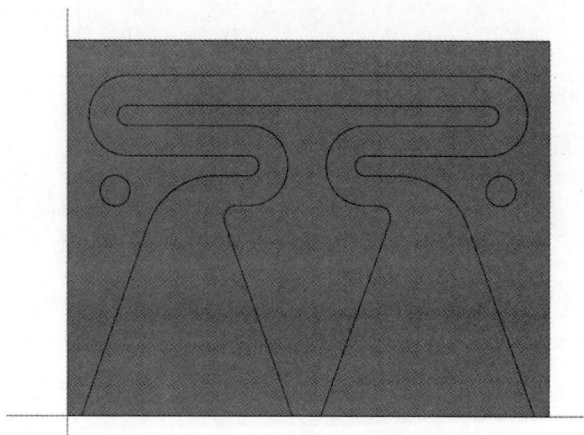

图 2-1-100　工件效果

6. 在【线框】工具栏选择【矩形】→【圆角矩形】命令，如图 2-1-101 所示。

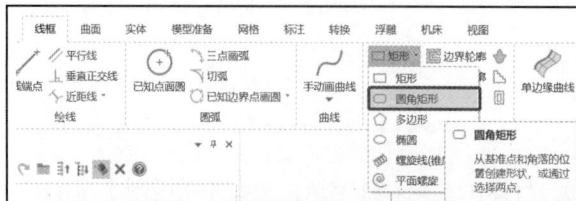

图 2-1-101　【圆角矩形】命令

7. 弹出【矩形形状】对话框,从中设置以下参数,如图 2-1-102 所示。

① 将【类型】设置为【矩圆形】。

② 将【原点】设置为底部中间点。

③ 将【宽度】设置为【95.0】。

④ 将【高度】设置为【15.0】。

8. 选择图 2-1-103 所示线段的中点。

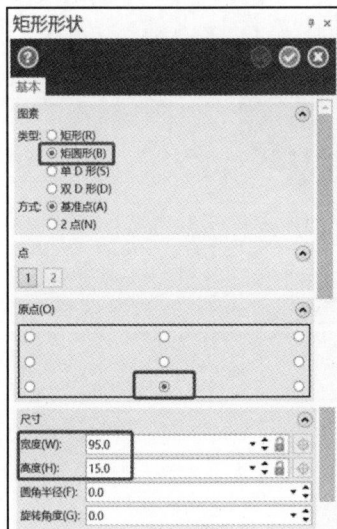

图 2-1-102   【矩形形状】对话框

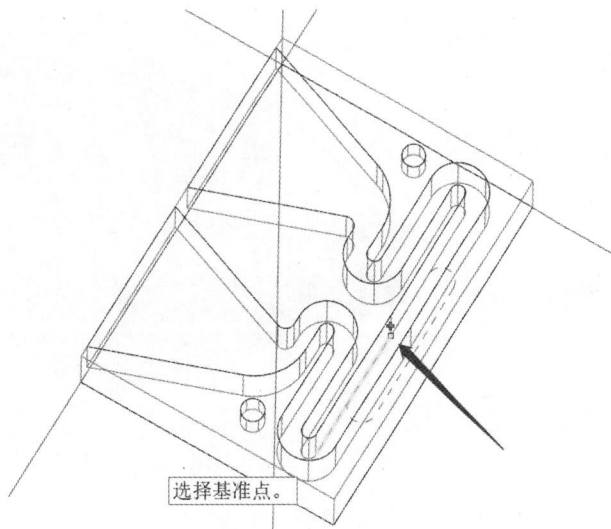

图 2-1-103   中点的选取

9. 单击【矩形形状】对话框中的【确定】按钮。

10. 按【Alt+S】组合键将实体切换为线框模式显示。

11. 结果如图 2-1-104 所示,保存文件。

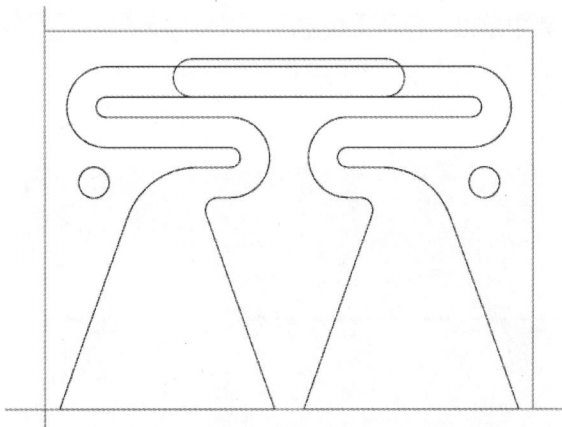

图 2-1-104   以线框模式显示的实体

讨论
要点

　　使用【视图】工具栏中的【屏幕视图】工具组中的【旋转】、【缩放】等命令,能以最佳的视角展示插槽。

① 在【视图】工具栏的【外观】工具组中，单击【边框着色】按钮，实体将透明显示，如图 2-1-105 所示。

② 在【视图】工具栏的【屏幕视图】工具组中选择【后视图】命令。

③ 使用鼠标中键单击该实体图形窗口，并移动鼠标，直到得到一个更好地查看插槽的视角。

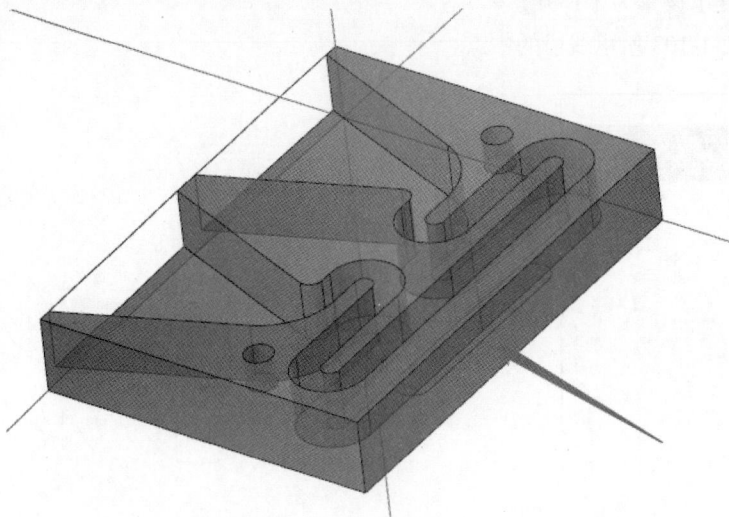

图 2-1-105　实体透明显示

练习 11：切割实体，创建手机插槽模型

本练习将拉伸前面练习中创建的插槽几何形状。

1．在 Mastercam 中打开之前保存的文件"音箱－×××.emcam"。

2．在【实体】工具栏中单击【拉伸】按钮。

3．在绘图区中选择圆角矩形串连，如图 2-1-106 所示。

演示视频

项目 2-音箱-2-1-练习 11：切割实体，创建手机插槽模型

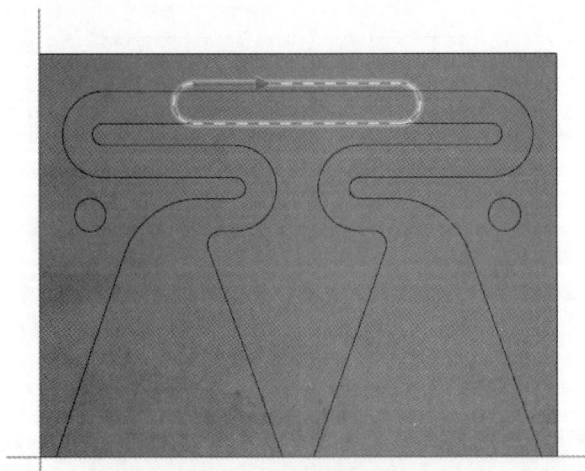

图 2-1-106　串连图素的选取

> **注意**　从顶部选择串连图素是比较容易的。

4. 在【线框串连】对话框中单击【确定】按钮。
5. 在绘图区中右击，在弹出的鼠标右键菜单中选择【等视图】命令。
6. 按【Alt+S】组合键对该工件进行着色。
7. 在【实体拉伸】对话框中设置拉伸的具体参数，如图 2-1-107 所示。
① 将【名称】设置为【电话插槽】。
② 将【类型】设置为【切割主体】。
③ 将【距离】设置为【32.0】。

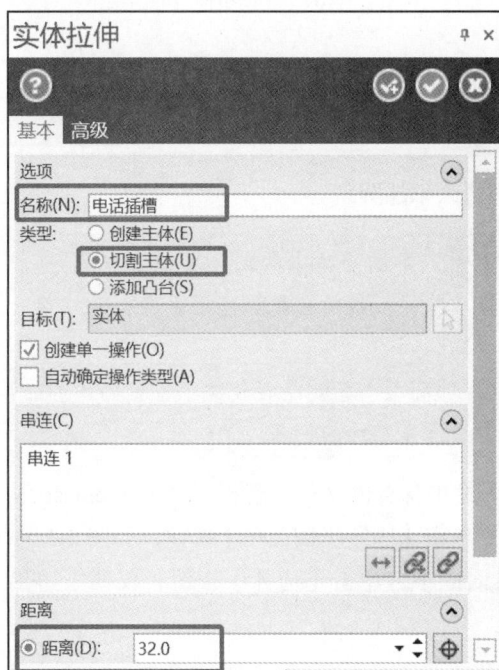

图 2-1-107　拉伸参数设置

> **注意**　拉伸实体时确保方向朝上。如果不是，则单击 ↔ 按钮，如图 2-1-108 所示。
>
>
>
> 图 2-1-108　拉伸方向的选取

8. 在【实体拉伸】对话框中单击【确定】按钮。
9. 拉伸结果如图 2-1-109 所示，保存文件。

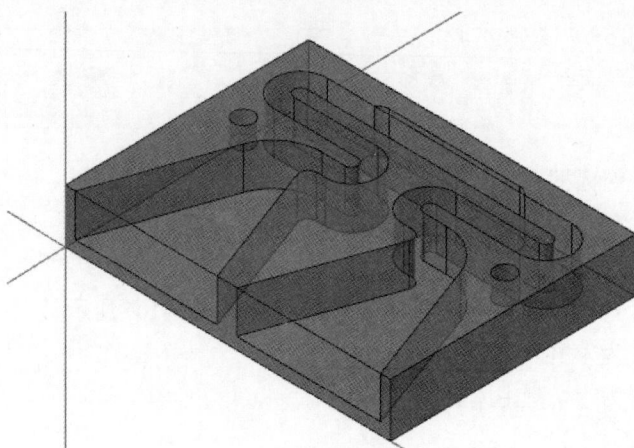

图 2-1-109　实体拉伸后的结果

练习 12：为工件边缘添加圆角

本练习将在工件的外部边缘添加圆角。

演示视频

小提示　利用【固定半倒圆角】的功能可平滑过渡工件的边缘，确保工件的装配和使用安全。

项目 2-音箱-2-1-练习 12：为工件边缘添加圆角

讨论要点　【固定半倒圆角】指定半径使整个圆角沿边界、实体面或主体，可以用这个功能来平滑过渡工件的边缘。

1. 在 Mastercam 中打开之前保存的文件"音箱－×××.emcam"。
2. 在【实体】工具栏中单击【固定半倒圆角】按钮，如图 2-1-110 所示。
3. 在【实体选择】对话框中，单击【边界】按钮，仅使【边界】按钮处于选中状态，如图 2-1-111 所示。

图 2-1-110　【固定半倒圆角】按钮

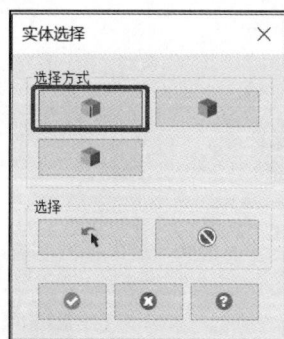

图 2-1-111　【边界】按钮

讨论要点　在【实体选择】对话框中可以对实体上的位置进行筛选，表 2-1-1 列出了实体图标的类型。对于实体或面的选择，可以使用窗选功能。

表 2-1-1 实体图标类型

图标	类型	图标	类型	图标	类型
	边缘		主体		面
	上次		全部撤销		帮助
	确定		取消		

4. 按【Alt+S】组合键切换为线框模式。
5. 选择图 2-1-112 所示的边界。

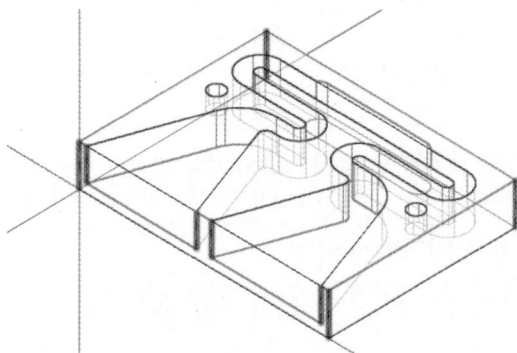

图 2-1-112 边界的选取

6. 单击【固定半倒圆角】对话框中的【确定】按钮。
7. 按【Alt+S】组合键切换为着色模式。
8. 在【固定圆角半径】对话框中设置以下参数，如图 2-1-113 所示。
① 将【名称】设置为【固定圆角半径】。
② 将【半径】设置为【2.5】。
9. 在【固定半倒圆角】对话框中单击【确定】按钮。
10. 结果如图 2-1-114 所示，保存文件。

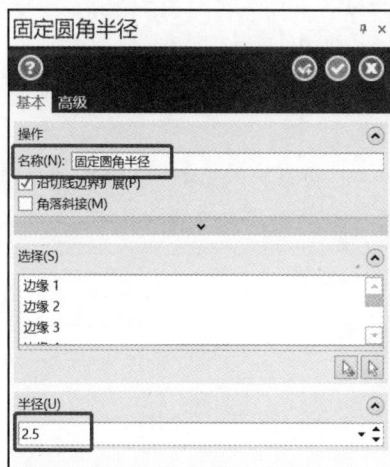

图 2-1-113 【固定圆角半径】对话框

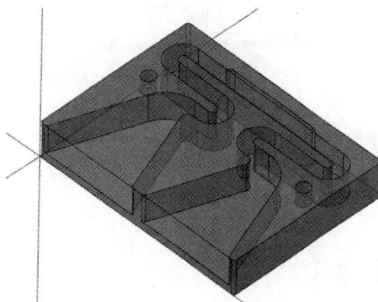

图 2-1-114 倒圆角后的结果

55

【自测练习】

你能回答这些问题吗？

1. 在使用【镜像】按钮时，下列哪一项不能用作镜像轴？

A. 点　　　　　　 B. x 轴　　　　　　 C. 角度　　　　　　 D. 向量

2. 使用【线端点】创建水平线时，可以创建具有一定角度的线。

A. 正确　　　　　　　　　　　 B. 错误

3. 当将几何图形拉伸并生成实体时，几何图形必须是平面且封闭的。

A. 正确　　　　　　　　　　　 B. 错误

4. 设置深度 Z 的值就是设置当前绘图平面的深度。

A. 正确　　　　　　　　　　　 B. 错误

5. 只能使用【线框】按钮创建圆角。

A. 正确　　　　　　　　　　　 B. 错误

6. 以下哪一种是使用【矩形】按钮就可以创建的形状？

A. 椭圆　　　　　 B. 圆形　　　　　 C. 菱形　　　　　 D. 多边形

7.【修剪到图素】和【分割】按钮有什么区别？

A. 使用【修剪到图素】按钮，可以选择要保存的几何图形；使用【分割】按钮，可以选择要删除的几何图形

B.【修剪到图素】按钮有不同的修剪方法，而【分割】按钮没有

学习党的二十大报告

建设现代化产业体系

党的二十大报告提出："建设现代化产业体系，坚持把发展经济的着力点放在实体经济上，推进新型工业化，加快建设制造强国、质量强国、航天强国、交通强国、网络强国、数字中国。"作为制造类专业的大学生，应该努力做到以下几点。

（1）聚焦实体经济，深耕制造业。要认识到实体经济是国家经济的基础，应在制造业领域深入发展，结合个人职业规划，支持实体经济发展。

（2）拥抱新型工业化，引领产业升级。积极关注如智能制造、绿色制造等行业趋势，学习相关技能以适应产业升级需求。

（3）强化产业基础，攻克关键技术。除了打牢专业基础外，还应参与科研和技术攻坚，助力提升制造业核心竞争力。

作为大学生，应积极响应国家号召，努力学习专业知识，提升综合素质，为推动我国制造业的转型升级和高质量发展贡献青春力量。

任务 2-2　索引孔的加工编程

【任务情境】

该任务将设置要加工的毛坯材料，对两个索引孔进行加工设置并生成全圆铣削刀路。

【学习目标】

1. 掌握毛坯的设置方法。
2. 能够通过【全圆铣削】按钮编制孔加工刀路。
3. 探究刀具库及刀具类型。
4. 能够使用 Mastercam 模拟器对刀路进行验证测试。

> **注意**　在编制刀具路径时，只更改指定的参数值，未提及的参数值保持默认设置（本部分下同）。

演示视频

项目 2-音箱-2-2-练习 1：
设置毛坯

【任务练习】

练习 1：设置毛坯

在这个练习中，将选择机床类型并设置毛坯。

> **讨论要点**　这个练习将讲解如何使用 Mastercam 默认的木雕机床加工工件，并探讨机床类型和添加机床操作的时机。
>
> 什么是机床类型？
>
> 机床类型就是根据机床的功能和特性所建立的模型。它就像设置加工作业的模板，在创建刀路之前，要先确定机床类型。
>
> 机床类型主要有车床、铣床、木雕和线切割 4 种类型。
>
> - 机床定义时可以定义机床结构、轴运动特性、刀具库、材料库、机床加减速设定等。
> - 控制定义类似于机床控制器，可实现精度、文件格式、刀具、线性、圆弧、旋转等参数的设定和控制。

1. 在 Mastercam 中打开之前保存的文件"音箱－×××.emcam"。
2. 如果有必要，在绘图区中右击，在弹出的鼠标右键菜单中选择【适度化】命令，然后选择【等视图】命令。
3. 在【机床】工具栏的【机床类型】工具组中选择【木雕】→【默认】命令，如图 2-2-1 所示。

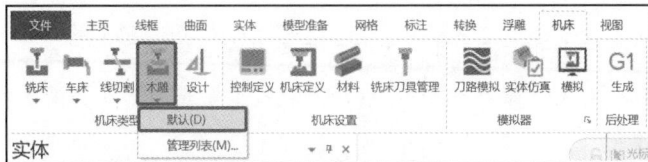

图 2-2-1　【默认】命令

> **讨论要点**　为了避免在机床定义管理器中重新配置机床定义，建议机床定义与书中使用的相对应。将自定义的机床添加到机床定义菜单中，在执行此操作时注意以下要点。

- 默认情况下，Mastercam 的机床定义的存储位置如下。

C:\用户\公共\文档\共享 Mastercam\CNC_MACHINES

- 不同的机床类型有不同的扩展名，如表 2-2-1 所示。

表 2-2-1　　　　　　　　　　　　　　　　　　机床类型

图标	机床类型	文件类型
	车床	.mcam-lmd
	铣床	.mcam-mmd
	木雕	.mcam-rmd
	线切割	.mcam-wmd

4. 选择【刀路】管理器并将其置于最前面，如图 2-2-2 所示。

| 刀路 | 实体 | 平面 | 层别 | 最近使用功能 |

图 2-2-2　【刀路】管理器

5. 展开【属性】组并选择【毛坯设置】选项，如图 2-2-3 所示，其中【机床群组-1】是默认名称。

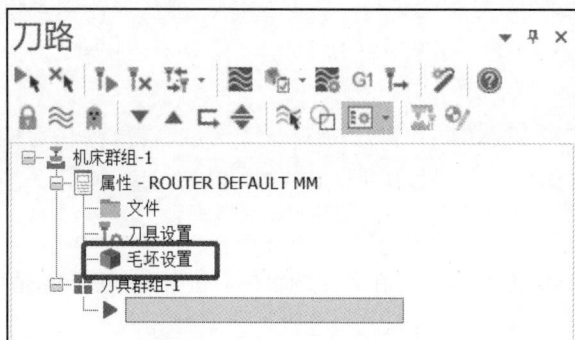

图 2-2-3　【毛坯设置】选项

> **讨论要点**
>
> 使用【毛坯设置】可以帮助用户更真实地可视化刀路。这里创建的毛坯模型在查看文件或刀路，以及在刀路模拟或验证刀路时会随工件的几何图形一起显示。

6. 在弹出的【机床群组设置】对话框中，依次设置以下参数。

① 单击【机床群组设置】对话框中的【边界框】按钮，如图 2-2-4 所示。

> **注意**
>
> 毛坯参数值要根据用户的机床和材料进行改变，在必要时要根据材料来修改这些数值。

② 在【边界框】对话框中，将图素【选择】设置为【手动】，然后单击【选择】按钮，如图 2-2-5 所示。

图 2-2-4　单击【边界框】按钮

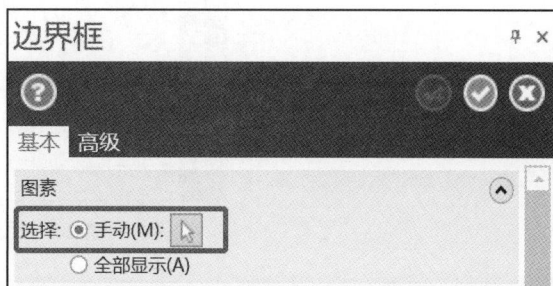

图 2-2-5　将图素【选择】设置为【手动】

③ 在绘图区中选择音箱实体，如图 2-2-6 所示，然后单击【结束选择】按钮。此时，【边界框】对话框处于激活状态。

④ 在【边界框】对话框中设置如下参数，如图 2-2-7 所示。

a. 将【形状】设置为【立方体】。

b. 将【原点】设置为立方体左下角的点。

c. 将大小【X】设置为【600.0】。

d. 将大小【Y】设置为【200.0】。

e. 将大小【Z】设置为【33.0】。

然后单击【确定】按钮。

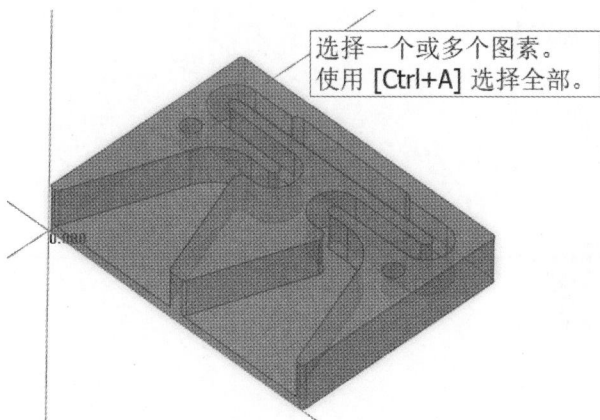

图 2-2-6　手动选取实体

图 2-2-7　边界框参数设置

⑤ 在【机床群组设置】对话框中，设置原点【X】为【-50.0】，【Y】为【-6.25】，【Z】为【0.0】，确定毛坯原点，如图 2-2-8 所示。

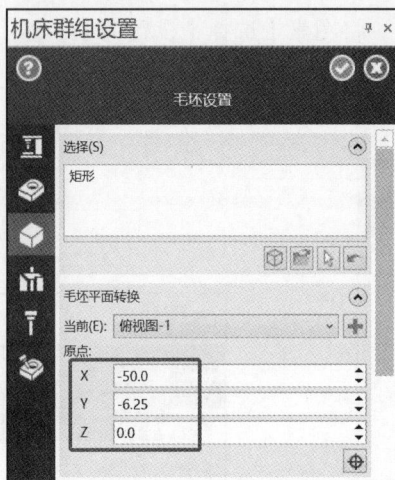

图 2-2-8　原点设置

将鼠标指针移到各特殊点上，单击即可将该点设置为工件材料的原点，如图 2-2-9 所示。

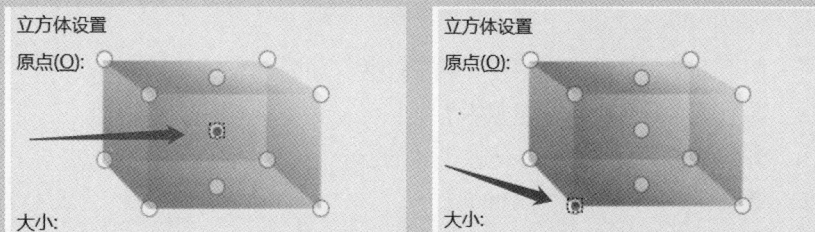

图 2-2-9　毛坯原点设置

- 讨论为什么我们要设置 x、y 坐标值。
- 讨论为什么要根据夹具来设置毛坯参数。

7. 在【机床群组设置】对话框中单击【确定】按钮。

8. 结果如图 2-2-10 所示，保存文件。

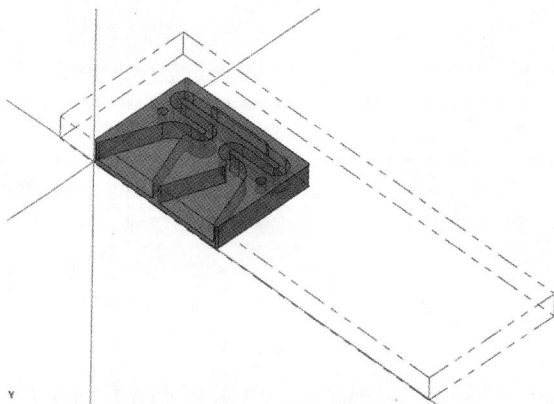

图 2-2-10　毛坯设置结果

演示视频

项目 2-音箱-2-2-练习 2：创
建全圆铣削刀路

练习 2：创建全圆铣削刀路

本练习将创建全圆铣削刀路，它将处理上一部分中创建的两个索引孔。

> **讨论要点**
>
> 　　全圆铣削功能是指选择实体点、圆弧中心点、实心孔这样的基于单个点的挖槽进行加工。其刀路适用于铣削圆形凹槽。从铣削中心开始螺旋下刀，在到达深度后，Mastercam 会在接近外圆之前计算出切入弧和切出弧。
>
> 　　【全圆铣削】可直接生成全圆铣削刀路，而不是以先钻孔后扩孔的方式生成刀路。如果使用没有排屑槽的立铣刀进行垂直移动（如钻孔），则可能会损坏刀具。全圆铣削是一种非常好的替代钻削的方式。

1. 在 Mastercam 中打开之前保存的文件"音箱 – ×××.emcam"。
2. 选择【木雕】→【刀路】工具栏，如图 2-2-11 所示。

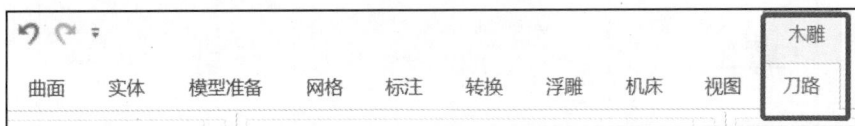

图 2-2-11　【刀路】工具栏

3. 展开【2D】下拉列表，在【孔加工】中找到【全圆铣削】选项并选择，如图 2-2-12 所示。

图 2-2-12　【全圆铣削】选项

4. 在绘图区中选择两个索引孔的底部弧，如图 2-2-13 所示。为了选择正确的几何图素，可能需要放大和旋转工件。

61

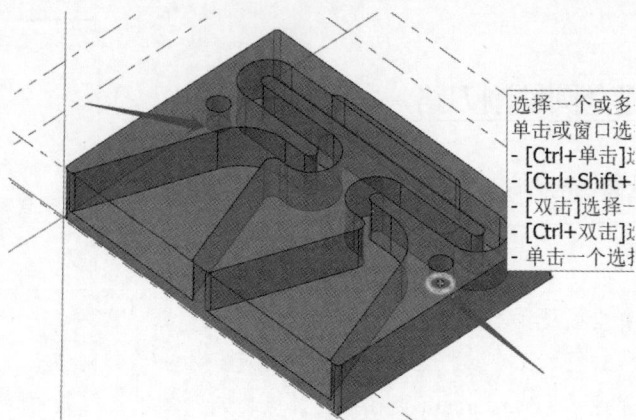

图 2-2-13　弧的选取

5. 在弹出的【刀路孔定义】对话框中，单击【确定】按钮。

6. 在【2D 刀路-全圆铣削】对话框中选择【刀具】选项，如图 2-2-14 所示。

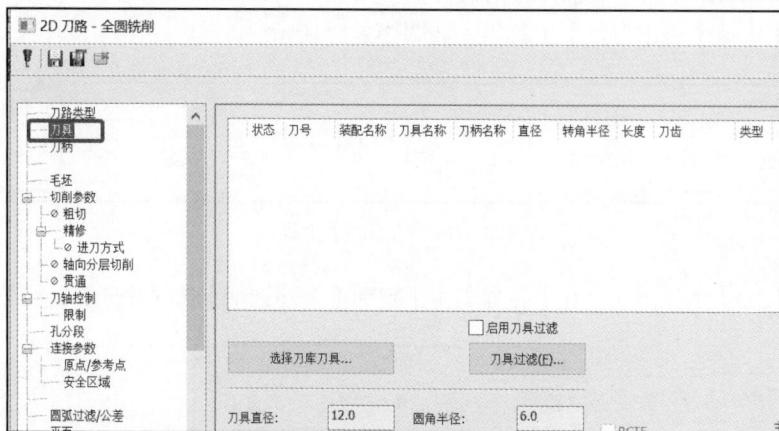

图 2-2-14　【刀具】选项

7. 在【刀具】界面中单击【选择刀库刀具】按钮，如图 2-2-15 所示。

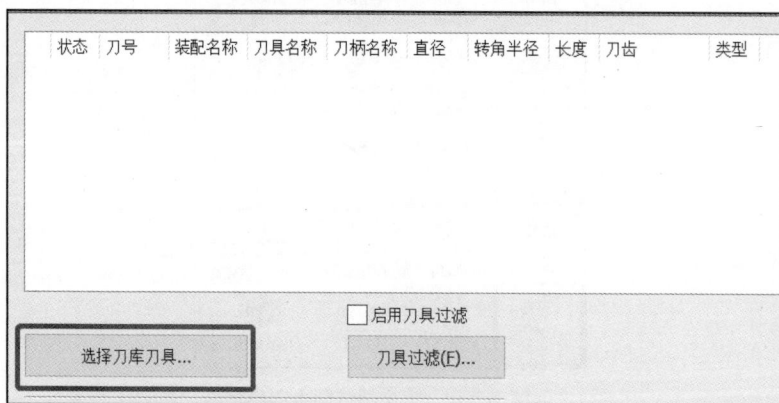

图 2-2-15　【选择刀库刀具】按钮

8. 在打开的【选择刀具】对话框中单击【刀具过滤】按钮，如图 2-2-16 所示。

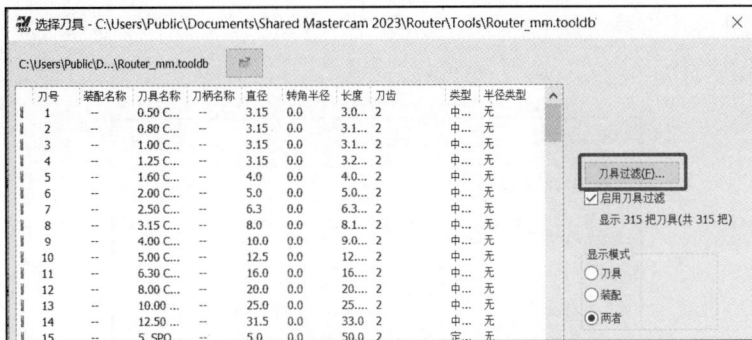

图 2-2-16　【刀具过滤】按钮

讨论
要点

现在是根据工件来选择合适刀具的好时机，需要考虑哪些变量？

9.　在【刀具过滤列表设置】对话框中单击【全关】按钮，取消所有已选择的刀具类型，然后选择【平底刀】刀具类型，如图 2-2-17 所示。

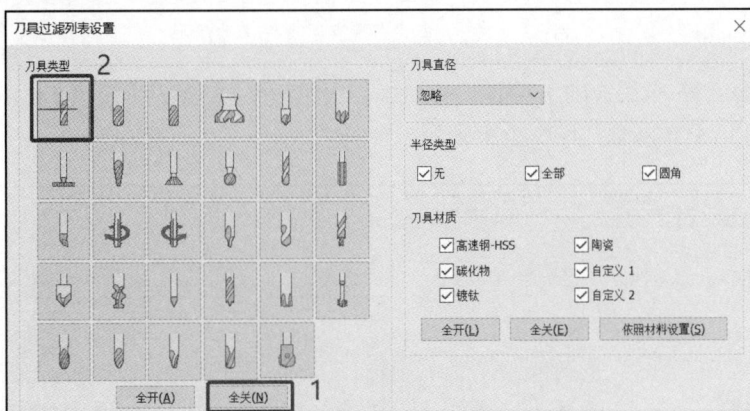

图 2-2-17　【刀具过滤列表设置】对话框

10.　单击【刀具过滤列表设置】对话框中的【关闭】按钮。

11.　在【选择刀具】对话框中，选择直径为 9.0mm 的平底刀并单击【确定】按钮，如图 2-2-18 所示，返回到【2D 刀路-全圆铣削】对话框。

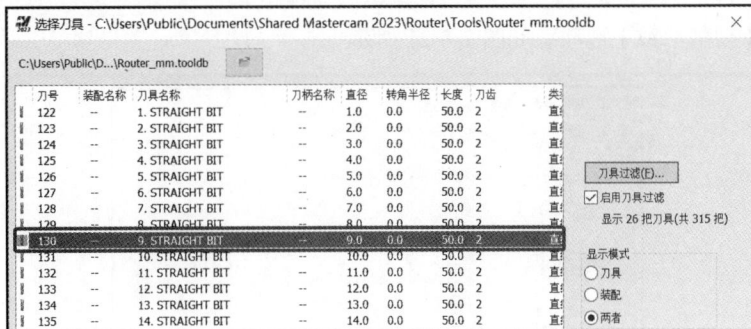

图 2-2-18　【选择刀具】对话框

12. 将打开【修改刀具设置】警告框，如图 2-2-19 所示。此警告框通知用户，为了符合用户的当前机床定义/控制定义参数，此刀具的部分设置已被更改。单击【确定】按钮接受更改。

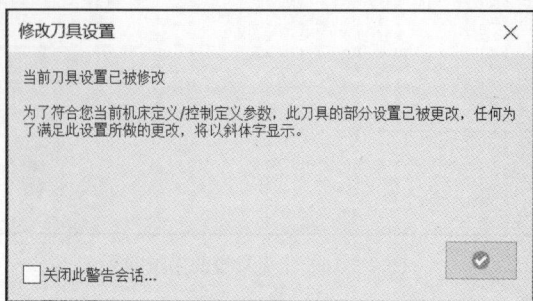

图 2-2-19　【修改刀具设置】警告框

小提示　铣刀的直径和长度应根据加工工件的尺寸选择，并保证其切削功率在机床允许的范围之内。用铣刀铣孔时，刀具尺寸尤为重要。相对于孔径而言，如果铣刀的直径太小，则加工时可能会在孔的中心形成一个料芯；如果铣刀直径过大，则会损坏刀具和工件，因为铣刀不在中心切削，可能会在刀具底部发生碰撞。职业选择亦是如此，学生应根据自身情况进行职业选择和职业发展规划。

13. 在【2D 刀路-全圆铣削】对话框中，将【进给速率】设置为【1270.0】，将【参考位置】设置为【1270.0】，具体参数如图 2-2-20 所示。

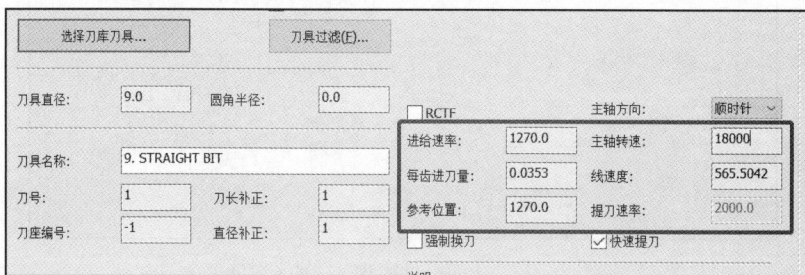

图 2-2-20　加工参数设置

注意　【进给速率】等参数值应根据使用的机床和材料进行调整。

14. 选择【切削参数】选项，如图 2-2-21 所示。

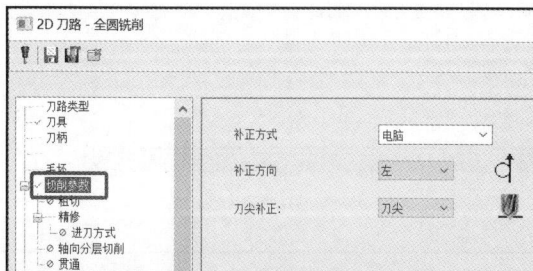

图 2-2-21　【切削参数】选项

15. 在【切削参数】界面中设置以下参数，如图 2-2-22 所示。

① 将【补正方向】设置为【右】。

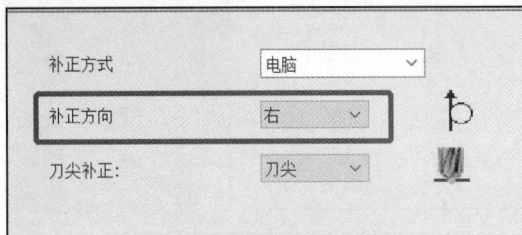

图 2-2-22　【切削参数】设置

 讨论
要点

　　【补正方向】选项用于设置刀具的前进方向在轨迹串连方向的右侧还是左侧。即使【补正方向】设置为【关】，Mastercam 也会使用此设置来确定其他刀路特征（如多个通道）的方向。

② 将【壁边预留量】和【底面预留量】均设置为【0.0】，如图 2-2-23 所示。

图 2-2-23　【壁边预留量】和【底面预留量】设置

16. 选择【粗切】选项，如图 2-2-24 所示。

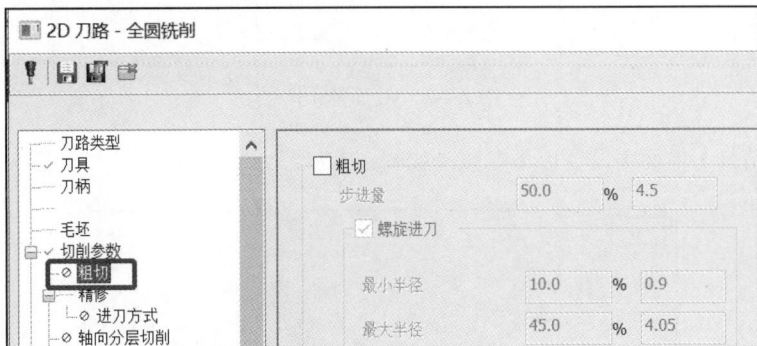

图 2-2-24　【粗切】选项

17. 在【粗切】界面设置以下参数，如图 2-2-25 所示。

① 勾选【粗切】复选框。

② 将【步进量】设置为【50.0】%。

③ 将【最小半径】设置为【2.0】%。

④ 将【最大半径】设置为【10.0】%。

⑤ 将【进刀角度】设置为【3.0】。

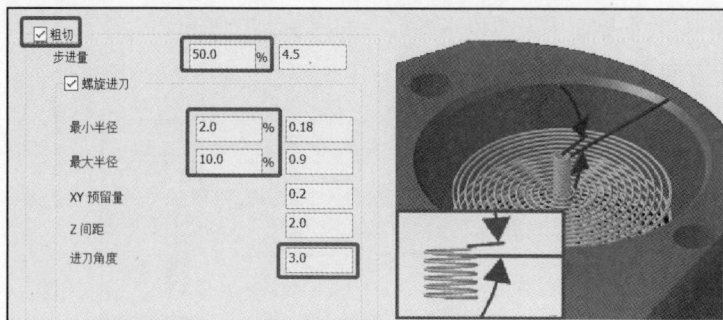

图 2-2-25　粗切参数设置

> 全圆铣削粗加工为圆槽以类似螺旋进给运动的方式提供高速化、定制化的铣削加工。结果表明，其具有刀具运行平稳、数控程序短、铣削效果好的特点。
> 讨论这些参数值会如何影响粗加工的操作。设置更小的步进量或者更平缓的进刀角度会产生什么样的结果？

18. 选择【精修】选项，如图 2-2-26 所示。

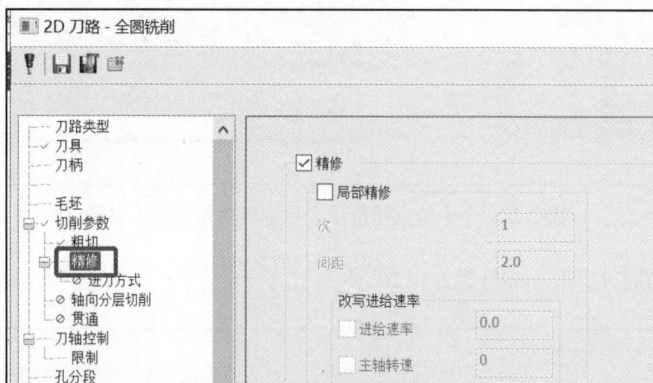

图 2-2-26　【精修】选项

19. 在【精修】界面中设置以下参数，如图 2-2-27 所示。

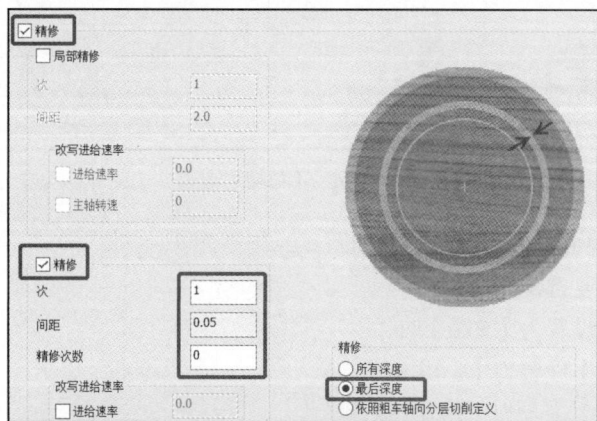

图 2-2-27　精修参数设置

① 勾选【精修】复选框。

② 将【次】设置为【1】。

③ 将【间距】设置为【0.05】。

④ 将【精修次数】设置为【0】。

⑤ 将【精修】设置为【最后深度】。

> **讨论要点**　可以通过单击每个界面底部的【帮助】按钮了解各个参数的解释。

20. 选择【连接参数】选项，如图 2-2-28 所示。

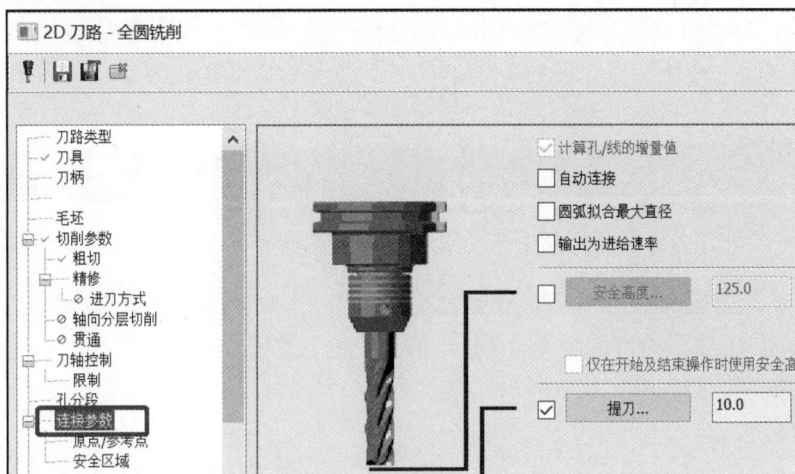

图 2-2-28　【连接参数】选项

21. 在【连接参数】界面中设置以下参数，如图 2-2-29 所示。

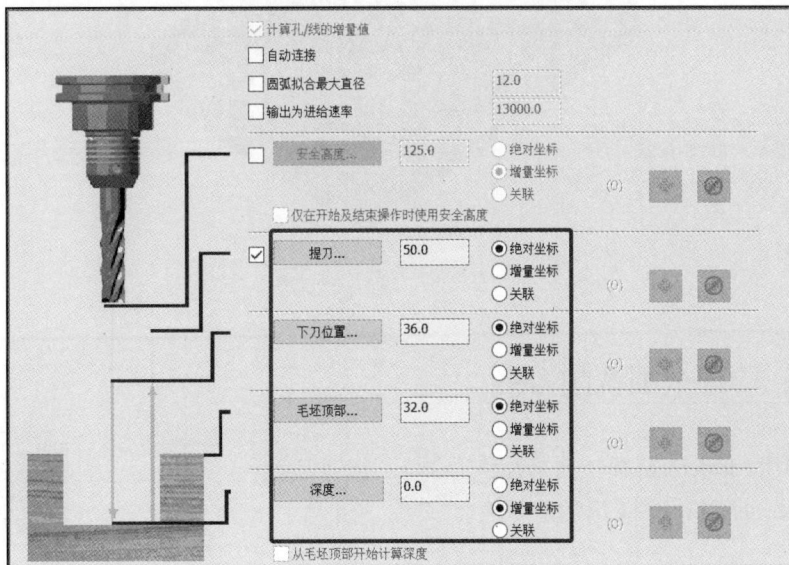

图 2-2-29　连接参数设置

① 将【提刀】、【下刀位置】、【毛坯顶部】设置为【绝对坐标】。

② 将【提刀】设置为【50.0】。

③ 将【下刀位置】设置为【36.0】。

④ 将【毛坯顶部】设置为【32.0】。

⑤ 将【深度】设置为【增量坐标】【0.0】。

> **讨论要点**
>
> 【毛坯顶部】数值依据材料深度的不同而有所不同。

> **讨论要点**
>
> 【连接参数】界面提供了【提刀】、【下刀位置】、【毛坯顶部】、【深度】、【安全高度】这些参数，这些参数可以设置为【绝对坐标】、【增量坐标】和【关联】。
>
> 【绝对坐标】：绝对坐标是以当前坐标系的原点(0,0,0)为基准的坐标值。
>
> 【增量坐标】：增量坐标是以上一个程序终点为基准的坐标值。
>
> 【毛坯顶部】、【深度】：相对于选择串连图素的几何位置。
>
> 【安全高度】、【提刀】、【下刀位置】：相对于毛坯的顶部。
>
> 为什么我们将【深度】设置为【增量坐标】，而将其他参数都设置为【绝对坐标】？

22. 单击【2D 刀具-全圆铣削】对话框中的【确定】按钮。

23. 全圆铣削刀路如图 2-2-30 所示，保存文件。

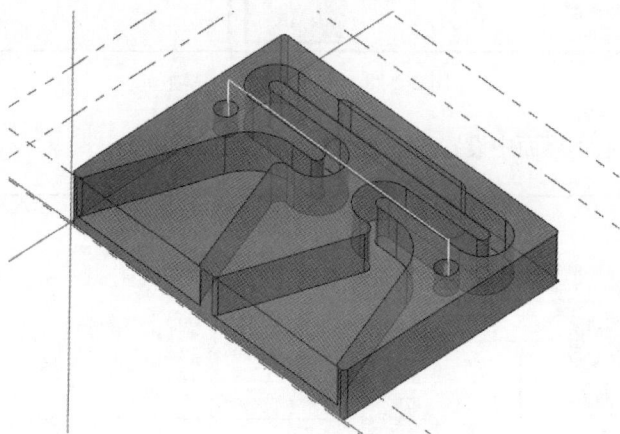

图 2-2-30　全圆铣削刀路

练习 3：验证全圆铣削刀路

本练习使用 Mastercam 模拟器查看和验证全圆铣削刀路。

1. 在 Mastercam 中打开之前保存的文件"音箱－×××.emcam"。

2. 在【刀路】管理器中选择【刀具群组-1】选项，如图 2-2-31 所示。

演示视频

项目 2-音箱-2-2-练习 3：验证全圆铣削刀路

3. 在【刀路】管理器的命令栏中单击【验证已选择的操作】按钮，如图 2-2-32 所示。

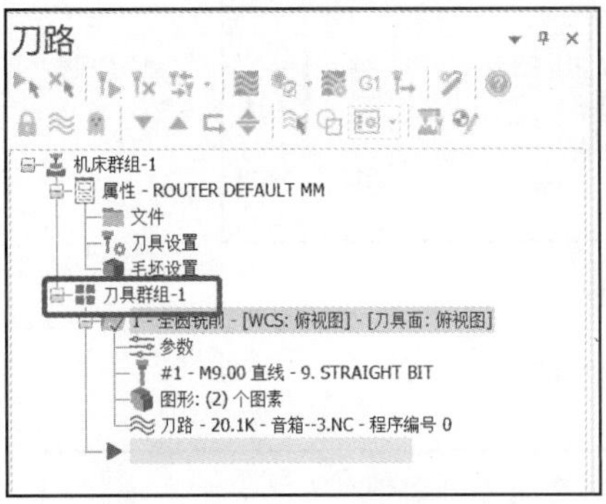

图 2-2-31   【刀具群组-1】选项

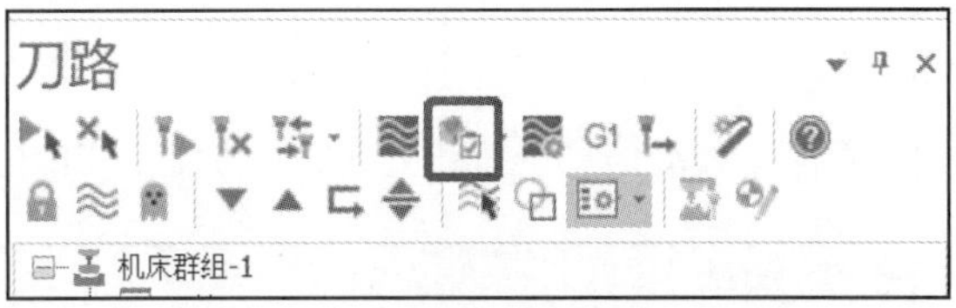

图 2-2-32   【验证已选择的操作】按钮

将弹出一个新的窗口界面，如图 2-2-33 所示，此为 Mastercam 模拟器。

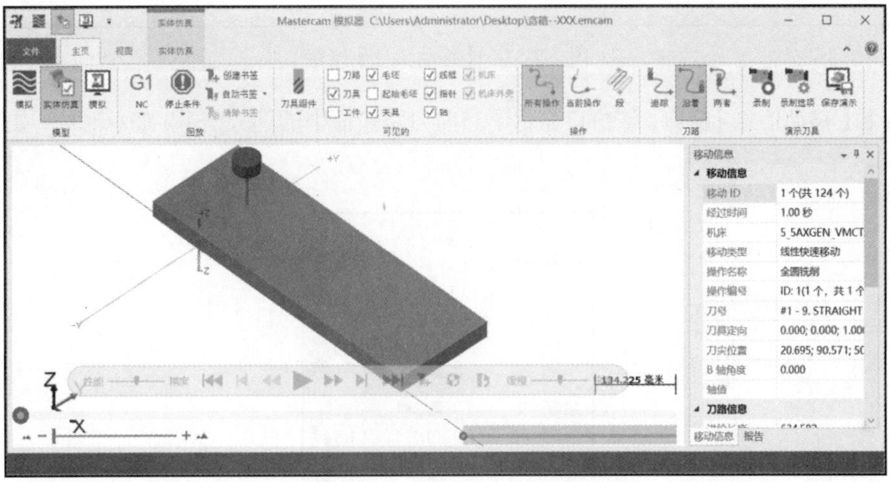

图 2-2-33   Mastercam 模拟器

4. 在【主页】工具栏【可见的】工具组中所显示的内容，如图 2-2-34 所示。

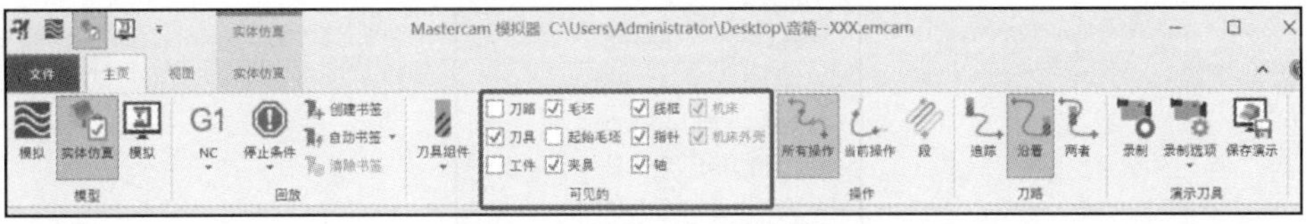

图 2-2-34   【可见的】工具组

5. 单击播放栏中的【开始】按钮，对两个孔进行铣削验证，如图 2-2-35 所示。

图 2-2-35   播放栏

6. 在【可见的】工具组中选择各类显示状态进行多次模拟，以查看不同的显示效果。
7. 选择【视图】工具栏，如图 2-2-36 所示。

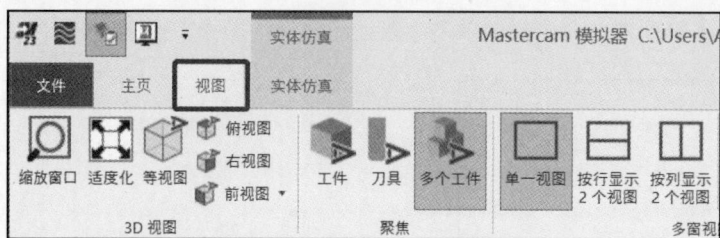

图 2-2-36 【视图】工具栏

8. 确保【移动信息】按钮处于选中状态，如图 2-2-37 所示。

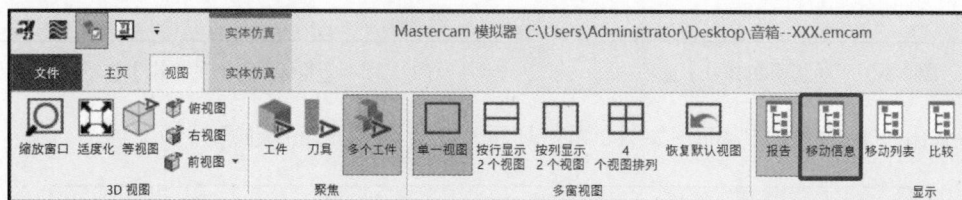

图 2-2-37 【移动信息】按钮

9. 查看【移动信息】窗口，该窗口显示了当前刀路验证中的部分信息，如总时间，如图 2-2-38 所示。

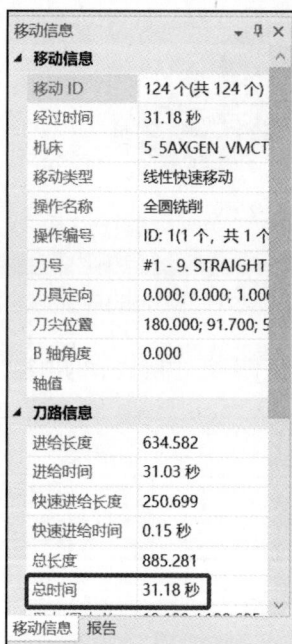

图 2-2-38 【移动信息】窗口

全圆铣削刀路的总时间较短。

小提示 通过仿真验证刀路，可以模拟干涉和碰撞尺寸，进行切削尺寸分析，有利于掌握加工时间以精准地进行生产安排，节约材料，降低生产成本。企业中，时间就是成本，仿真验证大大提高了企业的生产效率。

注意	针对不同的加工设置，这里显示出的总时间可能会有所不同。

10. 完成查看和验证后，退出 Mastercam 模拟器。

11. 保存文件。

【自测练习】

你能回答这些问题吗？

1. 毛坯原点可以位于机床坐标原点以外的其他位置。

A. 正确　　　　　　　　　　　　B. 错误

2. 只能手动输入数值来确定毛坯尺寸。

A. 正确　　　　　　　　　　　　B. 错误

3. 可以在图形窗口中显示余量，以查看工件相对于余量的方向和位置。

A. 正确　　　　　　　　　　　　B. 错误

4. 【验证】命令提供了查看刀具运动和材料移除的直观动画。

A. 正确　　　　　　　　　　　　B. 错误

5. 在 Mastercam 模拟器中，可以限制在屏幕上看到的对象，例如刀路、刀具、毛坯或夹具。

A. 正确　　　　　　　　　　　　B. 错误

6. Mastercam 模拟器可以显示加工刀路所需的时间。

A. 正确　　　　　　　　　　　　B. 错误

7. 在这部分内容的加工设置中，为什么要使用全圆铣削方式，而不使用钻孔加工方式来加工索引孔？

8. 使用仿真验证刀路有什么好处？

A. 查看刀路的表面光洁度　　　　　B. 检查加工设置过程中遗漏的区域

C. 检查以确保要加工的区域均被加工　D. 显示加工过程中可能出现的凿痕

大国工匠	**秦世俊**

本节介绍了利用全圆铣削方式进行音箱模型索引孔的加工。为确保高质量的铣削效果，刀具运行平稳和数控程序简洁至关重要。

2001 年，秦世俊被分配到哈飞数控铣工岗位。通过不懈努力秦世俊迅速脱颖而出，并成功攻克了多项关键技术难题，如"逆向思维、反向采点加工腹板法"和"为两台不同型号车铣中心机床制作转换夹具"等。秦世俊对产品尺寸的追求永远是 0.01 毫米，因为他深知精品与废品的距离仅此毫厘。20 多年来，他致力于提高产品质量和生产效率，积累了丰富的经验，并获得了多项个人专利。

一把量尺，一个零件，一台机床，一隅天地。作为一名基层产业工人，秦世俊用实际行动诠释了严细精实、刻苦钻研的创新精神，精益求精、追求卓越的进取精神，恪尽职守、无悔担当的奋斗精神，他在传承和弘扬"工匠精神"中，以奋斗的青春书写着产业工人的英雄传奇。

秦世俊

任务 2-3　音箱通道程序编制

【任务情境】

该任务将使用任务 2-1 创建的音箱通道模型进行动态铣削刀路加工设置，然后使用 Mastercam 模拟器对创建的刀路进行仿真验证。

【学习目标】

1. 能够完成动态铣削对音箱通道模型刀路的生成。
2. 掌握动态铣削刀路的参数设置。

演示视频

项目 2-音箱-2-3-练习 1：创建音箱通道的动态刀路-动态铣削

【任务练习】

练习1：创建音箱通道的动态刀路–动态铣削

在此练习中，你将学会如何创建音箱通道的动态铣削刀路。

> **讨论要点**
>
> 　　Mastercam 的 2D 高速动态铣削通过刀具的刀刃长度来实现，所生成的刀路可以最大限度地去除材料，同时最小化刀具磨损。高速动态铣削刀路的好处如下：
> - 防止刀具损坏。
> - 减少热量聚集（散热效果好）。
> - 排屑效果好。
>
> 　　选择这样的方式，我们应该使用比所要加工通道的深度长的刀具。由于动态铣削加工利用了刀具刀刃的整个长度，因此我们可以只加工一次通道凹槽。如果使用切削长度较短的刀具，则所设置的刀路需要我们在不同深度上创建多个刀路来进行分层铣削。

> **注意**
>
> 　　在考虑毛坯材料厚度的同时，还要选择具有足够长刀刃的刀具来适应加工槽的深度。

1. 在 Mastercam 中打开之前保存的文件"音箱 – ×××.emcam"。
2. 在【刀路】管理器中单击【仅显示已选择的刀路】按钮，如图 2-3-1 所示。此时，绘图区将只显示在【刀路】管理器中选择的刀路。

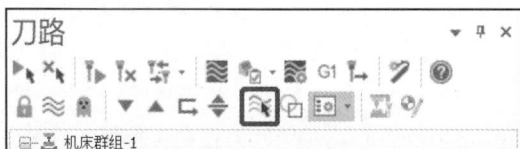

图 2-3-1　【刀路】管理器

3. 选择【木雕】→【刀路】工具栏，在【2D】下拉列表中选择【动态铣削】选项，如图 2-3-2 所示。

小提示　高速动态加工是一种新的编程加工策略，它主要利用刀具侧刃来切削工件，借助高速机床的高转速、高速进给以及加工过程中吃刀量的稳定性，能在较短的时间内达到快速去除材料的目的，从而提高加工效率，降低生产成本。

4. 在【串连选项】对话框中，单击【加工范围】中的　按钮将返回图形窗口，如图 2-3-3 所示。

图 2-3-2　【动态铣削】选项

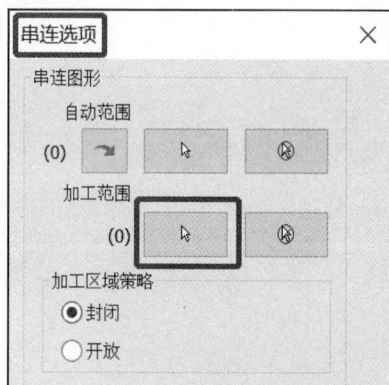

图 2-3-3　【串连选项】对话框

5. 在弹出的【线框串连】对话框中将【模式】切换为【实体】，【线框串连】对话框将变为【实体串连】对话框。

6. 在【实体串连】对话框中，将【选择方式】设置为【实体面】，在筛选过滤器中移除其他方式，如图 2-3-4 所示。

7. 在绘图区中选择通道底部的实体面，如图 2-3-5 所示。

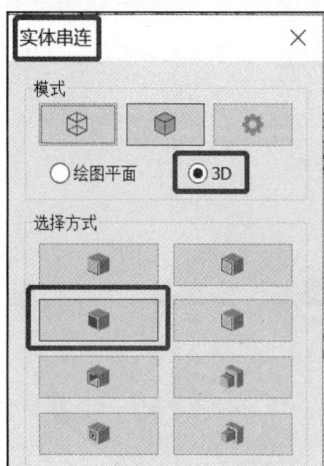

图 2-3-4　【实体串连】对话框

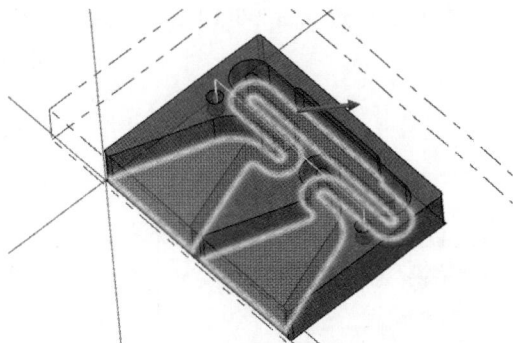

图 2-3-5　串连图形的选取

8. 单击【实体串连】对话框中的【确定】按钮，将返回到【串连选项】对话框。

9. 在【串连选项】对话框中，将【加工区域策略】设置为【开放】，如图 2-3-6 所示。

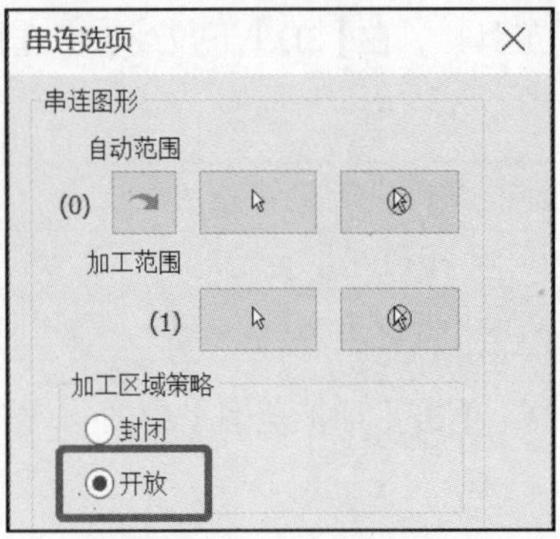

图 2-3-6 【加工区域策略】的选择

讨论要点

动态铣削、区域铣削、动态外形粗加工和区域粗加工刀路提供了如下两种加工区域策略。

开放加工区域策略：刀路从外开始工作，如图 2-3-7 所示。这是一种理想的加工策略，例如加工立式凸台零件。

封闭加工区域策略：刀路保持在内侧，刀具路径保持在选定的加工几何图形内，如图 2-3-8 所示。这是加工凹槽的理想策略。

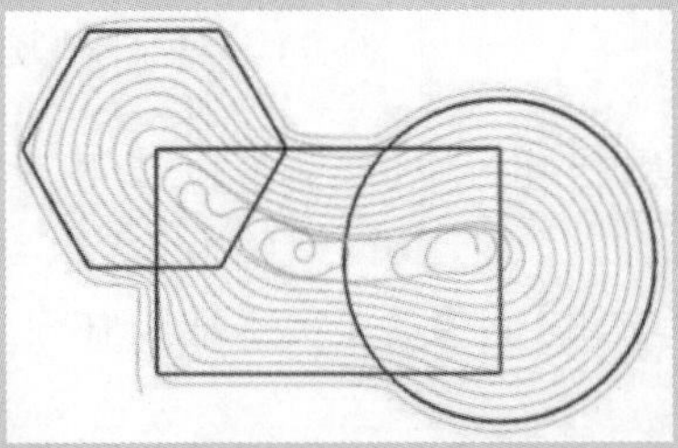

图 2-3-7 开放加工区域策略刀路

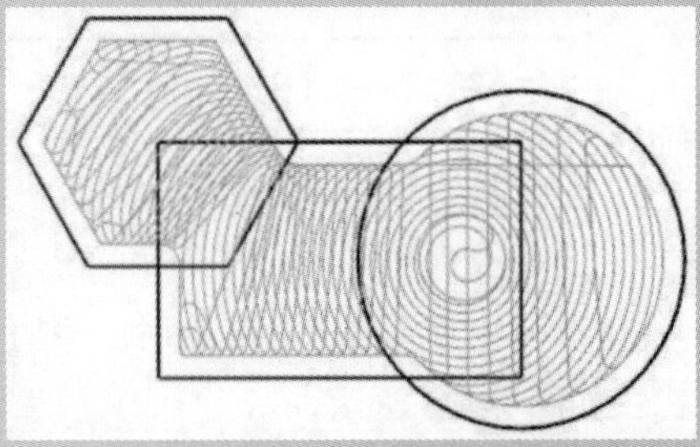

图 2-3-8 封闭加工区域策略刀路

10. 在【串连选项】对话框中单击【避让范围】下的 按钮，如图 2-3-9 所示，切换到图形窗口来选择避开区域。

11. 在绘图区中选取图 2-3-10 所示的两个顶部实心面。

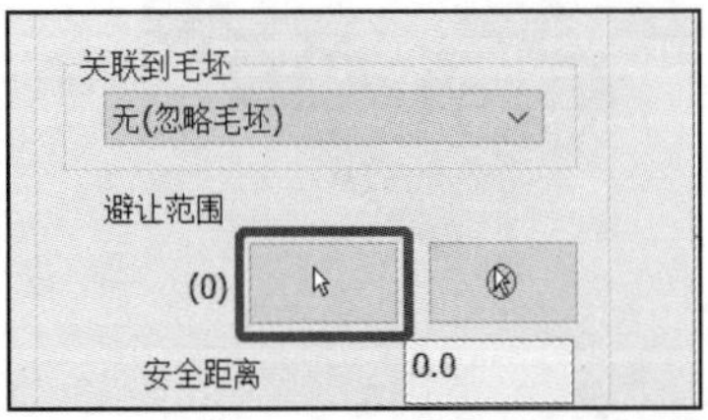

图 2-3-9 【避让范围】选项

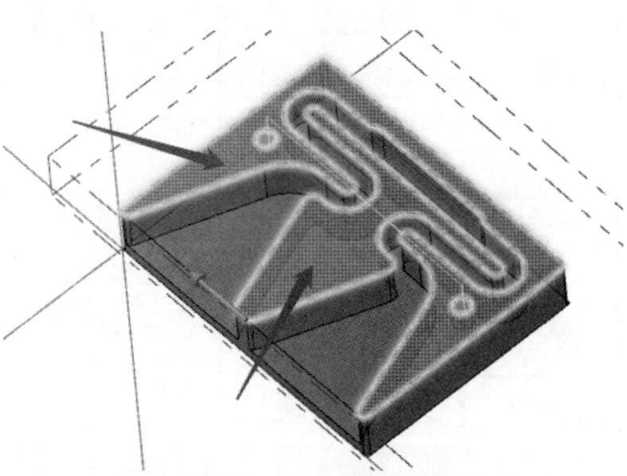

图 2-3-10 选取避让范围

讨论要点

加工区域是指要加工的区域，可以选择多个加工区域并使用【加工区域策略】选项来确定切割策略。图 2-3-11 所示为选定矩形和圆作为要加工的区域。

避让区域是加工过程中应避开的区域，可以选择多个避让区域。图 2-3-12 所示为将选定的圆作为避让区域的刀路。

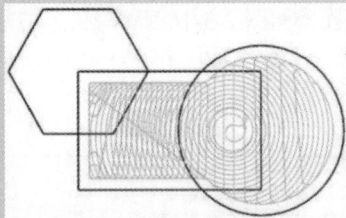

图 2-3-11 选取加工区域　　　图 2-3-12 选取避让区域

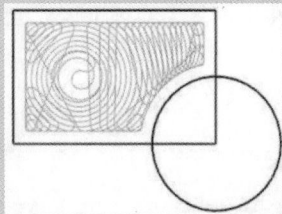

12. 在【线框串连】对话框中单击【确定】按钮，然后在【串连选项】对话框中单击【确定】按钮，将显示【2D 高速刀路-动态铣削】对话框，如图 2-3-13 所示。

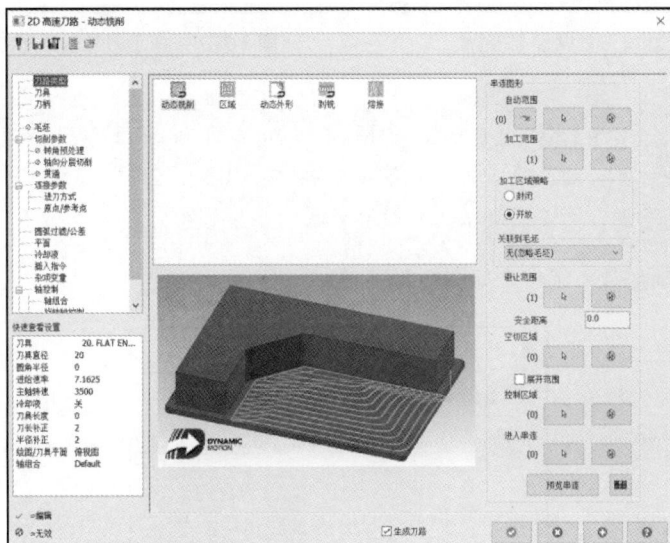

图 2-3-13 【2D 高速刀路-动态铣削】对话框

13. 选择【刀具】选项，如图 2-3-14 所示。

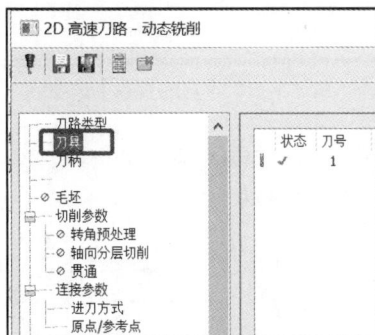

图 2-3-14 【刀具】选项

14. 在刀具列表中选择直径为 9mm 的平底铣刀。

> **讨论要点**　在刀具的选择过程中，根据要加工材料的厚度，必须选择具有足够长度刀刃的刀具。

15. 此时，将弹出【修改刀具设置】警告框，如图 2-3-15 所示，单击【确定】按钮接受更改。
16. 在【刀具】界面上设置以下参数，如图 2-3-16 所示。

① 勾选【RCTF】（径向切削减薄技术）复选框。

② 将【参考位置】设置为【100.0】。

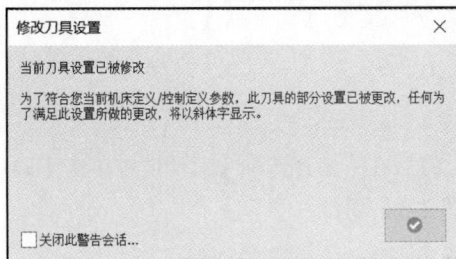

图 2-3-15　【修改刀具设置】警告框　　　图 2-3-16　在【刀具】界面上设置参数

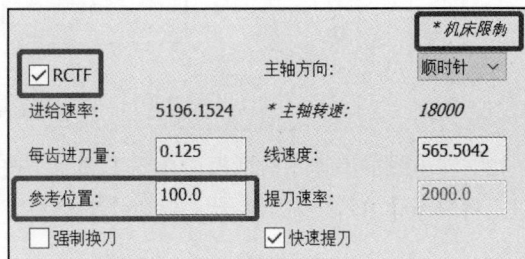

> **讨论要点**　勾选【RCTF】复选框，Mastercam 会通过径向切屑减薄技术对刀具轨迹进行计算。讨论径向切屑变薄现象的如下内容：引起的原因和受到的影响（零件光洁度、无效循环加工次数和刀具过早磨损）。

17. 选择【切削参数】选项，如图 2-3-17 所示。

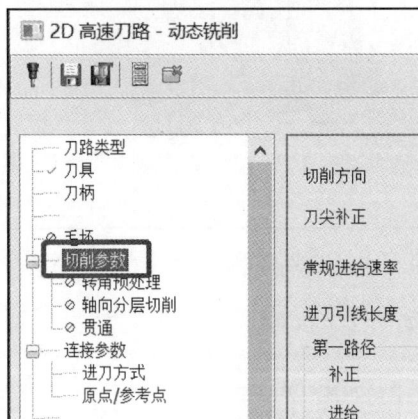

图 2-3-17　【切削参数】选项

18. 在【切削参数】界面中设置以下参数，如图 2-3-18 所示。

① 将【提刀进给速率】设置为【7500.0】。

> **讨论要点**　【微量提刀距离】和【提刀进给速率】选项所设置的数值是在不去除材料的情况下，允许刀具提升到材料底部之上的部分刀路的一段距离。当刀具提升时，将使用给定的进给速率，这有助于清除切屑并最大限度地减少刀具过热。

② 将【壁边预留量】和【底面预留量】设置为【0.0】。

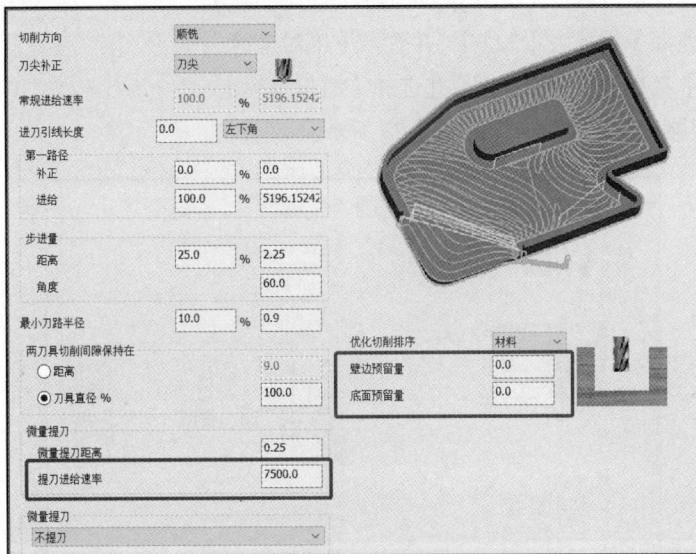

图 2-3-18 切削参数设置

19. 选择【连接参数】选项, 如图 2-3-19 所示。

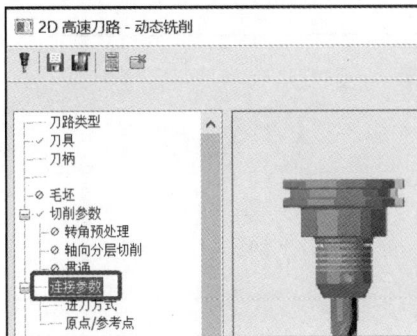

图 2-3-19 【连接参数】选项

20. 在【连接参数】界面中设置以下参数, 如图 2-3-20 所示。

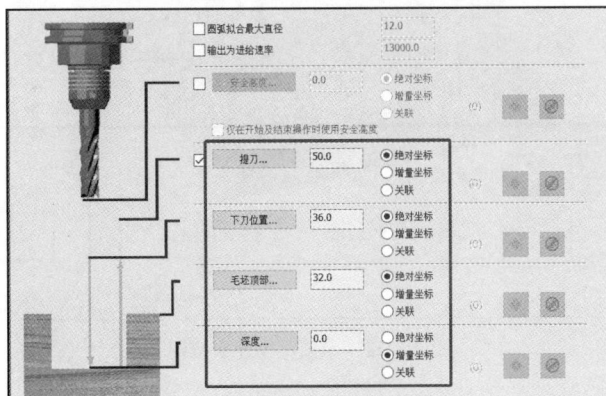

图 2-3-20 连接参数设置

① 将【提刀】设置为【50.0】，并选择【绝对坐标】。

② 将【下刀位置】设置为【36.0】，并选择【绝对坐标】。

③ 将【毛坯顶部】设置为【32.0】，并选择【绝对坐标】。

④ 将【深度】参数设置为【0.0】，并选择【增量坐标】。

21. 选择【刀路类型】选项，如图 2-3-21 所示。

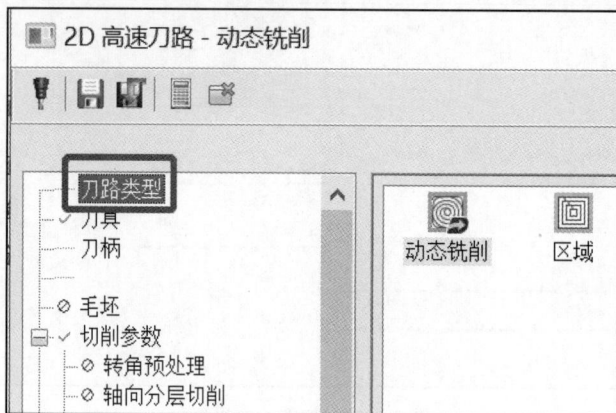

图 2-3-21　【刀路类型】选项

22. 在【刀路类型】界面中单击【预览串连】按钮，如图 2-3-22 所示。

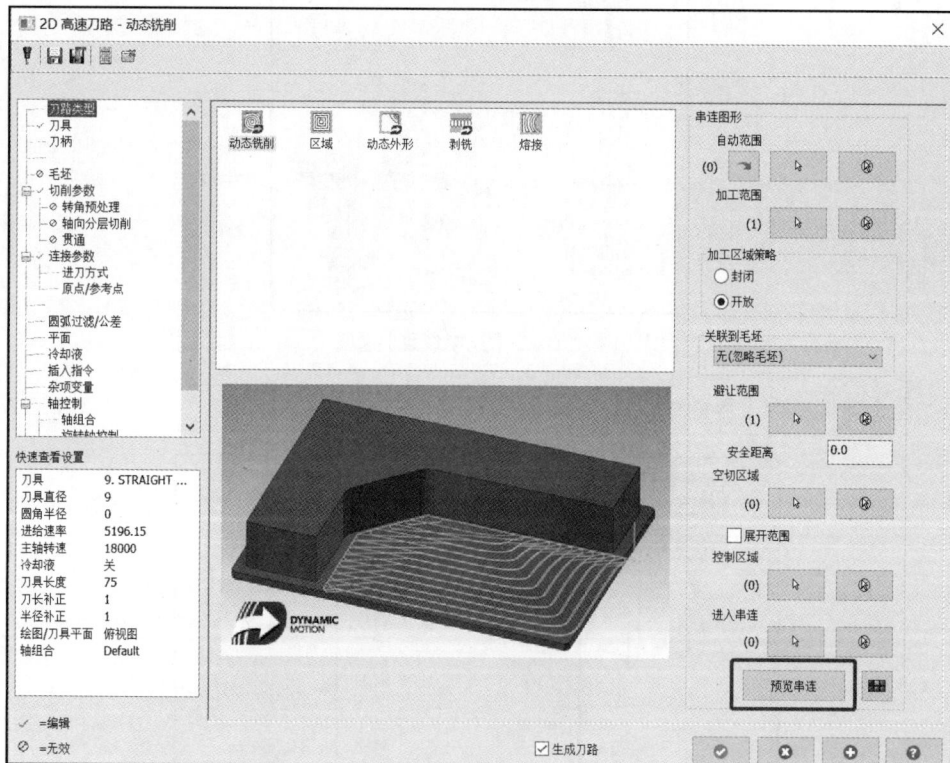

图 2-3-22　【预览串连】按钮

23. 工件将显示在绘图区中，如图 2-3-23 所示。

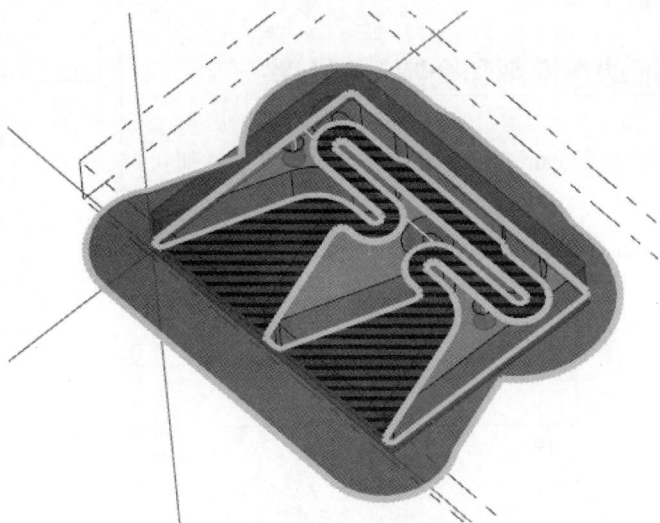

图 2-3-23　显示结果

这样可以确认是否选择了正确的串连图形，且其是否在正确的加工区域中。

> **小提示**
> 　　改变进退刀工艺参数，将减少【空切】进给量，减少加工时间，提高加工效率。请不断尝试改变参数，找到最短加工时间。

> **讨论要点**
> 　　使用【预览串连】按钮可以预览当前选定的动态铣削和区域铣削所生成刀具路径的加工区域、空切区域和控制区域。

24. 在【2D 高速刀路-动态铣削】对话框中单击【确定】按钮。

25. 可以旋转工件以查看刀路，也可以按【Alt+S】组合键将工件更改为线框模式。

26. 动态铣削刀路如图 2-3-24 所示，保存文件。

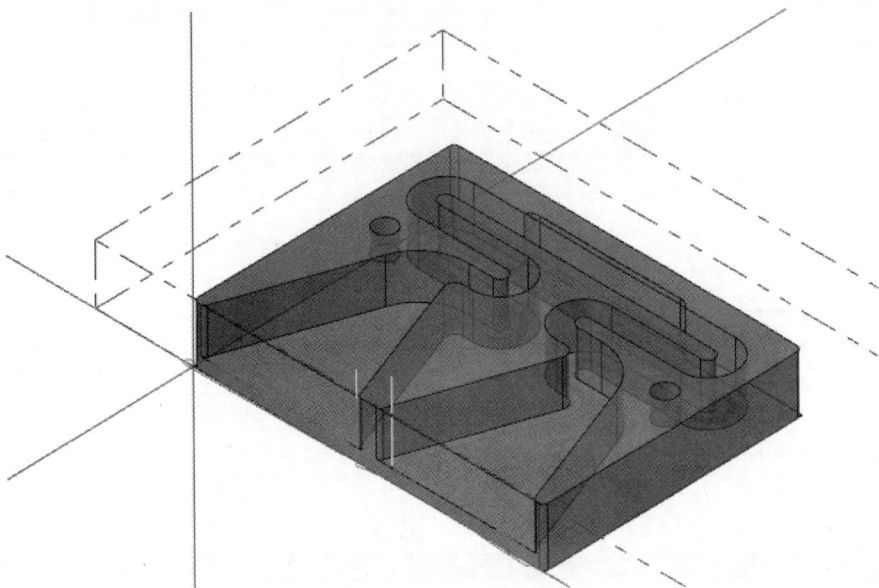

图 2-3-24　动态铣削刀路

练习 2：验证动态铣削和全圆铣削刀路

这个练习将使用 Mastercam 模拟器来预览和验证动态铣削和全圆铣削加工的刀路。

1. 在 Mastercam 中打开之前保存的文件"音箱 – ×× ×.emcam"。

2. 在【刀路】管理器中选择【刀具群组-1】选项，如图 2-3-25 所示。

演示视频

项目 2-音箱-2-3-练习 2：验证动态铣削和全圆铣削刀路

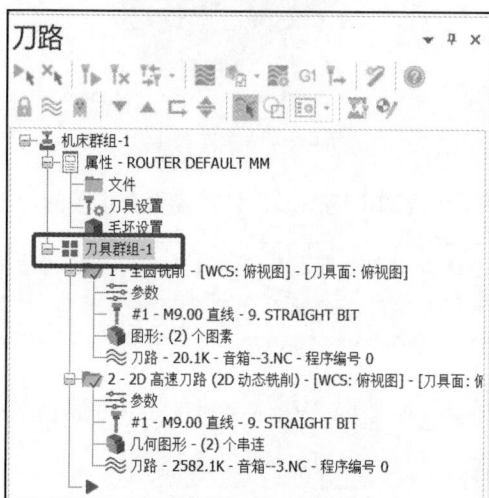

图 2-3-25 【刀路】管理器

3. 在【刀路】管理器的命令栏中单击【验证已选择的操作】按钮，将弹出 Mastercam 模拟器界面，如图 2-3-26 所示。

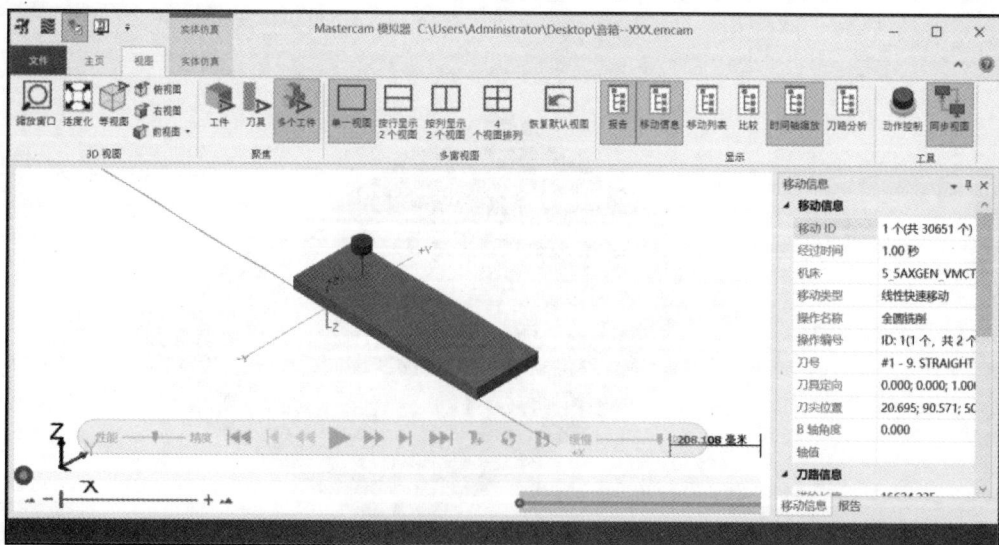

图 2-3-26 Mastercam 模拟器界面

4. 使用播放命令条中的按钮进行验证，结果如图 2-3-27 所示。

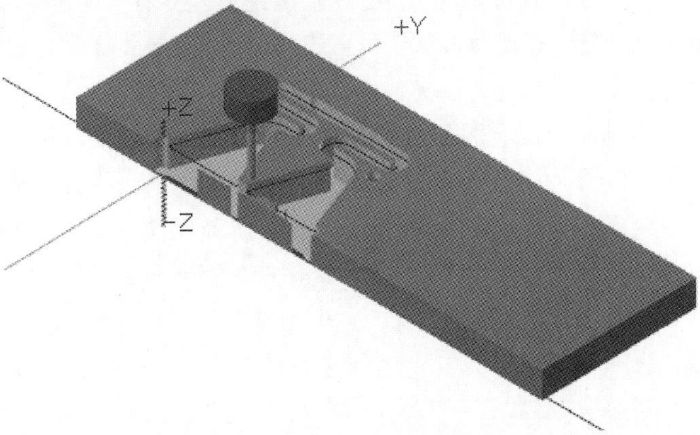

图 2-3-27　仿真结果

通过验证显示出音箱通道的凹槽加工轮廓和全圆铣削的孔加工轮廓。

> **注意**　在音箱中的一个通道的入口处观察其外观结构，可以看到存在未加工的材料。这是因为我们在设置余量时增加了 y 轴的尺寸。可以对预留量进行设置。
>
> 旋转工件或选择俯视图视角来查看多余的材料是否在加工区域之外。

5. 查看和验证后，退出 Mastercam 模拟器。

6. 保存文件。

【自测练习】

你能回答这些问题吗？

1. 在动态铣削中串连，一次只能选择一个几何图形。

A. 正确　　　　　　　　　　B. 错误

2. 封闭式和开放式两种加工策略有什么区别？

A. 刀路保持在选定的几何图形内，并可很好地应用于加工凹槽

B. 刀路从外开始工作，适用于加工凸台等特征

3. 创建动态铣削刀路时，不考虑以下哪种串连几何类型？

A. 加工区域　　　　　　　　B. 检查区域

C. 控制区域　　　　　　　　D. 空切区域

4. 连接参数的绝对值（如安全高度和提刀）总是从当前工件坐标系（WCS）的原点(0,0,0)开始算起。

A. 正确　　　　　　　　　　B. 错误

5. 在动态铣削刀路中预览串连有什么好处？

A. 确保选择了正确的加工区域和避让区域

B. 确保没有切割工件本身

科技突破

豪克能

本节介绍了对箱通道模型进行动态铣削刀路加工设置。不断改进加工工艺参数，可以提升表面加工质量和生产效率。在探讨提高零件表面加工精度和消除残余应力的方法时，豪克能技术值得特别关注。

豪克能由赵显华先生于 2003 年开创，是利用电能转换为高频、高能量密度的复合能量，每秒三万次左右冲击金属表面，通过冷塑性原理使金属表面微观构造致密化，达到镜面级粗糙度。该技术显著提高了零件的表面粗糙度至镜面效果，并增强了硬度、疲劳寿命、耐磨性和耐腐蚀性等性能。豪克能技术已广泛应用于汽轮机厂、军工、航天、高铁、船舶、汽车、工程机械制造及通用机械制造等领域。

2019 年，赵显华与中国工程院赵振业院士合作，使用豪克能技术研制了一款航空发动机轴承，其粗糙度达到 $0.05\mu m$ 至 $0.2\mu m$，相当于头发丝的 1/1500。该轴承的抗疲劳寿命是德国 FAG 航空轴承的 22 倍，这一成就不仅打破了技术壁垒，还远超行业标准。

豪克能从实验室走向产业化，赵显华花费了三年时间。为了制造豪克能执行器上的工具头，试验过程中废弃的钢铁装满了三卡车，展示了研发过程中的艰辛与坚持。

豪克能的成功在于专注技术和不懈努力。赵显华及其团队面对重重困难，始终坚持不懈，最终实现了从理论到实践的重大突破。这种专注精神和不言放弃的态度，为技术创新提供了宝贵的经验和启示。

豪克能

任务 2-4 　手机插槽程序编制

【任务情境】

该任务将使用【动态铣削】和【外形】功能来生成任务 2-1 创建的手机插槽的刀路，然后使用【模拟已选择的操作】功能来模拟刀路，并使用截面视图来查看模拟结果。

【学习目标】

1. 能够生成动态铣削和 2D 外形铣削刀路。
2. 探究【模拟已选择的操作】功能。
3. 学习使用剖面视图切割工件，并查看工件的内部几何特征。

注意　　下文编程中的加工设置，只对需要更改的参数进行了调整，没有提及的参数全部为默认。

演示视频

项目2-音箱-2-4-练习1：创建手机插槽刀路

【任务练习】

练习1：创建手机插槽刀路

本练习将创建动态铣削刀路。

1. 在 Mastercam 中打开之前保存的文件"音箱 - ××
×.emcam"。

2. 选择【木雕】→【刀路】工具栏，在【2D】下拉列表中选择【动态铣削】选项，如图2-4-1所示。

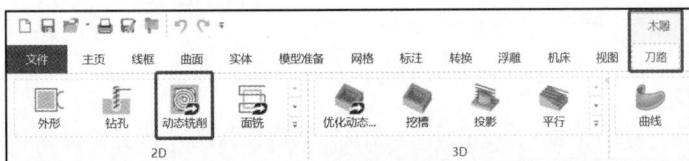

图2-4-1 【动态铣削】选项

3. 在【串连选项】对话框中，将【加工区域策略】设置为【封闭】，再单击【加工范围】中的 按钮，如图2-4-2所示，返回到图形窗口以选择加工区域。

4. 在打开的【线框串连】对话框中，将【模式】设置为【线框】、【3D】，将【选择方式】设置为【串连】，如图2-4-3所示。

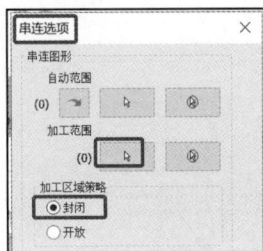

图2-4-2 【串连选项】对话框

图2-4-3 【线框串连】对话框

5. 在绘图区中右击，在弹出的菜单中选择【俯视图】命令。

6. 选择手机插槽图形，如图2-4-4所示。

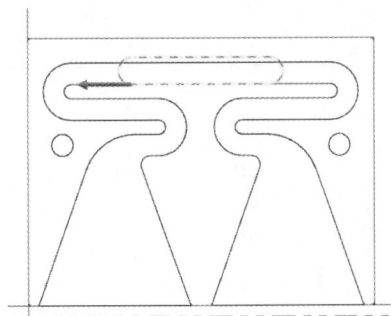

图2-4-4 串连图形的选取

7. 单击【线框串连】对话框中的【确定】按钮，返回到【串连选项】对话框。

8. 在【串连选项】对话框中单击【确定】按钮，将显示【2D 高速刀路-动态铣削】对话框。

9. 选择【刀具】选项。

10. 在【刀具】界面中，从刀具列表中选择直径为 9.0mm 的平底刀，将打开【修改刀具设置】警告框。单击【确定】按钮接受更改。

11. 选择【切削参数】选项。

12. 在【切削参数】界面中，将【壁边预留量】设置为【0.25】，如图 2-4-5 所示。

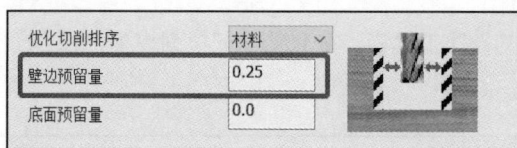

图 2-4-5　切削参数设置

> 讨论要点
>
> Mastercam 允许用户为粗加工刀路预设毛坯预留量。为什么在粗加工时需要预设毛坯预留量？

13. 选择【连接参数】选项，在【连接参数】界面中设置【提刀】、【下刀位置】、【毛坯顶部】参数，如图 2-4-6 所示。

① 将【提刀】设置为【50.0】，并选择【绝对坐标】。

② 将【下刀位置】设置为【5.0】，并选择【绝对坐标】。

③ 将【毛坯顶部】设置为【6.6】，并选择【绝对坐标】。

④ 将【深度】设置为【0.0】，并选择【绝对坐标】。

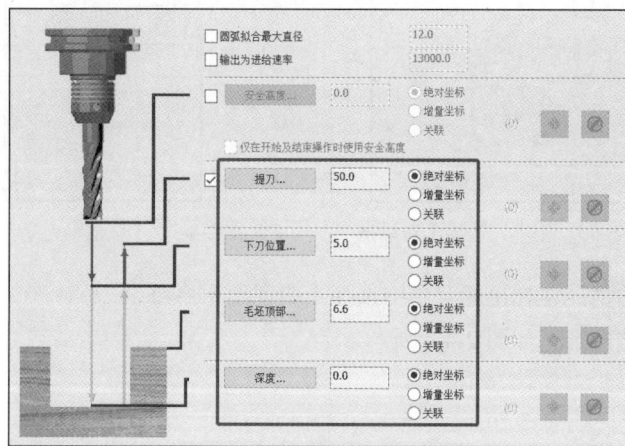

图 2-4-6　连接参数设置

> 讨论要点
>
> 解释为什么要改变坐标方式，含绝对坐标方式和增量坐标方式。参考：减少空切进给量，可以提高加工效率。

14. 在【2D 高速刀路-动态铣削】对话框中单击【确定】按钮。

15. 在绘图区中右击，在弹出的鼠标右键菜单中选择【等视图】命令。

16. 按【Alt+S】组合键切换为线框模式，这样可以看到刚才创建的刀路，如图 2-4-7 所示。

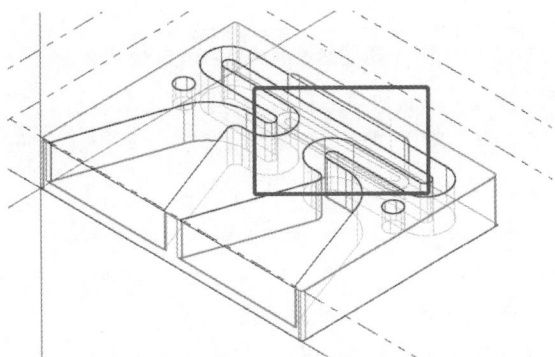

图 2-4-7 动态铣削刀路

17. 在查看刀具路径后，再次按【Alt+S】组合键切换为着色模式。
18. 保存文件。

练习 2：生成外形铣削刀路

本练习将创建外形铣削刀路。

1. 在 Mastercam 中打开之前保存的文件"音箱－×××.emcam"。

2. 选择【木雕】→【刀路】工具栏，在【2D】工具组中选择【外形】选项，如图 2-4-8 所示。

图 2-4-8 【外形】选项

3. 在绘图区中右击，在弹出的鼠标右键菜单中选择【俯视图】命令。

4. 选择手机插槽几何形状，如图 2-4-9 所示。

确保自己的串连方向（绿色箭头）和起始点与上图所显示的是一致的，否则，请使用【线框串连】对话框中的 ↔ 按钮来改变串连方向，如图 2-4-10 所示。

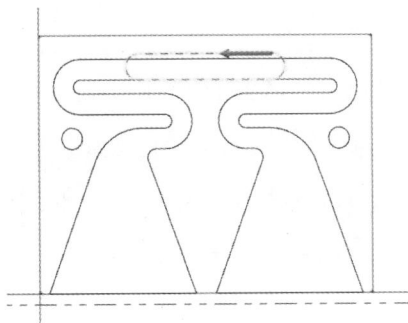

图 2-4-9 串连图形选取

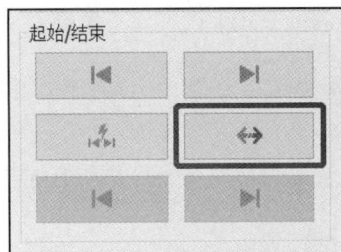

图 2-4-10 串连方向调整按钮

讨论
要点

串连方向决定刀具在路径中的移动方向（顺铣、逆铣）。思考修改串连方向将如何影响零件表面质量。

铣削方向（顺铣、逆铣）是非常重要的概念，讨论顺铣、逆铣的区别，以及在什么情况下应该选择哪种铣削方式。

● 顺铣铣刀的旋转方向和工件的进给方向相同，如图 2-4-11 所示。顺铣的应用范围：当工件表面无硬皮、机床的进给机构无间隙时。优点：零件表面的质量好，刀齿磨损小。

● 逆铣铣刀的旋转方向和工件的进给方向相反，如图 2-4-12 所示。逆铣的应用范围：当工件表面有硬皮、机床的进给机构有间隙时。优点为刀齿从已加工表面切入，不会崩刀；机床进给机构的间隙不会引起振动和爬行。

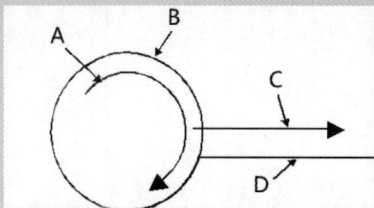

图 2-4-11　顺铣

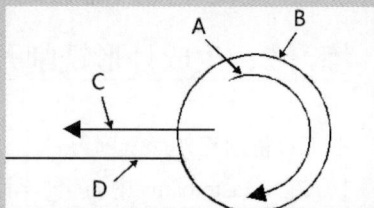

图 2-4-12　逆铣

图中字母的含义如下：

A：旋转方向。

B：刀具。

C：加工方向。

D：材料。

5. 在【串连选项】对话框中单击【确定】按钮，将显示【2D 刀路-外形铣削】对话框。

6. 选择【刀具】选项。

7. 在【刀具】界面中，从刀具列表中选择直径为 9.0mm 的平底刀。

8. 将打开【修改刀具设置】警告框，单击【确定】按钮接受更改。

9. 选择【切削参数】选项。

10. 在【切削参数】界面中设置以下参数，如图 2-4-13 所示。

① 将【补正方向】设置为【左】。

② 将【外形铣削方式】设置为【斜插】。

③ 将【斜插方式】设置为【角度】，将【斜插角度】设置为【25.0】。

讨论
要点

当创建2D外形刀具路径时，如果是一个连续斜坡过渡到一定深度的切削，而不是直接插入切削，那么用户可以将【外形铣削方式】更改为【斜插】方式。斜插外形铣削方式是非常有用的，特别适用于高速加工。

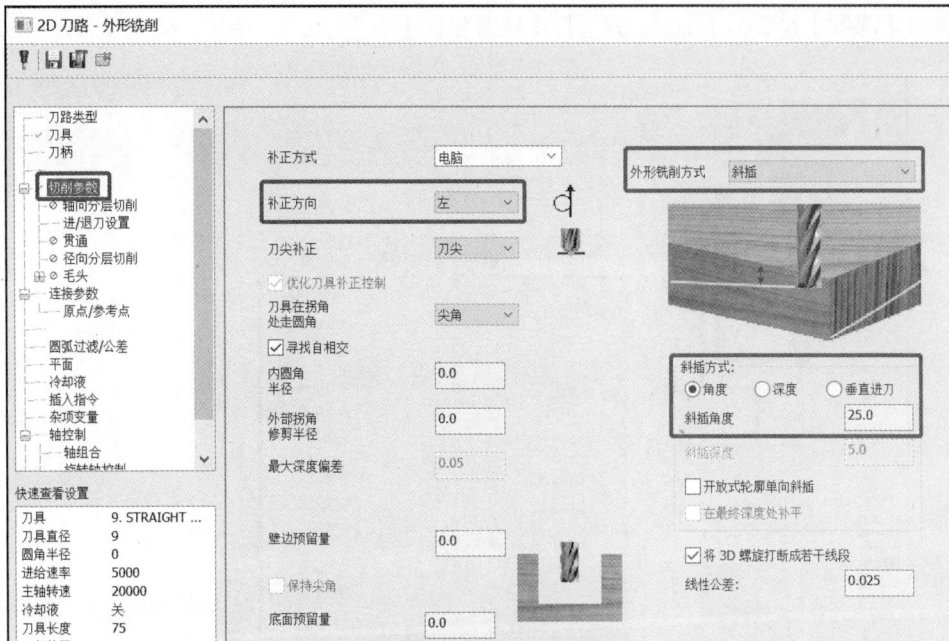

图 2-4-13　切削参数的设置

11. 选择【贯通】选项，如图 2-4-14 所示。

 警告　　　　只有设置了让刀槽（或垫块），才可以设置贯通数值。如果在没有让刀槽（或垫块）的情况下进行贯通，就有可能损坏设备（刀具损坏、机床损坏等）。

12. 在【贯通】界面中修改以下参数，如图 2-4-15 所示。

① 勾选【贯通】复选框。

② 将【贯通量】设置为【0.01】。

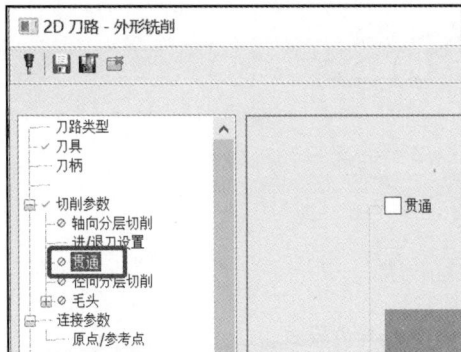

图 2-4-14　【贯通】选项

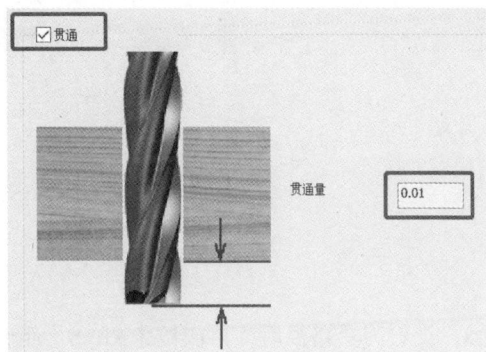

图 2-4-15　贯通参数设置

13. 选择【连接参数】选项。

14. 在【连接参数】界面中修改以下参数，如图 2-4-16 所示。

① 将【提刀】设置为【50.0】，并选择【绝对坐标】。

② 将【下刀位置】设置为【5.0】，并选择【增量坐标】。

③ 将【毛坯顶部】设置为【6.6】，并选择【绝对坐标】。

④ 将【深度】设置为【0.0】，并选择【绝对坐标】。

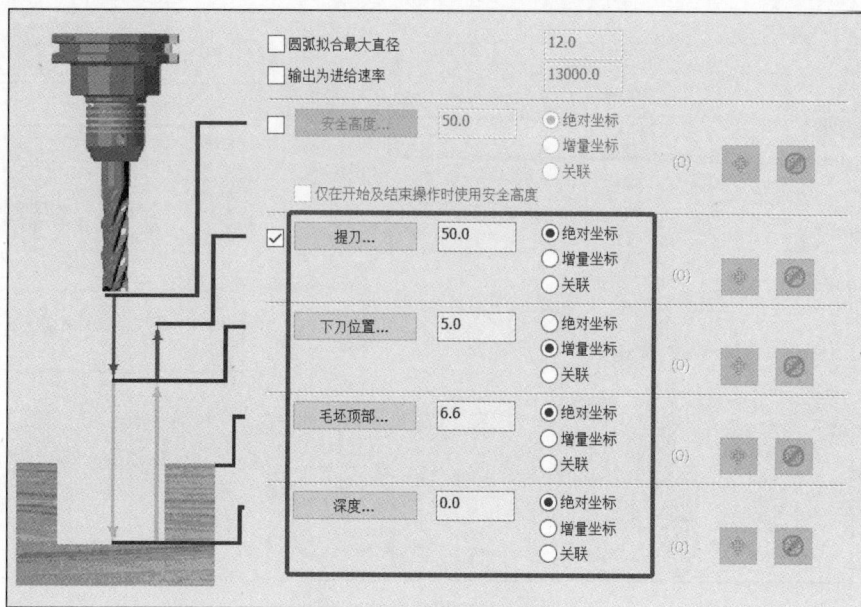

圆弧拟合最大直径　12.0
输出为进给速率　13000.0
安全高度...　50.0　●绝对坐标　○增量坐标　○关联
仅在开始及结束操作时使用安全高度
提刀...　50.0　●绝对坐标　○增量坐标　○关联
下刀位置...　5.0　○绝对坐标　●增量坐标　○关联
毛坯顶部...　6.6　●绝对坐标　○增量坐标　○关联
深度...　0.0　●绝对坐标　○增量坐标　○关联

图 2-4-16　连接参数设置

15. 参数设置完毕，单击【确定】按钮。

16. 在绘图区中右击，将弹出鼠标右键菜单，选择【等视图】命令。

17. 按【Alt+S】组合键切换为线框模式，外形铣削刀路如图 2-4-17 所示。

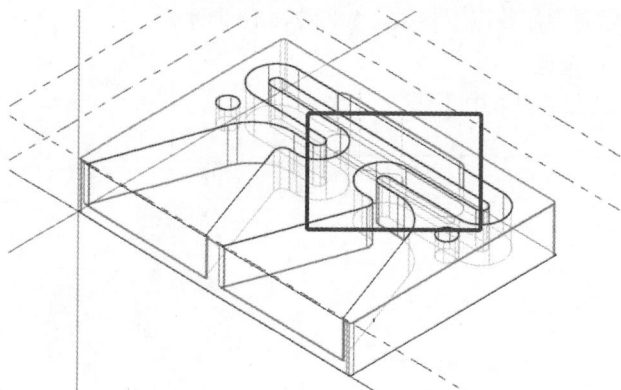

图 2-4-17　外形铣削刀路

18. 查看刀具路径后，再次按【Alt+S】组合键切换为着色模式。

19. 保存文件。

练习 3：创建截面视图

本练习将创建在仿真过程中使用的、为了获得更好加工视角的截面视图。

演示视频

项目 2-音箱-2-4-练习 3：创建截面视图

> 讨论要点
>
> 　　为了查看零件内部截面，我们可以使用【平面】管理器和构图平面剖切零件。可以在【视图】工具栏或【平面】管理器中切换截面视图。无论【单节】是否被选中，只要【截面视图】处于禁用状态，图形窗口中就不再显示截面视图。

1. 在 Mastercam 中打开之前保存的文件"音箱－×××.emcam"。
2. 在图 2-4-18 所示的操作管理器中，将【平面】管理器置于最前面。

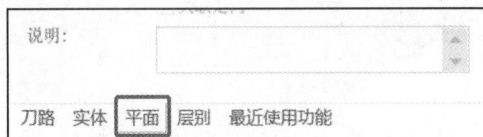

图 2-4-18　【平面】管理器

3. 确保显示【单节】列，如图 2-4-19 所示。

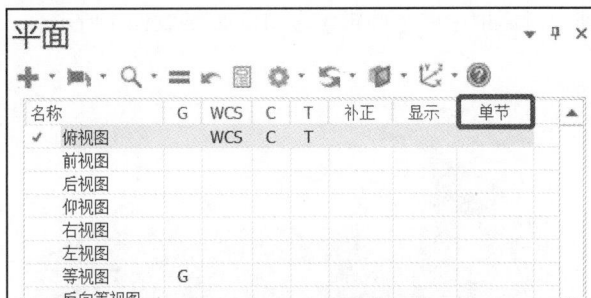

图 2-4-19　显示【单节】列

如果【单节】列未显示，则右击列并选择【单节】命令，如图 2-4-20 所示。

4. 单击【创建新平面】按钮，选择【依照图素法向】命令，如图 2-4-21 所示，创建新平面。之后所用到的截面视图是建立在这个新平面基础上的。

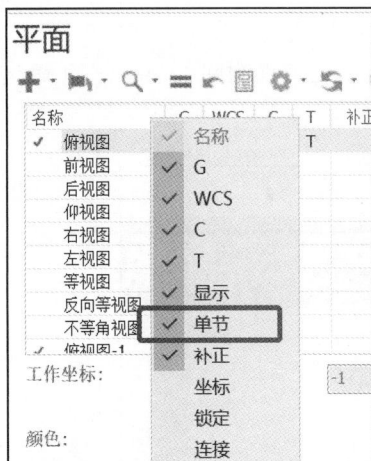

图 2-4-20　【单节】命令

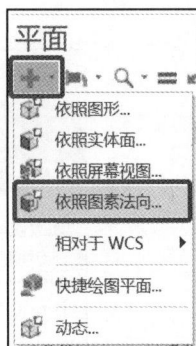

图 2-4-21　创建新平面

5. 在绘图区中选择图 2-4-22 所示的线段。

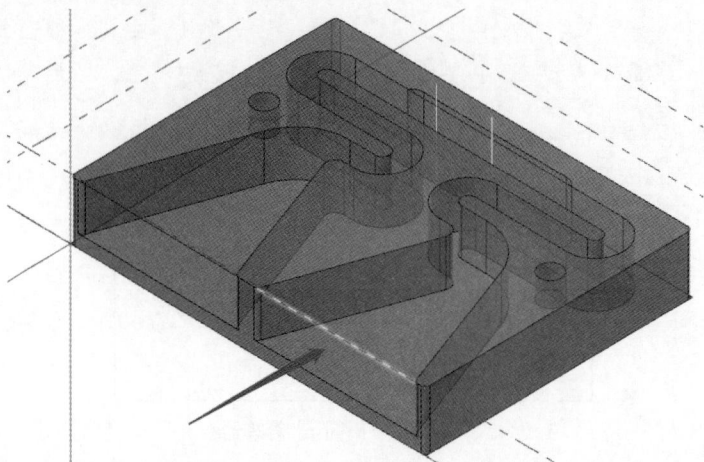

图 2-4-22　线段选取

6. 单击【选择平面】对话框中的【确定】按钮，如图 2-4-23 所示。

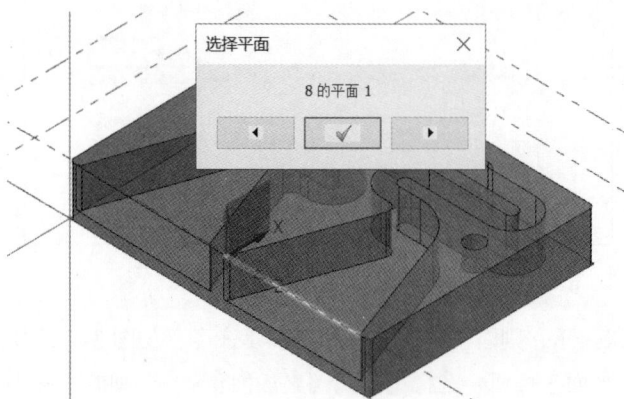

图 2-4-23　【选择平面】对话框

7. 此时将显示【新建平面】对话框。

8. 在【新建平面】对话框中，将【名称】设置为【截面视图】，并单击【确定】按钮，如图 2-4-24 所示。

图 2-4-24　【新建平面】对话框

9. 在【平面】管理器中，单击【单节】列中的【截面视图】平面，如图 2-4-25 所示。

10. 单击【平面】管理器命令栏上的【截面视图】按钮，如图 2-4-26 所示。

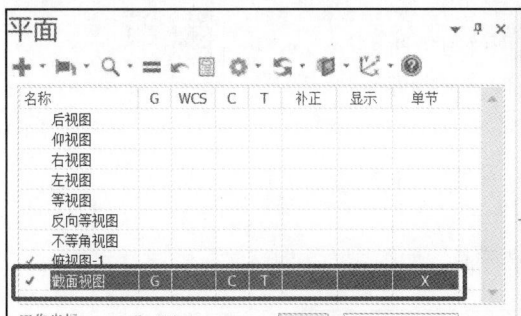

图 2-4-25   【平面】管理器

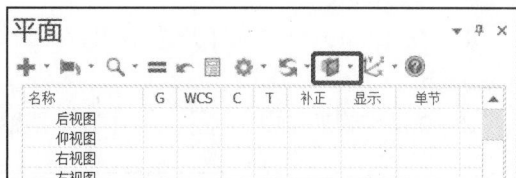

图 2-4-26   【截面视图】按钮

11. 截面样式如图 2-4-27 所示。

12. 在【截面视图】下拉列表中，取消勾选【刀路】命令，并勾选【显示罩盖】命令，如图 2-4-28 所示。

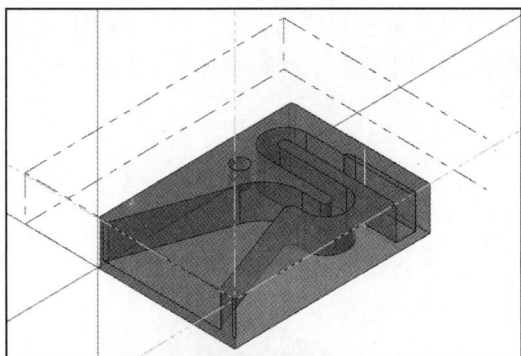

图 2-4-27   截面样式

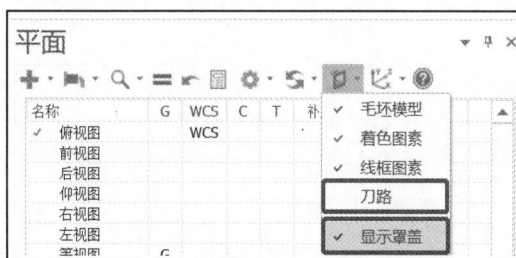

图 2-4-28   【截面视图】下拉列表

取消勾选【刀路】命令后，刀路不会被截面视图切割，截面封口会被完全填充。刀路最终结果如图 2-4-29 所示。

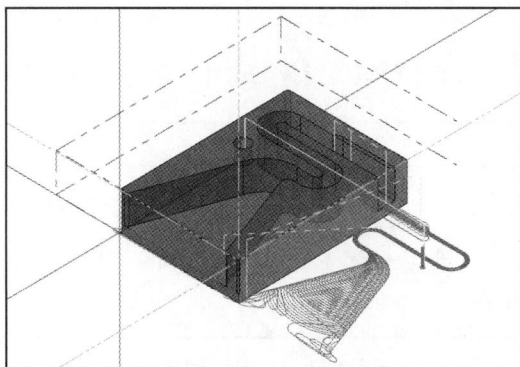

图 2-4-29   刀路最终结果

13. 保存文件。

演示视频

项目 2-音箱-2-4-练习 4：模
拟刀路

练习 4：模拟刀路

本练习将使用【模拟已选择的操作】功能对前面练习中所创
建的动态铣削和外形铣削刀路进行模拟，采用截面视图可以方便
地查看刀具运动情况。

1. 在 Mastercam 中打开之前保存的文件"音箱－××
×.emcam"。

2. 在操作管理器中，将【刀路】管理器置于最前面，如图 2-4-30 所示。

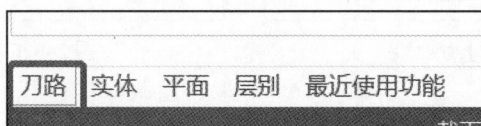

图 2-4-30　调整【刀路】管理器

3. 在【刀路】管理器中，按住【Ctrl】键选择【3-2D 高速刀路(2D 动态铣削)-[WCS:俯视图]-[刀
具面:俯视图]】和【4-外形铣削（斜插）-[WCS:俯视图]-[刀具面:俯视图]】选项，如图 2-4-31 所示。

4. 这两个刀路都将显示在绘图区中。由于在前面的练习中创建了截面视图，所以可以清楚地
看到它们，如图 2-4-32 所示。

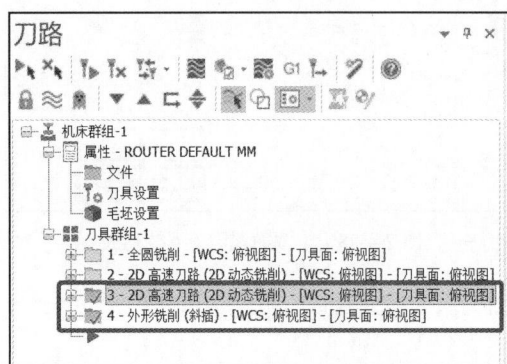

图 2-4-31　选择动态铣削和外形铣削刀路

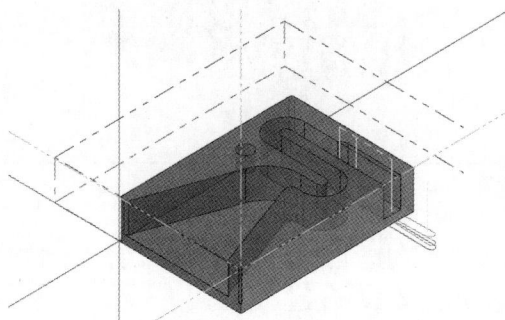

图 2-4-32　刀路显示

5. 在【刀路】管理器中单击【模拟已选择的操作】按钮，如图 2-4-33 所示。

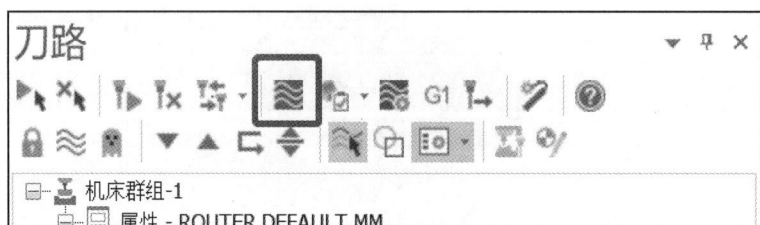

图 2-4-33　【刀路】管理器

6. 单击播放栏中的【开始】按钮进行模拟。

7. 当模拟到一半的时候单击【停止】按钮，如图 2-4-34 所示。

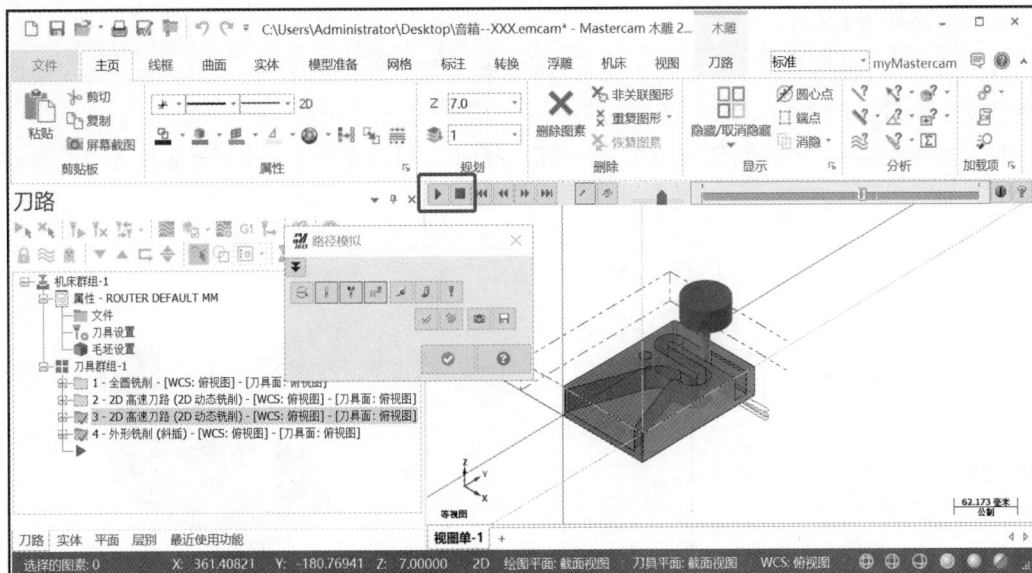

图 2-4-34 中断模拟

8. 在【视图】工具栏中单击【截面视图】按钮关闭截面视图，如图 2-4-35 所示。

图 2-4-35 【截面视图】按钮

9. 此时，将不能在绘图区中清楚地看到模拟的刀路。通过创建和使用截面视图，用户可以很容易地看到零件的内部结构，如图 2-4-36 所示。

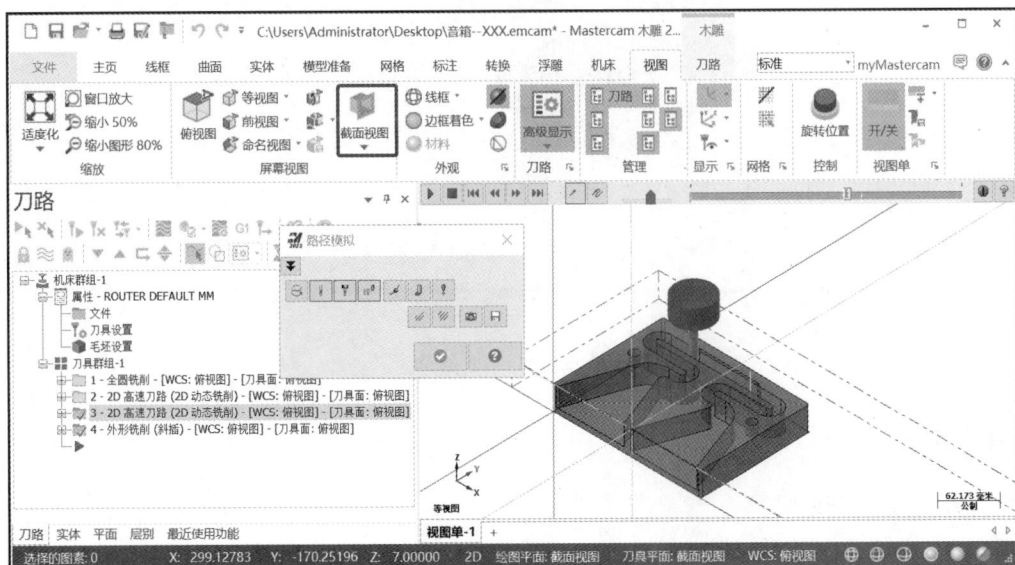

图 2-4-36 截面视图的应用

10. 切换到截面视图。

11. 返回到【路径模拟】对话框。此对话框中包括几个显示选项，类似于 Mastercam 模拟器中的选项，如图 2-4-37 所示。

12. 对这些选项进行显示切换，而后继续进行模拟。可以在绘图区中旋转零件视角以查看仿真细节，如图 2-4-38 所示。

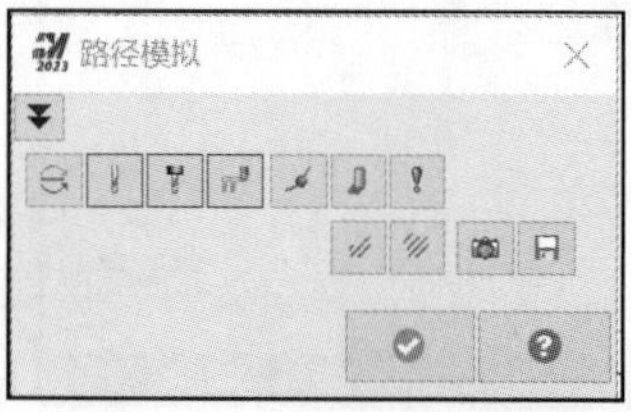

图 2-4-37 【路径模拟】对话框

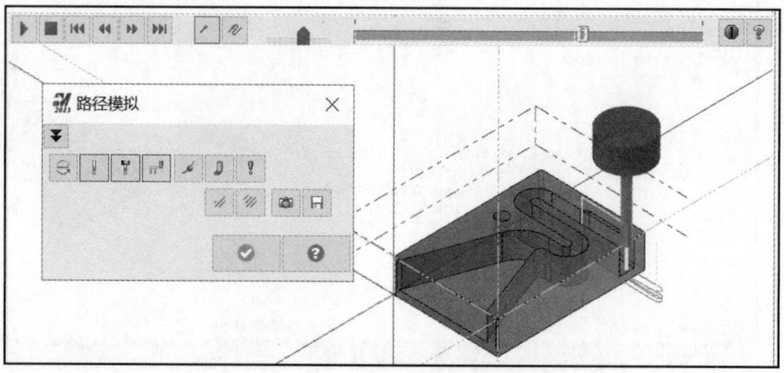

图 2-4-38 查看仿真细节

13. 如果对模拟结果满意，则在【路径模拟】对话框中单击【确定】按钮。

讨论要点

对比 Mastercam 的两个仿真选项：【模拟已选择的操作】和【验证已选择的操作】。在哪些情况下你会选择哪种操作呢？

14. 在【视图】工具栏中再次单击【截面视图】按钮，关闭截面视图。

15. 根据需要，将视角转换为等视图。

16. 结果如图 2-4-39 所示，保存文件。

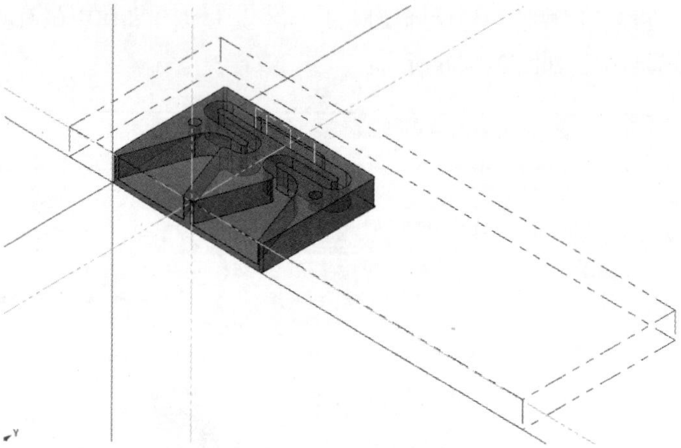

图 2-4-39 仿真结果

【自测练习】

你能回答这些问题吗？

1. 以下哪项不是外形铣削方式？

A. 2D　　B. 斜插　　C. 3D　　D. 动态

2. 使用截面视图功能有什么好处?

A. 允许用户查看零件内部,确保创建的是正确的几何图形

B. 允许用户查看零件内部的刀具路径

3. 使用模拟已选择的操作时,可以勾选【可见性】复选框以指定显示内容(例如刀具是否可见)。

A. 正确　　　　　　　　　　B. 错误

4. 2D 外形铣削刀具路径中【贯通】复选框的作用是什么?

A.【贯通】是通过输入【贯通量】数值完全切割零件的一种功能

B.【贯通】使刀具切割到让刀槽(或垫块),确保被切割的零件达到理想的形状

5. 以下哪一项不能在截面视图中关闭?

A. 毛坯模型　　　　　　　　B. 刀具路径

C. 线框实体　　　　　　　　D. 无阴影的实体

科技词条

喷丸

　　喷丸是一种利用高速丸流冲击作用清理和强化基体表面的过程。喷丸强化是一个冷处理过程,通过控制大量弹丸(如铸钢丸、铸铁丸、陶瓷丸、玻璃丸等)高速连续喷射撞击零件表面,在表面产生残余压应力层。弹丸撞击零件时形成凹陷,金属表层下压缩的晶粒试图恢复原状,产生一个压缩力下的半球,无数凹陷联结重叠,形成均匀的残余压应力层,极大程度地改善零件的疲劳强度,延长其安全工作寿命。长期处于高应力工况下的金属零件,如飞机引擎压缩机叶片、机身结构件、汽车传动系统零件等,制造过程中需经过喷丸强化,以提高抗疲劳性能。激光喷丸在延长航空关键零部件的疲劳寿命上具有重要作用,适用于机械喷丸无法实现的强化需求。此外,喷丸还可用于清除厚度不小于 2mm 的大中型金属制品、铸锻件上的氧化皮、铁锈、型砂及旧漆膜,是表面涂(镀)覆前的一种清理方法,以提高零件的耐磨性和耐腐蚀性,广泛应用于大型造船厂、重型机械厂、汽车厂等生产环节。

任务 2-5　毛头(跳跃)程序编制

【任务情境】

　　该任务将使用【曲线所有边缘】功能来对零件边缘进行圆角处理,然后根据创建的毛头来生成外形铣削刀具路径。

【学习目标】

1. 了解毛头的创建和使用方法。

2. 掌握【曲线所有边缘】功能。

3. 掌握【层别】管理器的使用方法。

4. 探究外形铣削刀路的生成。

【任务练习】

练习1：创建支撑几何模型

本练习将在之前所创建的实体模型上添加毛头部分，并根据创建的毛头来生成外形铣削刀路。

> **讨论要点**
>
> 在前面，我们以拉伸的方式创建了实体，然后进行了【曲线所有边缘】设置。可以看到，原始线框与圆角实体底部边界没有对齐。因为将要使用 2D 外形铣削方式生成刀路，所以我们需要创建与实体零件圆角轮廓一样的线框图形。零件的圆角轮廓如图 2-5-1 所示。

图 2-5-1　零件的圆角轮廓

1. 在 Mastercam 中打开之前保存的文件"音箱－×××.emcam"。

2. 选择【层别】管理器，如图 2-5-2 所示，将【层别】管理器置于最前面。

图 2-5-2　调整【层别】管理器

演示视频

项目 2-音箱-2-5-练习 1：创建支撑几何模型

3. 在【层别】管理器中，在【编号】文本框中输入【15】，将【名称】设置为【拉伸实体】，并按【Enter】键，如图 2-5-3 所示。【层别】管理器中现在有一个新的层。默认情况下，新建立的层将成为主层。

图 2-5-3　层设置

<table>
<tr><td>！讨论
要点</td><td>　　一个 Mastercam 文件可以包含很多个由线框、曲面、实体和刀路组成的图层，将各类图素分别置于对应的层别，可以更轻松地控制图形中哪些部分可见、哪些部分不可见。设置不同的图层，可以防止误更改刀路或实体。</td></tr>
</table>

　　主层是当前工作层，当前所创建的任何几何图形都始终位于该层上。一次只能有一个主层。

　　单击图层所在行与【高亮】列"×"标记，表示隐藏该图层，绘制在该图层上的图素不可见；再次单击，添加"×"标记，表示显示该图层，绘制在该图层上的图素变为可见状态。

　　有关图层和【层别】管理器的详细信息，请参见 Mastercam 帮助文档。

4.　在绘图区中，按住【Shift】键选择图 2-5-4 所示的矩形线框。

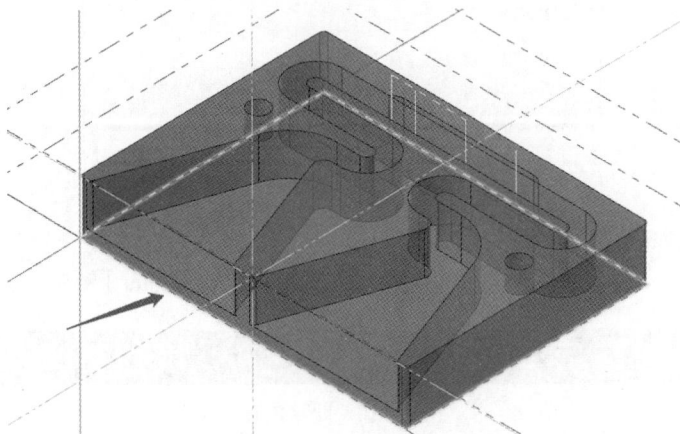

图 2-5-4　矩形线框的选取

5.　在绘图区中右击，弹出鼠标右键菜单，单击【更改层别】按钮 🖱，如图 2-5-5 所示。

6.　在打开的【更改层别】对话框中，将【选项】设置为【移动】，勾选【使用主层别】复选框，并单击【确定】按钮，如图 2-5-6 所示。

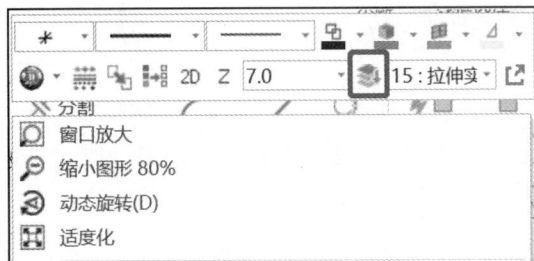

图 2-5-5　鼠标右键菜单

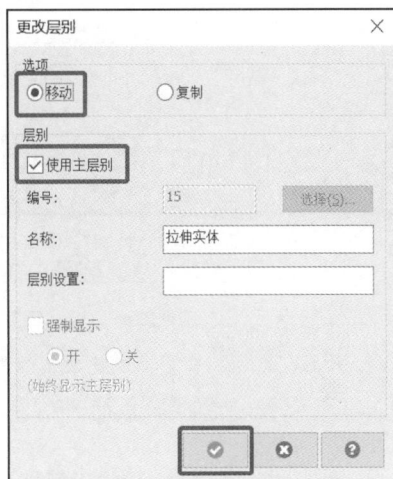

图 2-5-6　【更改层别】对话框

7. 此时，4 个线框图素已从 1 号图层移动到 15 号图层，如图 2-5-7 所示。

8. 在【层别】管理器中，在 1 号图层左侧单击，将其设置为主层，如图 2-5-8 所示。

图 2-5-7　【层别】管理器

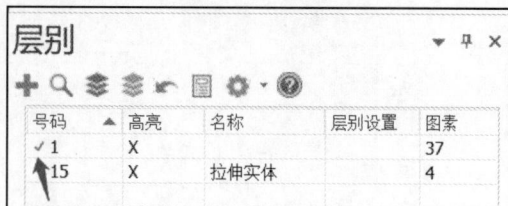

图 2-5-8　切换主层

9. 在 15 号图层的【高亮】列中单击，设置其中的图素不可见，如图 2-5-9 所示。

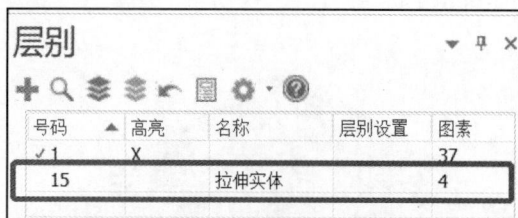

图 2-5-9　图层高亮设置

10. 在状态栏中，单击 Z 旁边的值并输入【0.00000】，按【Enter】键确定，如图 2-5-10 所示。

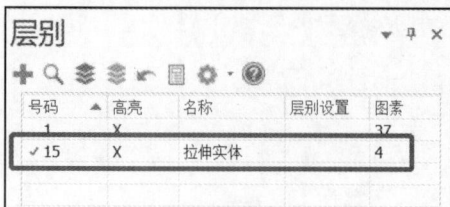

X: 109.50778　　Y: -153.71928　　Z: 0.00000　·　2D　绘图平面: 截面视图

图 2-5-10　设置 Z 值

11. 单击【线框】工具栏中的【所有曲线边缘】按钮，如图 2-5-11 所示。

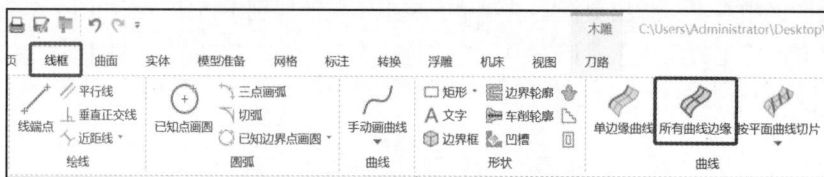

图 2-5-11　【所有曲线边缘】按钮

小提示　一个 Mastercam 文件可以包含很多个由线框、曲面、实体和刀路组成的图层。将各类图素分别置于对应的图层，需要进行统筹安排和合理地规划，既要考虑整体性，又要区分层次，用系统思维的方式安排和处理好事务。

讨论要点　【所有曲线边缘】功能用于在所有的曲面边界、实体或实体面上创建曲线。

12. 在绘图区中右击，将弹出鼠标右键菜单，选择【屏幕视图】→【仰视图】命令，如图 2-5-12 所示。

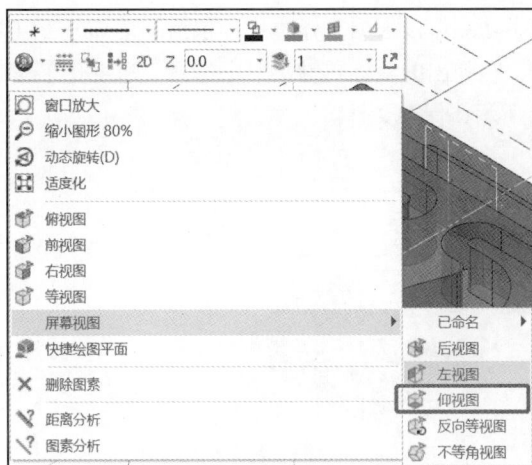

图 2-5-12　【仰视图】命令

13. 选择实体底面，如图 2-5-13 所示，按【Enter】键确定。

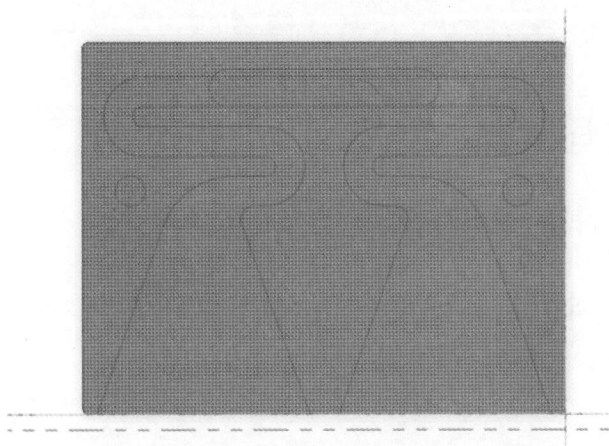

图 2-5-13　实体底面选取

此时，【所有曲线边缘】对话框处于激活状态。

14. 单击【所有曲线边缘】对话框中的【确定】按钮。

15. 在绘图区中右击，在弹出的鼠标右键菜单中选择【等视图】命令。

16. 使用鼠标滚轮放大实体的一角，如图 2-5-14 所示。

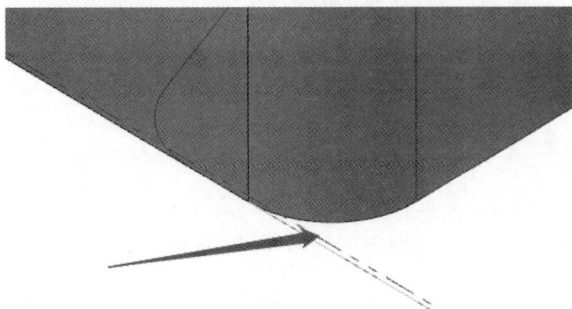

图 2-5-14　放大实体的一角

使用【所有曲线边缘】功能可以根据实体边缘（包括圆角部分）创建线框。

17. 在绘图区中右击，在弹出的鼠标右键菜单中选择【适度化】命令。

18. 结果如图 2-5-15 所示，保存文件。

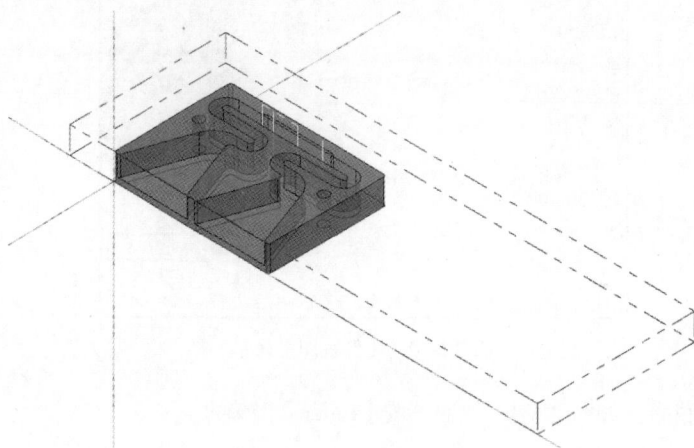

图 2-5-15　线框模型结果

练习 2：创建毛头点

本练习将在前面绘制的线框上创建点。这些点将在设置外形铣削刀路时自动生成毛头（跳跃）点。毛头的功能是帮助将工件固定在机床上。在加工过程中，毛头的设置是专门用于抬刀以避开压板的。

> **讨论要点**　毛头指封闭轮廓切削时内部零件与外部夹紧废料之间的一小段连接部分，以及轮廓加工完成后内部与外部之间仍然连接的部分。该选项用于加工轨迹封闭、内部材料无装夹的场合。

有关更多信息，请参阅 Mastercam 中的【毛头】帮助主题。

1. 在 Mastercam 中打开之前保存的文件"音箱－×××.emcam"。

2. 在【线框】工具栏中单击【绘点】按钮，如图 2-5-16 所示。

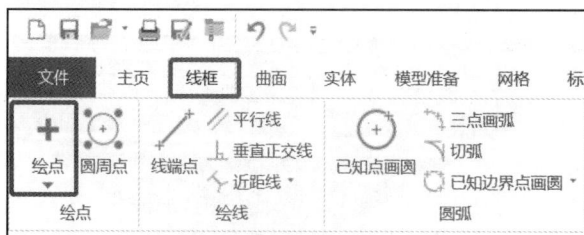

图 2-5-16　【绘点】按钮

3. 选择前面练习中创建的 3 个线框的中点，如图 2-5-17 所示。工件前面的线框不需要创建中点。

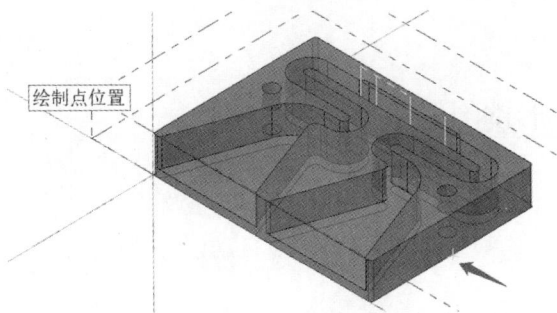

图 2-5-17　中点的选取

讨论要点

为什么在实体前面不需要添加毛头（跳跃）点？

为了可以选择 3 个线框的中点，应根据情况旋转工件或切换至线框模式。

4. 单击【绘点】对话框中的【确定】按钮。

5. 根据需要将视角切换到等视图。

6. 在绘图区的最右侧的选定显示图素栏中，单击【选择全部点图素】按钮，如图 2-5-18 所示。此时，3 个中点均处于被选中状态。

讨论要点

快捷按钮可帮助用户快速选择绘图区的图素。很多快捷按钮都有两个功能，即选择所有图素或只选择某类图素（取决于按钮的左侧还是右侧）。

快捷按钮具有强大的选择控制功能，特别是处理复杂零件时。

7. 在绘图区中右击，将弹出鼠标右键菜单，在【点型】下拉列表中选择"正方形"点样式，如图 2-5-19 所示。

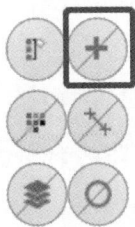

图 2-5-18　【选择全部点图素】按钮

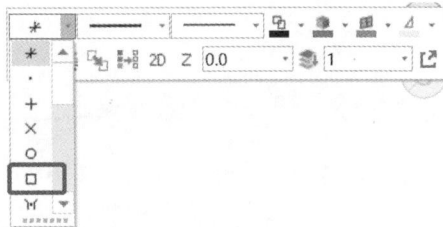

图 2-5-19　点样式选择

点现在显示为正方形，如图 2-5-20 所示。

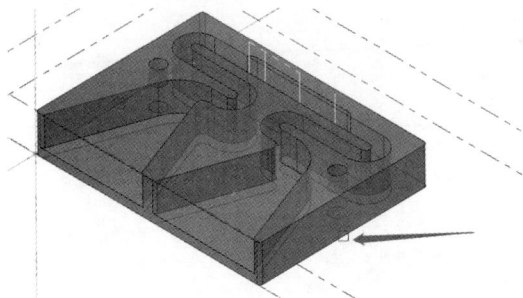

图 2-5-20　点样式显示结果

8. 保存文件。

练习 3：创建外形铣削刀路

演示视频

项目 2-音箱-2-5-练习 3：创
建外形铣削刀路

这个练习将创建外形铣削刀路，它将加工零件的外轮廓。外
形铣削刀路将根据上一个练习中创建的正方形点自动创建毛头
（跳跃）。

讨论要点

Mastercam 的外形铣削刀路沿着选取的串连曲线的左、右或中间进行加工、外形铣削加工可以用于创建 2D 或 3D 空间中的刀路。

2D 外形铣削刀路可在一个平面（通常是 xy 平面）中以恒定的深度（Z）切割几何形状，可以在不同的深度创建多个刀路。如果选择的是几何图形，那么 Mastercam 会将外形铣削的类型默认为 2D。2D 外形铣削会将 3D 几何图形相对于构造平面偏移并展平到绝对深度，如图 2-5-21 所示。

图 2-5-21 中，A 表示绝对深度，B 表示 3D 实体。

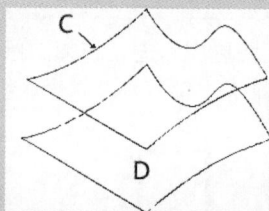

3D 外形铣削刀具路径以 xy 平面和 z 轴切割几何形状，其中 Z 值可在整个刀路上变化。如果每个切削形成的几何形状都未包含在一个平面中，则使用此类型。只有把三维几何串连图形作为轮廓时才可使用。添加增量深度值可以确定串连偏移位置，如图 2-5-22 所示。

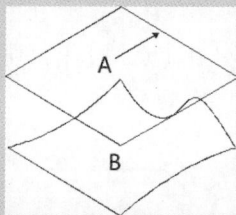

图 2-5-21　绝对深度和 3D 实体　　图 2-5-22　3D 实体和增量深度

在图 2-5-22 中，C 表示 3D 实体，D 表示增量深度。

这里使用【外形铣削】刀具路径，因为它可以使用【毛头（跳跃）】功能。虽然这是一个 3D 实体零件，但是我们只使用非常简单的【2D 外形铣削】功能。

1. 在 Mastercam 中打开之前保存的文件"音箱－×××.emcam"。
2. 将【刀路】管理器置于最前面。
3. 选择【木雕】→【刀路】工具栏。
4. 选择【2D】下拉列表中的【外形】选项，如图 2-5-23 所示。

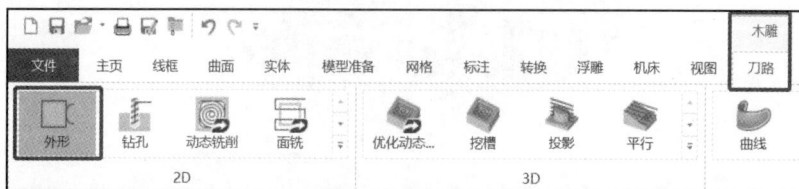

图 2-5-23　【外形】选项

5. 在显示的【线框串连】对话框中，将【模式】设置为【线框】，如图 2-5-24 所示。

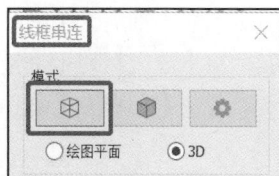

6. 选择图 2-5-25 所示的线框矩形。

确保串连方向（绿色箭头）与上图中显示的是一致的。否则，请单击【线框串连】对话框中的 ↔ 按钮来改变串连方向，如图 2-5-26 所示。

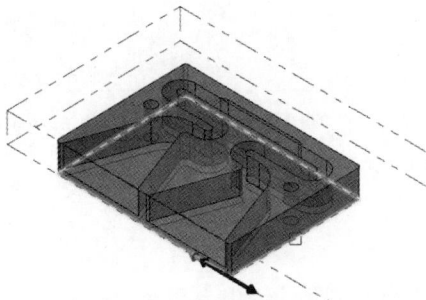

图 2-5-24 【线框串连】对话框

图 2-5-25 线框矩形的选取

图 2-5-26 串连方向的改变

7. 在【线框串连】对话框中单击【确定】按钮，将显示【2D 刀路-外形铣削】对话框。

8. 在【2D 刀路-外形铣削】对话框中选择【刀具】选项。

9. 在【刀具】界面中，从刀具列表中选择直径为 9.0mm 的平底刀。

10. 将打开【修改刀具设置】警告框，单击【确定】按钮接受更改。

11. 在【2D 刀路-外形铣削】对话框中选择【切削参数】选项。

12. 在【切削参数】界面中，将【外形铣削方式】设置为【2D】，如图 2-5-27 所示。

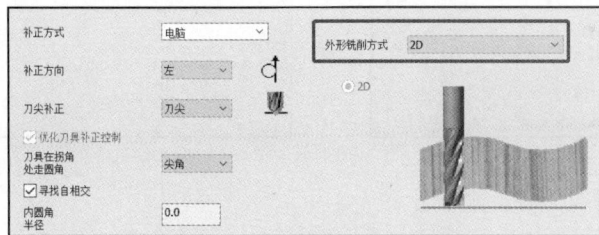

图 2-5-27 外形铣削方式设置

13. 在【2D 刀路-外形铣削】对话框中选择【轴向分层切削】选项，如图 2-5-28 所示。

14. 在【轴向分层切削】界面中修改以下参数，如图 2-5-29 所示。

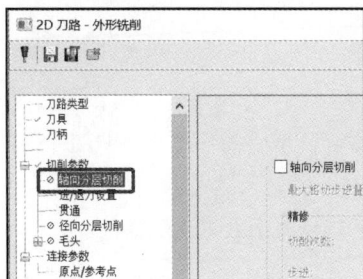

图 2-5-28 【轴向分层切削】选项

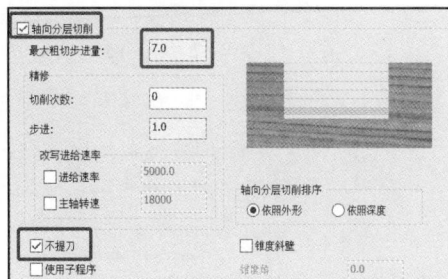

图 2-5-29 轴向分层切削参数设置

① 勾选【轴向分层切削】复选框。

② 将【最大粗切步进量】设置为【7.0】。

③ 勾选【不提刀】复选框。

> **讨论要点**
>
> 　　轴向分层切削是将刀具路径的总深度分成几段进行 z 轴切削，以减少刀具磨损。在每个切削深度处都会切入整个轮廓，然后切入下一个深度。
>
> 　　锥度斜壁用于将每一层之间的刀具按角度横向移动一定距离，其不仅可增加粗铣加工时刀具的寿命，还能加工侧壁拔模斜度。该选项特别适用于深度较大的轮廓铣削加工。

15. 在【2D 刀路-外形铣削】对话框中选择【进/退刀设置】选项，如图 2-5-30 所示。

16. 在【进/退刀设置】界面中设置以下参数，如图 2-5-31 所示。

① 将【长度】设置为【25.0%】。

② 将【半径】设置为【50.0%】。

③ 单击【复制】按钮将这些值从【进刀】部分复制到【退出】部分。

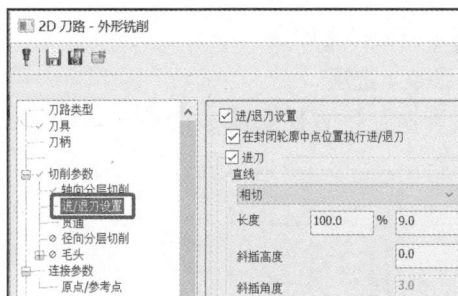

图 2-5-30 　【进/退刀设置】选项

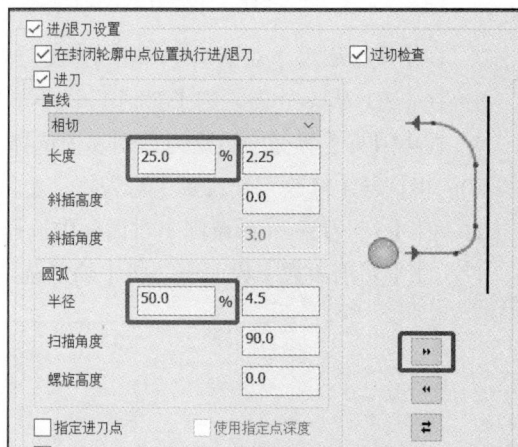

图 2-5-31 　进/退刀设置参数设置

> **讨论要点**
>
> 　　进/退刀设置是指刀具在刀路中每次相对零件进刀和退刀的设置，这样就不需要额外创建几何图形，可以组合出不同类型的进/退刀动作。例如，可以延伸轮廓并使用切弧的方式进刀。该选项的设置对外形铣削（2D）的切入/切出刀路设计非常有益，直接影响加工质量，如【重叠量】是精铣轮廓的必选项。在【直线】进/退刀设置中，【垂直】方式指所增加的直线刀路与其相近的刀路垂直，【相切】方式指所增加的直线刀路与其相近的刀路相切，【斜插进刀】方式指按照所设定的【斜插角度】数值进刀。
>
> 　　【进/退刀设置】界面里还有交互式图像，用于表示各类直线进/退刀方式。
>
> 　　给学生指出各参数的设定在交互式图像的变化。
>
> 　　Mastercam 中的大多数对话框里都有这样的交互式图像。

17. 在【2D 刀路-外形铣削】对话框中选择【径向分层切削】选项，如图 2-5-32 所示。

18. 在【径向分层切削】界面中修改以下参数，如图 2-5-33 所示。

① 勾选【径向分层切削】复选框。

② 将【粗切】、【精修】的【间距】均设置为【0.5】。

③ 将【粗切】、【精修】的【次】均设置为【1】。

④ 将【精修】设置为【最终深度】。

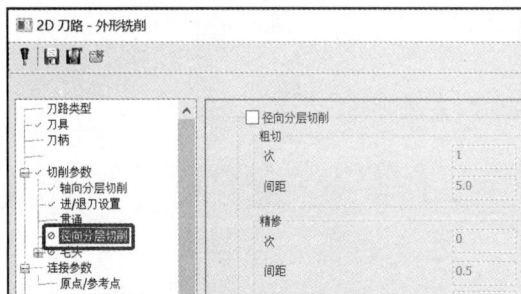

图 2-5-32 【径向分层切削】选项

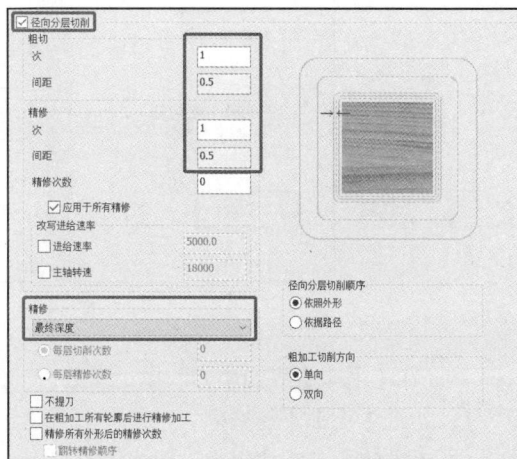

图 2-5-33 径向分层切削参数设置

讨论要点

径向分层切削用于横向加工余量较大场合的加工。根据几何形状创建多个平行刀路，而不是直接加工到轮廓位置。当出现零件加工量过大而无法一次性切削或者想减少刀具磨损这类情况时，就需要进行 xy 平面分层铣削。在【径向分层切削】界面中可以单独设置粗加工和精加工的次数及间距参数，刀路显示如图 2-5-34 所示。

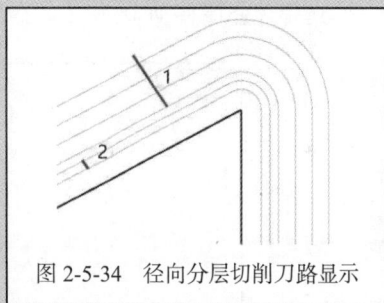

图 2-5-34 径向分层切削刀路显示

将【粗切】的【次】设置为【4】，将【间距】设置为【0.5】。

将【精修】的【次】设置为【1】，将【间距】设置为【1.3】。

将【精修】设置为【最终深度】，这样不会在每个平行刀路中产生精修刀路。

分层铣削包含轴向分层铣削和径向分层切削。虽然这两种方式都是将刀路进行分层，但它们是不同的。轴向分层铣削可对深度方向设置粗、精加工和每一刀的深度值。轴向分层铣削是在 z 轴设置增量，而径向分层切削是在 xy 轴设置增量。

小提示

轴向分层铣削和径向分层切削这两种方式都是将刀路进行分层，但具体方式不同。二者既有区别又有联系，需要用全面与辩证的思维方式来看待。

使用 Mastercam 仿真功能观察两者之间的差异。

19. 在【2D 刀路-外形铣削】对话框中选择【毛头】选项，如图 2-5-35 所示。

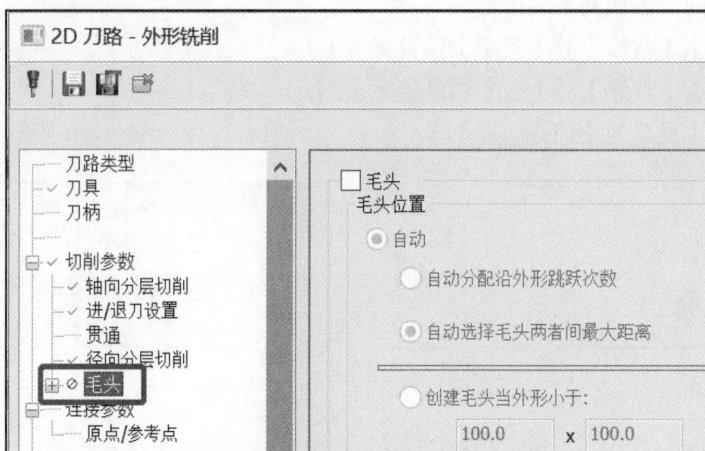

图 2-5-35　【毛头】选项

20. 在【毛头】界面中修改以下参数，如图 2-5-36 所示。

① 勾选【毛头】复选框。

② 确保将【毛头位置】设置为【手动】。

③ 勾选【在跳刀位置使用直角】复选框，并在下方选择【中心】。

④ 将【跳跃高度】设置为【2.5】。

⑤ 选择【斜向移动】，将【斜插角度】设置为【45.0】。

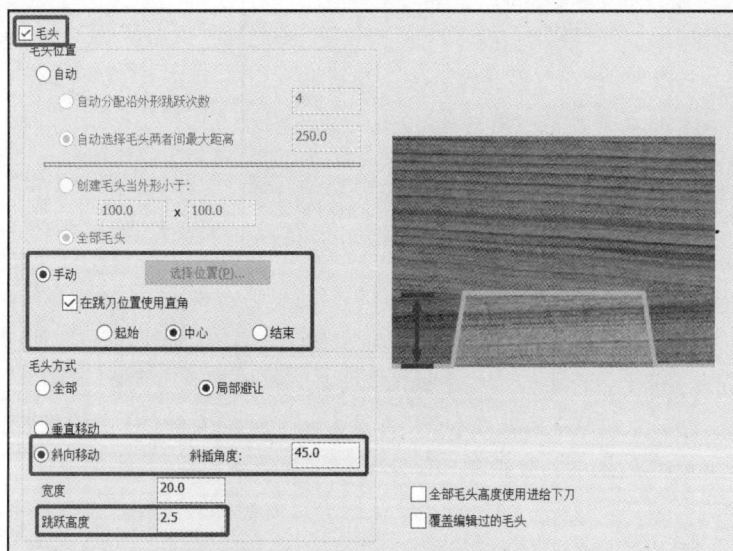

图 2-5-36　毛头参数设置

讨论要点

　　在机床加工完成后，较厚的毛头（跳跃）有时难以手动切断。如果设置得太薄，则可能无法充分地装夹在机床上。根据你的经验，思考如何确定毛头（跳跃）厚度。

21. 在【2D 刀路 – 外形铣削】对话框中选择【连接参数】选项并进行以下参数的修改，如图 2-5-37 所示。

① 将【提刀】设置为【50.0】。

② 将【下刀位置】设置为【36.0】。

③ 将【毛坯顶部】设置为【33.0】。

④ 将【深度】设置为【0.0】。

⑤ 全部选择【绝对坐标】。

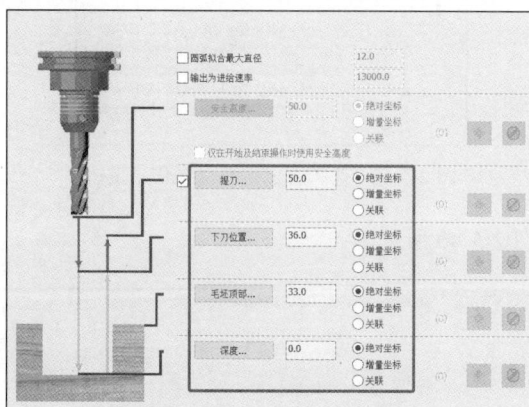

图 2-5-37　连接参数设置

22. 在【2D 刀路-外形铣削】对话框中单击【确定】按钮。

23. 外形铣削刀路如图 2-5-38 所示，保存文件。

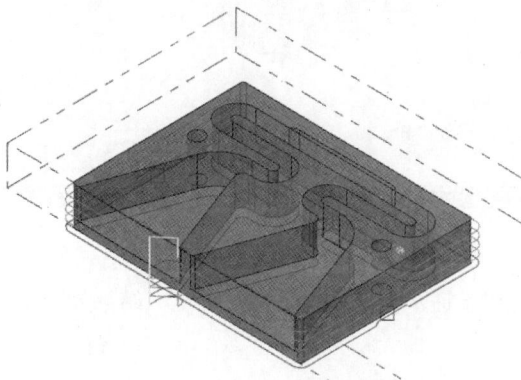

图 2-5-38　外形铣削刀路

练习 4：验证所有刀路

这个练习将使用 Mastercam 模拟器来查看和验证到目前为止创建的所有刀路。

1. 在 Mastercam 中打开之前保存的文件"音箱 – ×××.emcam"。

演示视频

项目 2-音箱-2-5-练习 4：验证所有刀路

107

2. 在【刀路】管理器中选择【刀具群组-1】选项。

3. 在【刀路】管理器的命令栏中单击【验证已选择的操作】按钮，如图 2-5-39 所示。

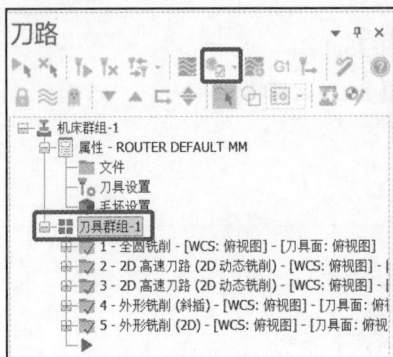

图 2-5-39 【验证已选择的操作】按钮

Mastercam 模拟器如图 2-5-40 所示。

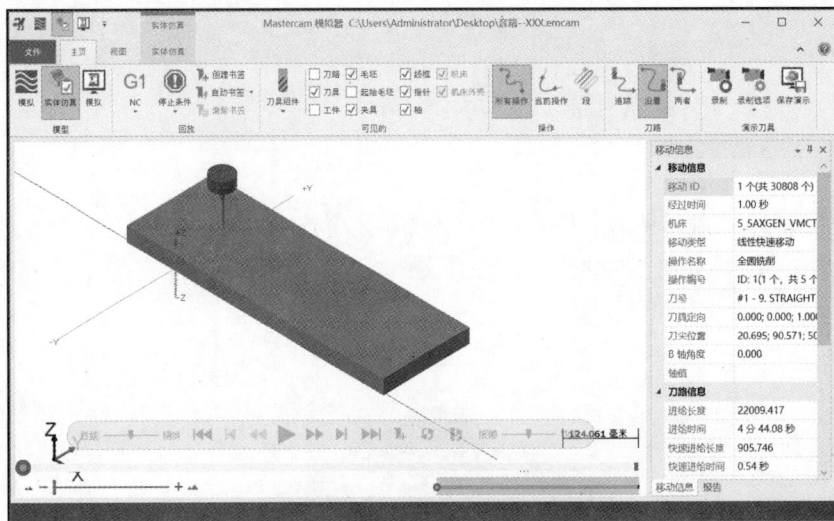

图 2-5-40 Mastercam 模拟器

4. 使用播放命令栏运行验证，验证整个零件的加工，结果如图 2-5-41 所示。

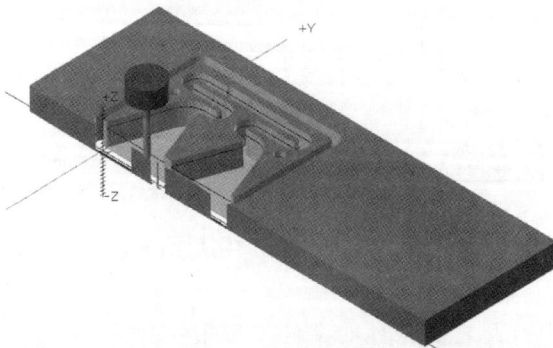

图 2-5-41 仿真验证结果

5. 在 Mastercam 模拟器中打开【实体仿真】工具栏。

6. 单击【颜色循环】按钮，如图 2-5-42 所示。

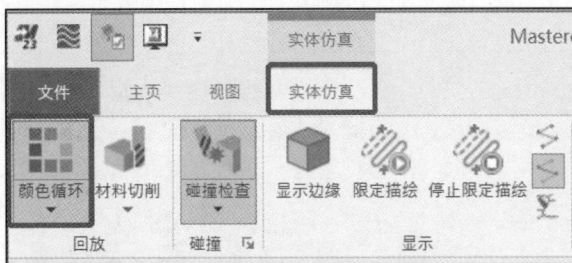

图 2-5-42　【颜色循环】按钮

零件在 Mastercam 模拟器绘图区中的颜色将被改变，如图 2-5-43 所示。

7. 右击 Mastercam 模拟器的图形窗口，将弹出鼠标右键菜单，选择【俯视图】命令。

现在可以看到前面练习中由外形铣削刀具路径创建的毛头，如图 2-5-44 所示。

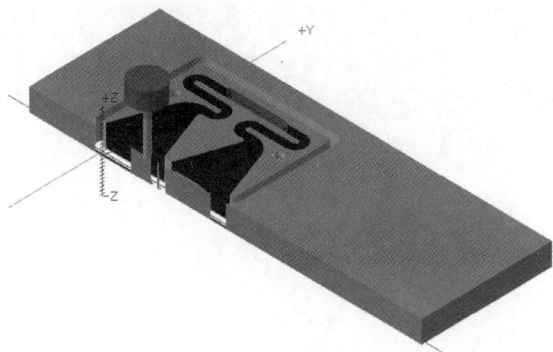

图 2-5-43　颜色更改

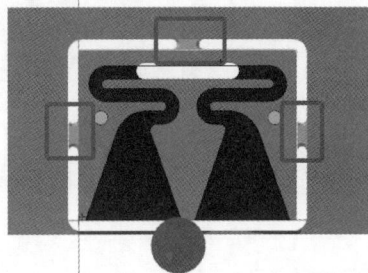

图 2-5-44　毛头显示

8. 完成查看和验证后，退出 Mastercam 模拟器。

9. 保存文件。

【自测练习】

你能回答这些问题吗？

1. 毛头（跳跃）是刀具路径未加工区域，它起固定零件的作用。

A. 正确　　　　　　　　　　　B. 错误

2. 轴向分层切削是将刀具路径的总深度分成较小的几段进行切削，以减少刀具磨损。

A. 正确　　　　　　　　　　　B. 错误

3. Mastercam 模拟器中的【颜色循环】功能只能通过刀具类型来改变切割毛坯的颜色。

A. 正确　　　　　　　　　　　B. 错误

4. 快捷按钮类型都有哪些？

A. 点　　　　　B. 线条　　　　　C. 实体　　　　　D. 圆弧

E. 全部　　　　F. 无

5. XY 分层铣削和轴向分层铣削有什么区别？

A. 轴向分层铣削将切割运动分解为多个 z 轴增量的切削方式

B. XY 分层铣削是多次按 xy 轴增量划分切割距离的切削方式

人物长廊

科学巨匠宋应星

　　1587 年，宋应星出生于江西南昌的一个官宦之家，从小就接受了良好的教育。不过和一般的士子不同的是，宋应星在看四书五经的同时还看其他杂七杂八的"百科全书"，农业、天文、地理、医学无一不精、无一不通。宋应星第一次参加科举考试，轻轻松松就通过了举人考试，可是接下来的会试让他只能止步于举人。

　　宋应星在 6 次科考屡次不中的逆境中并没有被打倒，他在数次赶考奔波的所见所闻中，认识到工农业生产的巨大价值，于是他选择回归自然，走出了一条与当时的读书人不同的路。他抛开纸上谈兵，沉下心来深入实际地考察实践，做研究、搞发明，为家国天下、为黎民百姓写一部实用之书。

　　靠着亲友们的支持与鼓励，把多年走访大江南北了解到的生产方式和工农技术都记载下来，最后写出《天工开物》。晚年回到家乡后，他耕读持家，把书中的农业和手工业技术教授给乡邻，继续福泽百姓。《天工开物》的序言中写着一句非常有力量的话——"此书于功名进取毫不相关也"。

任务 2-6　复制音箱模型并编辑刀路

【任务情境】

　　该任务将使用平移功能创建音箱放大器底部的实体模型，然后使用【刀路】管理器中的各项功能复制刀路并重新串连几何图形。

【学习目标】

1. 探索【刀路】管理器的各种功能。
2. 使用【平移】功能复制和移动实体模型。

演示视频

项目 2-音箱-2-6-练习 1：复制和修改刀路群组

【任务练习】

练习 1：复制和修改刀路群组

本练习将通过复制刀路群组和删除不需要的刀路完成对平移实体模型的加工。

1. 在 Mastercam 中打开之前保存的文件"音箱 – ×××.emcam"。
2. 将【刀路】管理器置于最前端。
3. 右击【刀具群组】，在鼠标右键菜单中选择【群组】→【重新名称】命令，如图 2-6-1 所示。

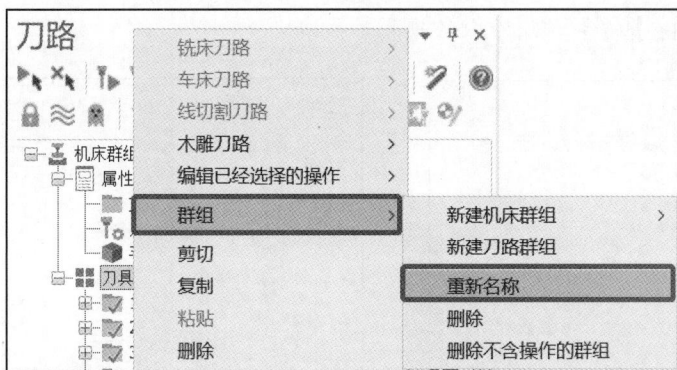

图 2-6-1 【重新名称】命令

> **注意** 还可以双击【刀具群组】来更改其名称。

4. 输入【TOP】并按【Enter】键。

5. 右击【机床群组-1】，在弹出的右键菜单中选择【群组】→【新建刀路群组】命令，如图 2-6-2 所示。

6. 将新的刀具群组重命名为【BOTTOM】，如图 2-6-3 所示。

图 2-6-2 【新建刀路群组】命令

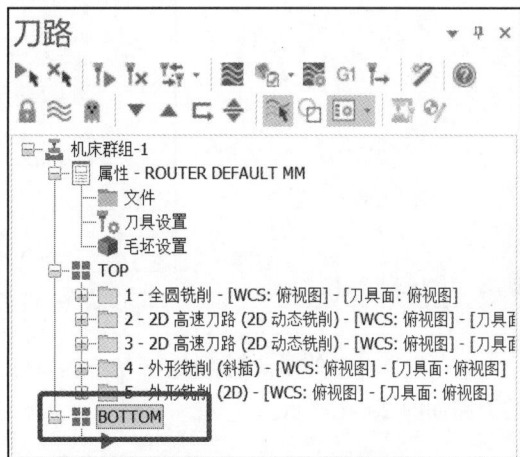

图 2-6-3 【BOTTOM】组

> **讨论要点** 指出【刀路】管理器中操作列表底部的插入箭头。若要在列表中的某个地方创建操作，则可拖动箭头将其放置在希望创建新操作的位置之上。
> 在【刀路】管理器中会出现一个新的刀群。

7. 复制【TOP】组中的所有刀路，粘贴到【BOTTOM】组中，最终的【BOTTOM】组刀路如图 2-6-4 所示。

8. 在【刀路】管理器中选择【8-2D 高速刀路(2D 动态铣削)-[WCS:俯视图]-[刀具面:俯视图]】，此刀路用于加工手机的插槽部分。

9. 右击【8-2D 高速刀路(2D 动态铣削)-[WCS:俯视图]-[刀具面:俯视图]】，并从弹出的鼠标右

键菜单中选择【删除】命令，如图 2-6-5 所示。

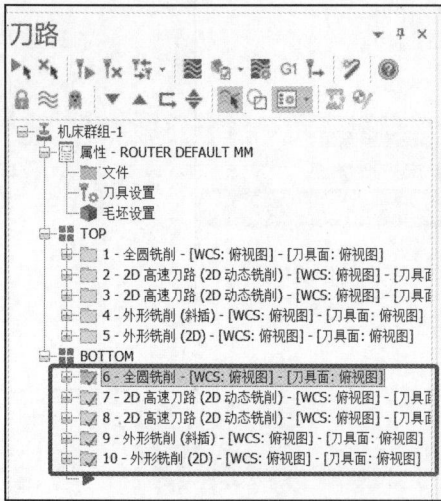

图 2-6-4　【BOTTOM】组刀路

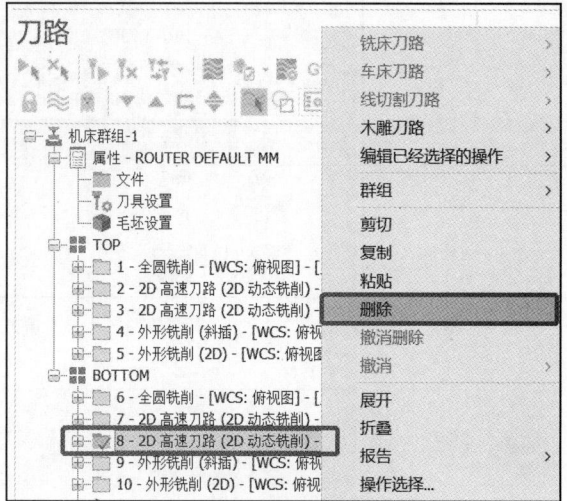

图 2-6-5　删除动态铣削刀路

10. 将显示【刀路管理】提示框，单击【是】按钮，完成删除操作，如图 2-6-6 所示。

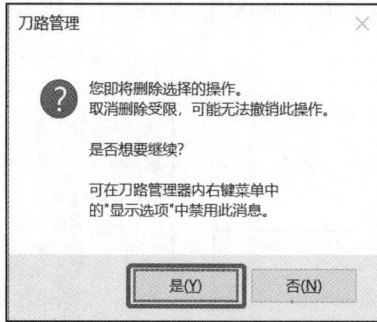

图 2-6-6　【刀路管理】提示框

11. 删除【8-外形铣削(斜插)-[WCS:俯视图]-[刀具面:俯视图]】刀路，如图 2-6-7 所示。最终的刀路如图 2-6-8 所示。

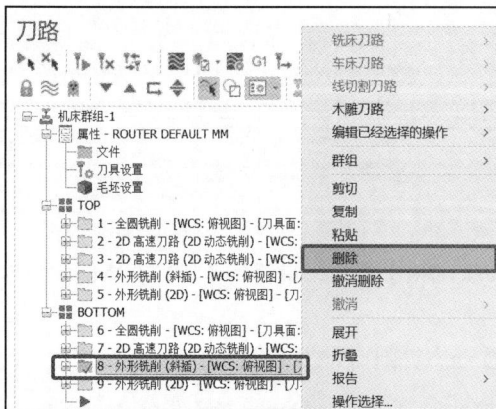

图 2-6-7　删除外形铣削刀路

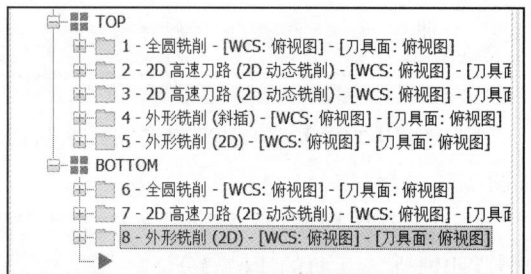

图 2-6-8　最终的刀路

12. 保存文件。

练习 2：平移音箱模型

演示视频

项目 2-音箱-2-6-练习 2：平
移音箱模型

本练习将使用【平移】功能复制实体模型并将其移动到指定
位置。

1. 在 Mastercam 中打开之前保存的文件"音箱－×××.emcam"。

2. 在【刀路】管理器中选择【机床群组-1】选项，这将选中【TOP】和【BOTTOM】两个刀具群组，如图 2-6-9 所示。

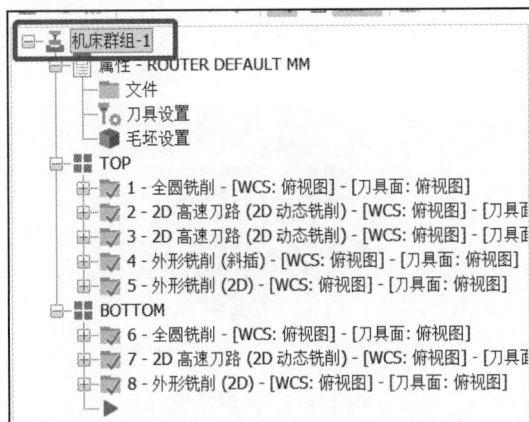

图 2-6-9　【机床群组-1】选项

3. 在选定的【刀路】管理器中单击【切换显示已选择的刀路操作】按钮，将刀具路径隐藏，如图 2-6-10 所示。

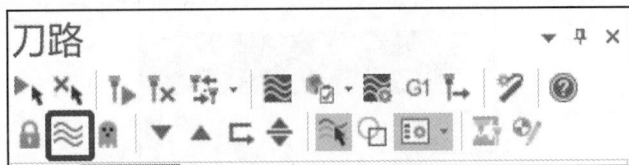

图 2-6-10　【切换显示已选择的刀路操作】按钮

4. 在【转换】工具栏中单击【平移】按钮，如图 2-6-11 所示。

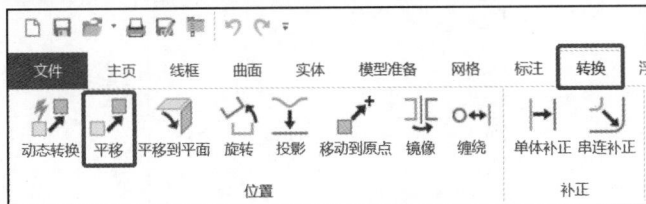

图 2-6-11　【平移】按钮

5. 使用鼠标左键窗选整个实体模型和线框，如图 2-6-12 所示。

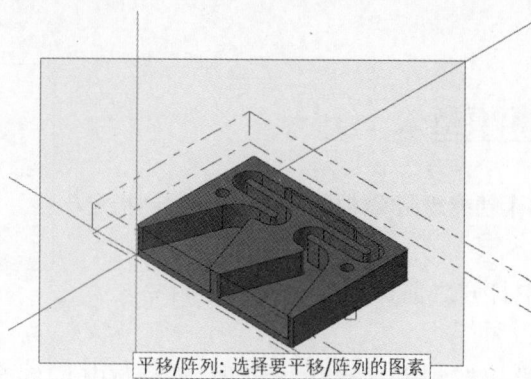

图 2-6-12　窗选模型和线框

6. 选择结果如图 2-6-13 所示，按【Enter】键。

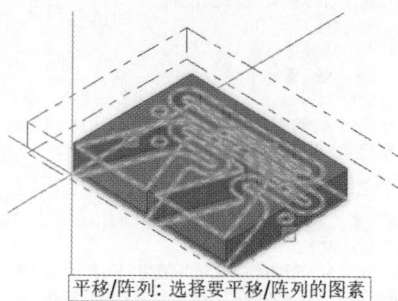

平移/阵列: 选择要平移/阵列的图素

图 2-6-13　选取结果

7. 此时，【平移】对话框处于激活状态。

8. 在【平移】对话框中，将【方式】设置为【复制】，并将【增量】中的【X】设置为【250.0】，如图 2-6-14 所示。

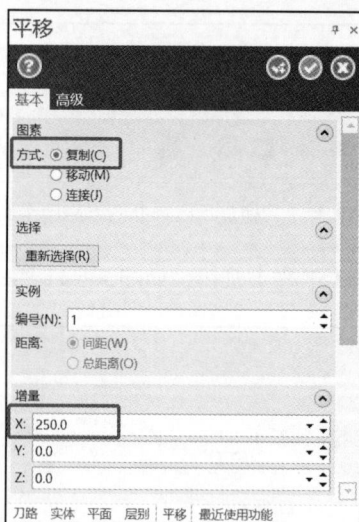

图 2-6-14　【平移】对话框

9. 在【平移】对话框中单击【确定】按钮。

10. 在绘图区中右击，将弹出鼠标右键菜单，单击【清除颜色】按钮，如图 2-6-15 所示。

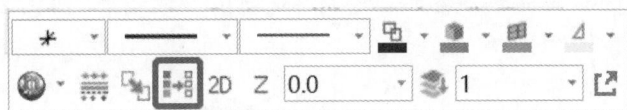

图 2-6-15　单击【清除颜色】按钮

11. 结果如图 2-6-16 所示，保存文件。

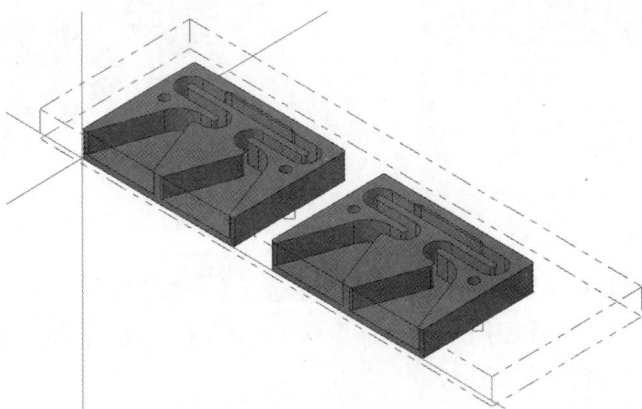

图 2-6-16　平移音箱模型结果

练习 3：重新生成刀路

本练习将把原始刀路链接到通过复制产生的【BOTTOM】刀路群组中。因为复制出的刀路仍然引用原实体模型的几何图形，所以需要更新刀路，以使刀路链接到复制出的实体模型的几何图形上。

演示视频

项目 2-音箱-2-6-练习 3：重新生成刀路

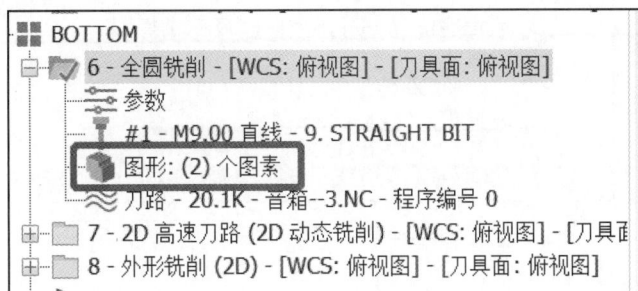

1. 在 Mastercam 中打开之前保存的文件"音箱－×××.emcam"。

2. 将【刀路】管理器置于操作管理器的最前端。

3. 在【BOTTOM】刀具群组中，在【6-全圆铣削-[WCS:俯视图]-[刀具面:俯视图]】刀路下选择【图形:(2)个图素】选项，如图 2-6-17 所示。

图 2-6-17　刀路图形的选择

4. 在弹出的【刀路孔定义】对话框中，在【功能】列表中分别选择【实体圆弧 1】、【实体圆弧 2】，如图 2-6-18 所示。此时，刀路会在原始实体模型中显示出来，如图 2-6-19 所示。

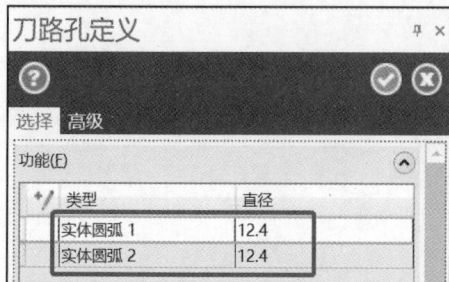

图 2-6-18 【功能】列表

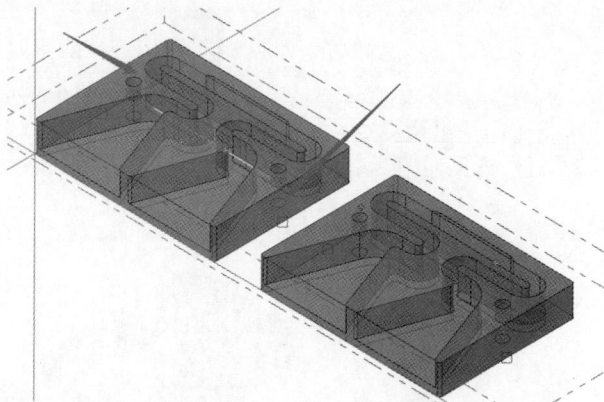

图 2-6-19 实体圆弧显示结果

5. 在【功能】列表中右击并从鼠标右键菜单中选择【全部删除】命令，如图 2-6-20 所示。

6. 在【刀路孔定义】对话框中单击【限定圆弧】按钮，在通过平移生成的新实体模型上选择两个孔的底部圆弧，如图 2-6-21 所示。

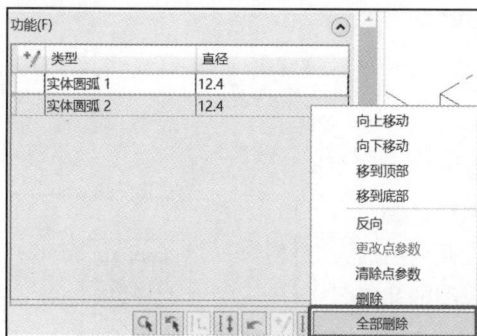

图 2-6-20 选择【全部删除】命令

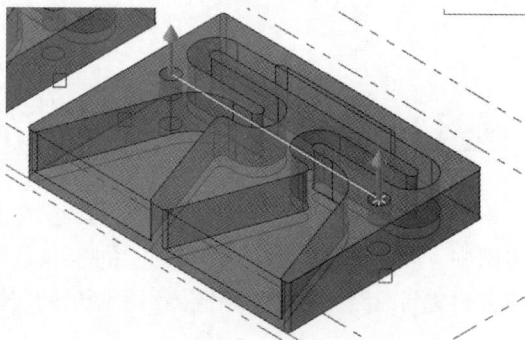

图 2-6-21 圆弧图素的选取

可能需要通过缩放和旋转实体来选择正确的底部圆弧。

7. 单击【刀路孔定义】对话框中的【确定】按钮。全圆铣削刀路现在在【刀路】管理器中被标记为无效，如图 2-6-22 所示。

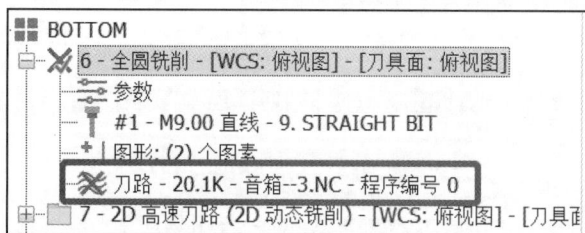

图 2-6-22 刀路无效显示

Mastercam 中的关联是指实体和创建的刀路之间的关系。创建刀路时，Mastercam 会将其关联到实体中。只有通过删除操作才能取消此关联。如果尝试删除刀路中使用的实体，Mastercam 会出现警告框。

关联性允许在几何形状发生变化时重新生成一个刀路（无须从头重新创建它）。在更改操作参数后，可使用【刀路】管理器的【重新生成已选择操作】功能重新生成刀路。Mastercam 使用以下术语来描述刀路的当前关联状态。

● 有效：定义的参数与相关几何形状匹配的操作。此条件适用于所有新创建的操作和已成功重新生成的操作。为了使刀路稳定和处于最新状态，它的状态应该是有效的。

● 无效：定义的参数或几何形状已更改且不再匹配当前的操作。这时必须重建刀路。

8. 在【刀路】管理器的命令栏中单击【重新生成所有无效操作】按钮，如图 2-6-23 所示。

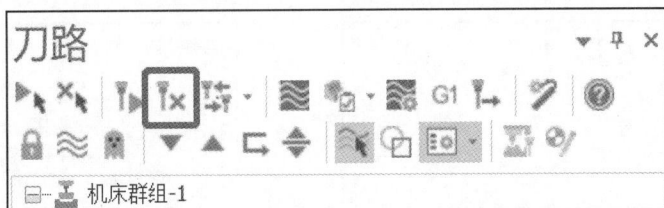

图 2-6-23 【重新生成所有无效操作】按钮

全圆铣削刀路在通过平移产生的实体中创建完成，如图 2-6-24 所示。

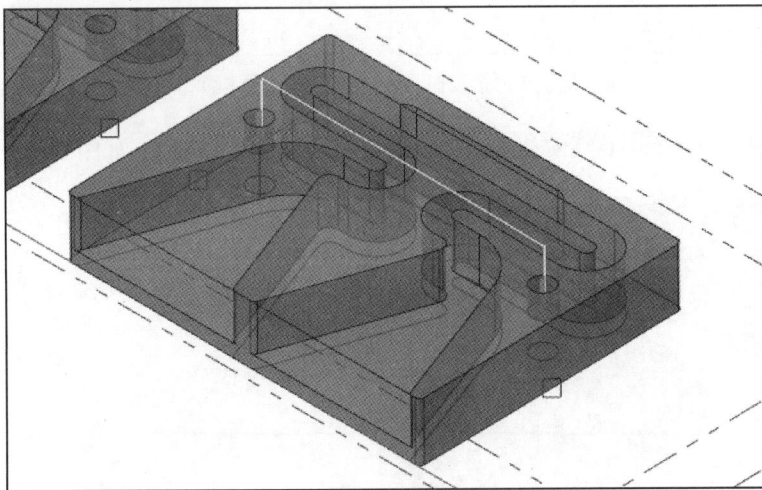

图 2-6-24 全圆铣削刀路

9. 在【刀路】管理器中选择【7-2D 高速刀路(2D 动态铣削)-[WCS:俯视图]-[刀具面:俯视图]】下的【几何图形-(2)个串连】选项，如图 2-6-25 所示。

10. 在弹出的【串连选项】对话框中进行【加工范围】设置，单击【移除加工串连】按钮，如图 2-6-26 所示，将之前选择的加工区域移除。

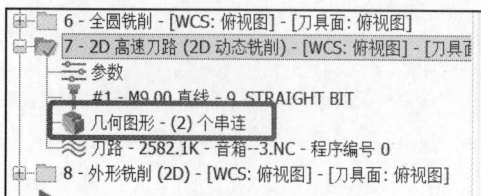

图 2-6-25　刀路图形的选择

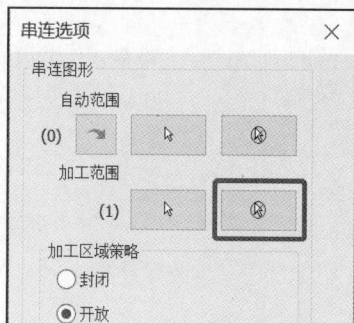

图 2-6-26　【移除加工串连】按钮

11. 单击【选择加工串连】按钮，如图 2-6-27 所示，返回到图形窗口中选择加工区域。

12. 在【线框串连】对话框中，将【模式】设置为【实体】，【线框串连】对话框会切换为【实体串连】对话框。

13. 在【实体串连】对话框中，将【选择方式】设置为【实体面】，如图 2-6-28 所示。

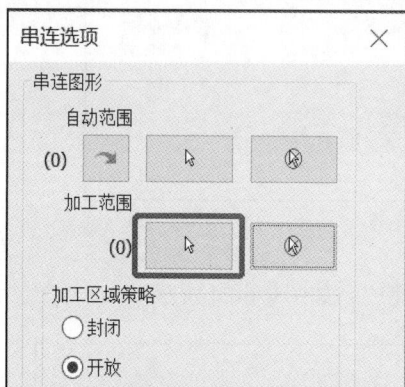

图 2-6-27　【选择加工串连】按钮

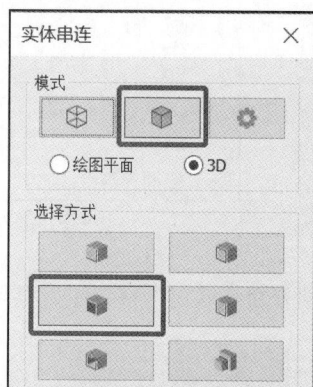

图 2-6-28　【实体串连】对话框

14. 在绘图区中选择平移后实体模型上的音箱通道底部的实体面，如图 2-6-29 所示。

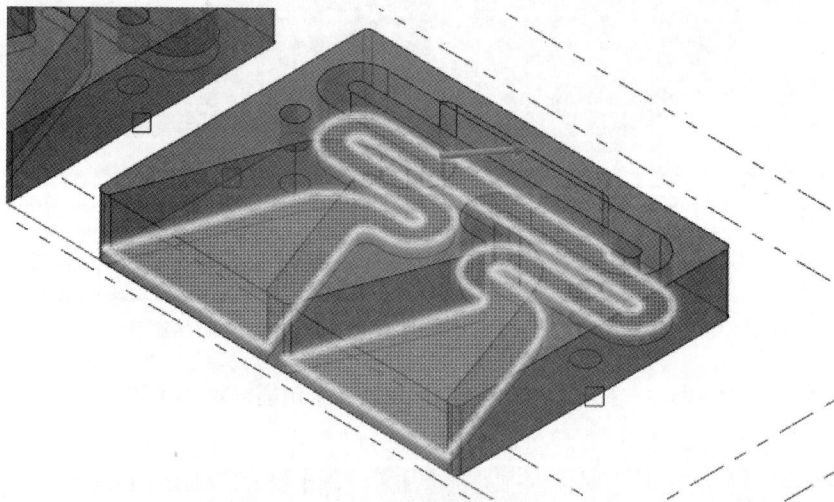

图 2-6-29　底部实体面的选取

118

15. 单击【实体串连】对话框中的【确定】按钮，返回到【串连选项】对话框。

16. 在【串连选项】对话框中，单击【避让范围】中的【移除避让串连】按钮，如图 2-6-30 所示，将之前选定的避让区域移除。

17. 在【串连选项】对话框中，单击【选择避让串连】按钮，如图 2-6-31 所示，返回到图形窗口以选择避让区域。

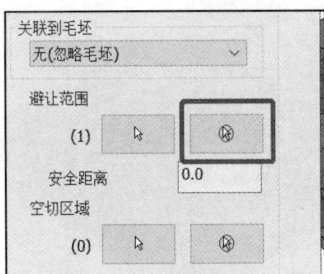

图 2-6-30　【移除避让串连】按钮

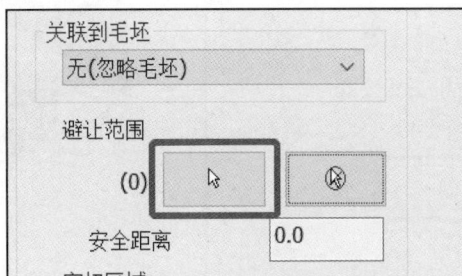

图 2-6-31　【选择避让串连】按钮

18. 选择平移实体模型上的两个顶部实体面，如图 2-6-32 所示，最终的刀路显示如图 2-6-33 所示。

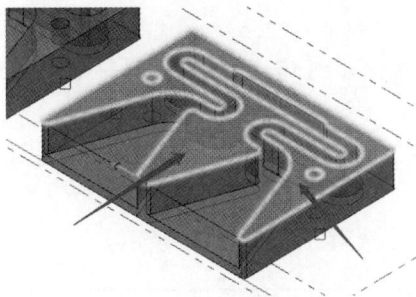

图 2-6-32　顶部实体面的选取

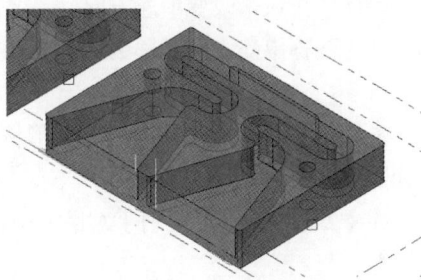

图 2-6-33　刀路显示

19. 在【线框串连】对话框中单击【确定】按钮，然后在【串连选项】对话框中单击【确定】按钮。

20. 在【刀路】管理器中选择【8-外形铣削(2D)-[WCS:俯视图]-[刀具面:俯视图]】下的【几何图形-(1)个串连】选项，如图 2-6-34 所示。

21. 右击【串连管理】对话框中的【串连 1】，并从鼠标右键菜单中选择【全部重新串连】命令，如图 2-6-35 所示。

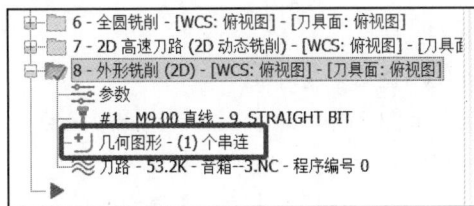

图 2-6-34　刀路图形的选取

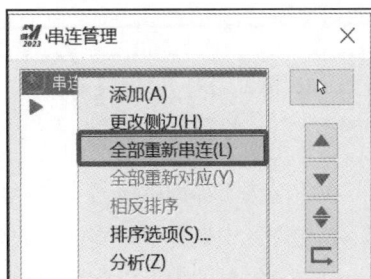

图 2-6-35　【串连 1】的鼠标右键菜单

22. 在【线框串连】对话框中，将【模式】和【选择方式】分别设置为【线框】和【串连】，如图 2-6-36 所示。

23. 在绘图区中选择图 2-6-37 所示的矩形线框。

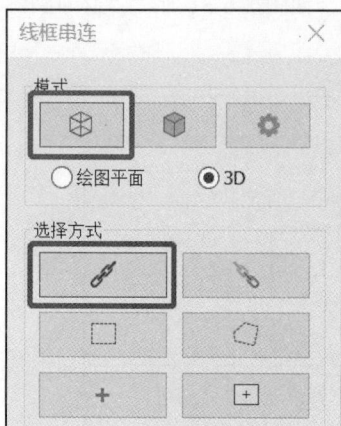

图 2-6-36 【线框串连】对话框

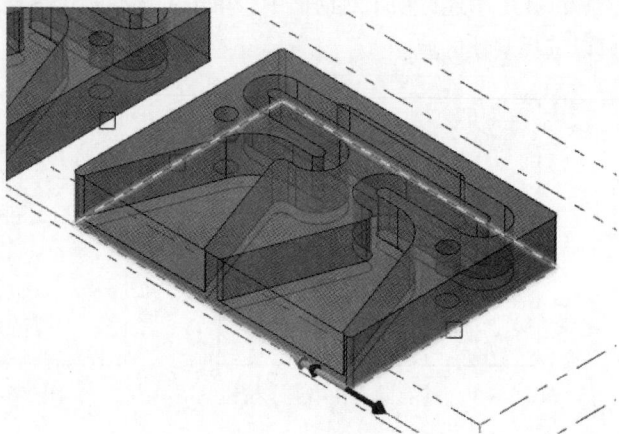

图 2-6-37 矩形线框的选取

确保串连方向（绿色箭头）和起始点与上图所显示的一致。否则，请使用【线框串连】对话框中的【反向】按钮来改变串连方向。

24. 在【线框串连】对话框中单击【确定】按钮，再单击【串连管理】对话框中的【确定】按钮。

25. 在【刀路】管理器中选择【8-外形铣削(2D)-[WCS:俯视图]-[刀具面:俯视图]】下的【参数】选项，如图 2-6-38 所示。

26. 在【2D 刀路-外形铣削】对话框中选择【毛头】选项，如图 2-6-39 所示。

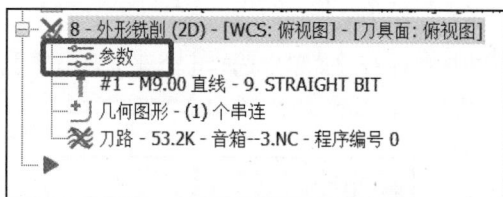

图 2-6-38 【参数】选项

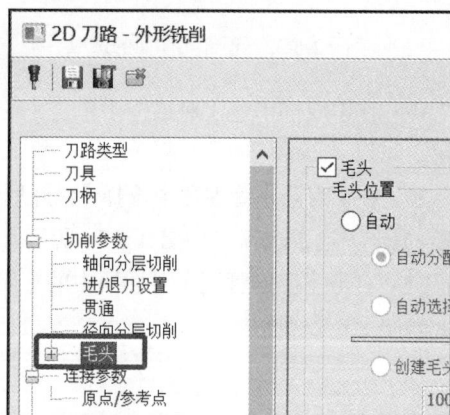

图 2-6-39 【毛头】选项

27. 在【毛头】界面中取消勾选【在跳刀位置使用直角】复选框。

28. 在【毛头】界面中单击【选择位置】按钮，如图 2-6-40 所示，跳转到图形区域。

29. 在绘图区中选择平移实体上的线框。

30. 单击该线框的中点以放置毛头，如图 2-6-41 所示，然后在【毛头】界面中勾选【在跳刀位置使用直角】复选框。

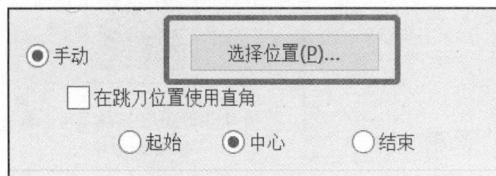

图 2-6-40　毛头参数设置　　　　　　　图 2-6-41　单击线框中点

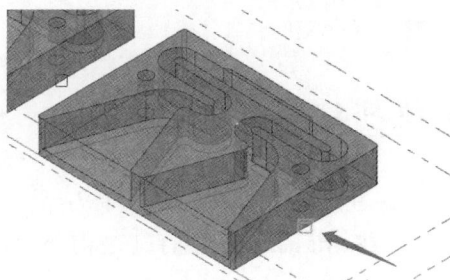

注意　　当定位毛头时，不会直接指定到之前创建的矩形框。这时需要手动进行放置。

31. 重复前两个步骤，完成其他两部分毛头的创建。
32. 按【Enter】键返回【2D 刀路-外形铣削】对话框。
33. 在【2D 刀路-外形铣削】对话框中单击【确定】按钮。
34. 在【刀路】管理器命令栏中单击【重新生成所有无效操作】按钮。
35. 在【刀路】管理器中单击【BOTTOM】刀路群组，如图 2-6-42 所示。

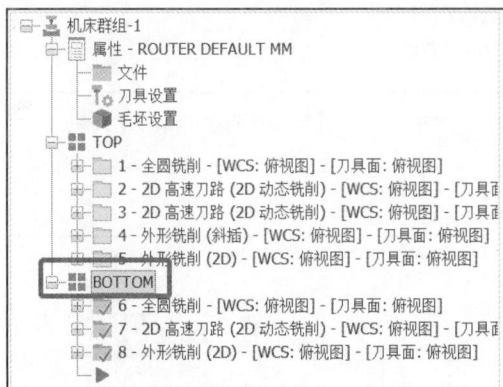

图 2-6-42　【BOTTOM】刀路群组

更新的刀路如图 2-6-43 所示。

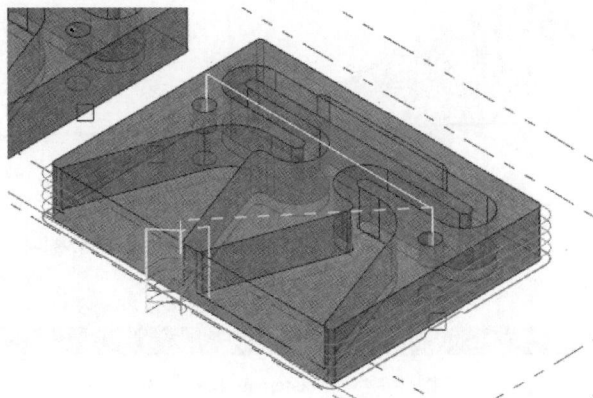

图 2-6-43　更新的刀路

36. 保存文件。

练习 4：验证所有刀路

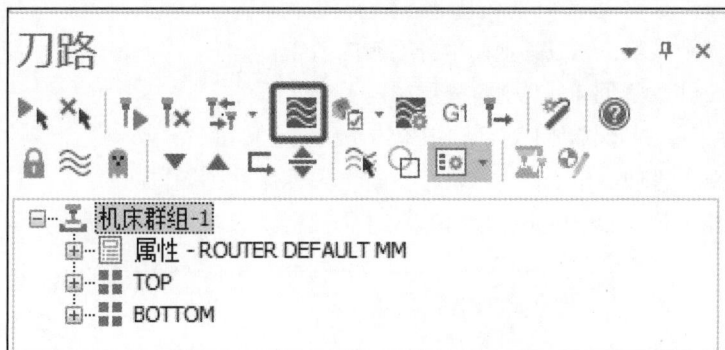

本练习将验证之前创建的所有刀路。

1. 在 Mastercam 中打开之前保存的文件"音箱－×××.emcam"。

2. 在【刀路】管理器中，选择【机床群组-1】选项，这将选中【TOP】和【BOTTOM】两个刀具群组。

3. 在【刀路】管理器的命令栏中单击【验证已选择的操作】按钮≋，如图 2-6-44 所示。

图 2-6-44 【验证已选择的操作】按钮

Mastercam 模拟器如图 2-6-45 所示。

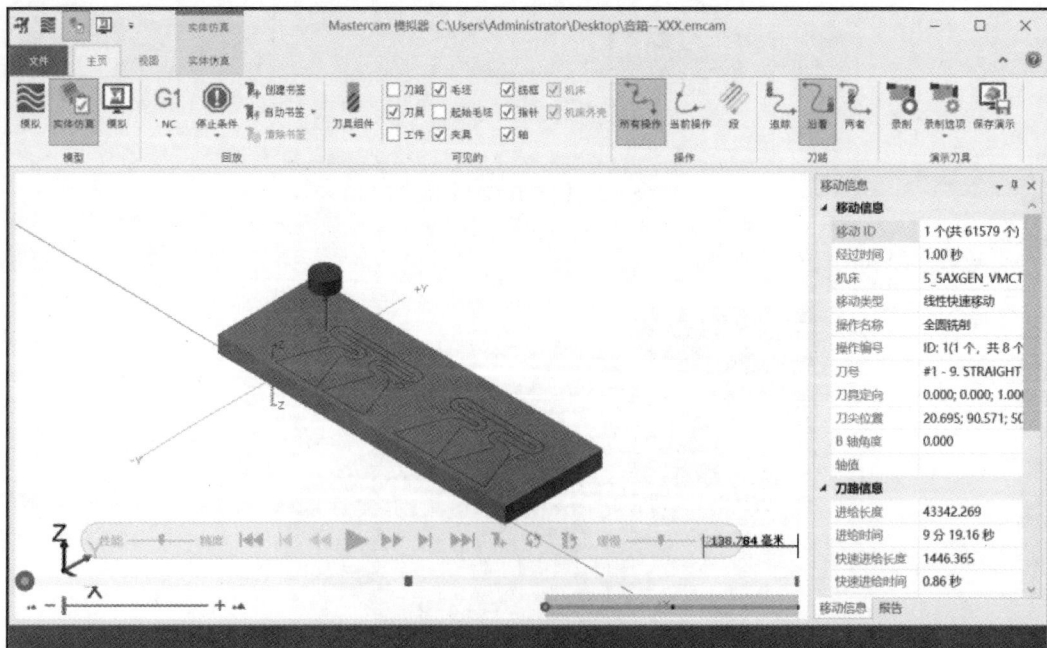

图 2-6-45 Mastercam 模拟器

4. 使用播放栏进行验证，两个零件的仿真验证结果如图 2-6-46 所示。

5. 完成查看和验证后，退出 Mastercam 模拟器。

6. 保存文件。

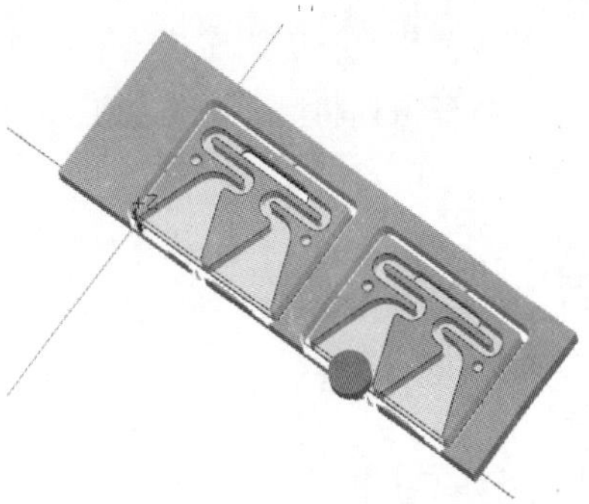

【自测练习】

你能回答这些问题吗？

1. 如果刀具路径在创建后需要编辑，则必须将其删除并重新创建。

A. 正确　　　　　　　　　　　　B. 错误

图 2-6-46　仿真验证结果

2. 【平移】功能只可用于移动、复制或连接线框。

A. 正确　　　　　　　　　　　　B. 错误

3. 一个机床群组中有多个刀路组有什么好处？

4. 描述可以再次使用之前创建的刀路的方法。

科技词条

柔性制造系统

柔性制造系统（Flexible Manufacturing System，FMS）的定义：由统一的信息控制系统、物料储运系统和数台数控设备组成的，能适应加工对象变换的智能自动化机电制造系统。

柔性制造系统是一种把自动化加工设备、物流自动化加工处理和信息流自动处理融为一体的智能化加工系统。柔性制造系统可同时提高制造工业的柔性和生产效率，使之在保证产品质量的前提下，缩短产品生产周期，降低产品成本。柔性制造系统可分为以下 3 种类型：柔性制造单元、柔性制造系统、柔性自动生产线。

2021 年，我国国内制造业增加值 31.4 万亿元，连续 12 年位居世界首位，占 GDP 的比重高达 27.4%。随着"中国制造"向"中国智造"的转变，国家层面在制造业领域持续加大政策支持力度，推动企业智能化升级，越来越多的企业进行产业升级，"柔性化生产""柔性制造"等新型方式及模式开始备受关注。迄今为止，全世界有大量的柔性制造系统投入应用，国际上以柔性制造系统生产的机加工产品已经占到全部机加工产品的 75% 以上，而且占比还在持续增加。智能制造是推动国内制造业从高速度增长转向高质量发展的关键，柔性制造作为智能制造的重要内容，将会成为机械制造自动化与智能化的研发重点。

任务 2-7　夹具

【任务情境】

选择合适的夹具对于成功完成加工至关重要。选择夹具时需考虑工件的尺寸及其内部和外部

加工的可行性，同时要避免影响加工夹具本身。

建议使用真空吸附工作台。此外，在前几个任务中创建的选项卡有助于将零件固定在适当的位置。本任务还将简要讨论加工环境没有真空吸附工作台时，在进行木雕加工时压紧零件的其他方法。

【学习目标】

探究并了解固定毛坯的不同方法。

【任务练习】

练习：了解夹具选项

（1）真空吸附工作台包括底板和面板。底板与面板固定在一起形成一个密封的腔体，底板上设有与腔体相连通的抽气口，面板上设有多个与腔体相连通的吸气孔，该吸气孔包括相互连通的第一连通孔与第二连通孔，第一连通孔的孔径大于第二连通孔的孔径，第一连通孔设于面板的表面并通过第二连通孔与腔体相连通。真空吸附工作台能够吸附有效吸附面积未完全覆盖吸气孔的工件。零件越小，真空吸附工作台就越难固定。

（2）螺栓固定。在使用螺栓固定毛坯时需要一个或多个可被加工的垫板辅助装夹，同时在加工时还需要考虑螺栓的位置。辅助垫板是安装在木雕机床工作台上的一次性辅助装置。

（3）双面胶带固定。可以使用双面胶带固定毛坯。

（4）薄型夹具。薄型夹具占用的空间较小，非常适合木雕机床。加工时需考虑夹具的位置。

> **讨论要点**
>
> 应根据机床和具体情况来创建或导入夹具。
> - 讨论将零件固定到机床所需要的夹具、应设置的选项。
> - 讨论哪些夹具适用于自己的机床？
> - 讨论要加工零件的数量和需加工的位置这些因素是否会影响夹具的选择。
>
> 软件中已经包含一些夹具，可以将自己设计的夹具导入 Mastercam。如果没有真空吸附工作台，且需要使用螺栓来夹紧毛坯，就需要将此部件整合到 CAD 中。在编写刀路或机床之前，需先确定夹具的位置，对这方面的认识不足可能会损坏刀具和设备。

【自测练习】

你能回答这些问题吗？

1. 如果使用真空吸附工作台来装夹很小的零件，应该考虑什么？

2. 当准备使用木雕机床加工零件时，使用真空吸附工作台而不采用按压方式装夹零件的主要好处是什么？

人物长廊

机械史研究的开拓者——刘仙洲

刘仙洲（1890—1975 年），河北顺平县人，中学期间正值甲午战争后，受爱国主义教育的影响，他参加了辛亥革命运动。正是从那时起，强烈的爱国情怀和民族自尊意识深深融进了他的血液。1913 年，刘仙洲考入北京大学预科，次年考入香港大学机械工程系，从此和机械结缘。1932 年，受聘清华大学机械工程学系教授。

新中国成立后，在刘仙洲多年的付出和推动下，中国机械史研究已然形成了一个独立的研究领域。在搜集、整理大量史料和专题研究的基础上，刘仙洲一鼓作气，1961 年 4 月完成了中国机械史研究的奠基之作——《中国机械工程发明史》（第一编）。这是我国第一部较为系统地介绍我国古代机械史的著作，论述了中国古代主要的机械发明成就，从机械原理和原动力的角度梳理了中国古代机械工程技术发展的脉络。1963 年，他撰写的第一部全面论述中国古代农业机械成果的著作《中国古代农业机械发明史》问世，立即引起日本学术界的高度重视。上述两部著作在国内外长期被科技史和相关领域学者反复引用，成为研究中国机械史的奠基之作。

任务 2-8 后置处理

【任务情境】

后置处理也称为后置，是指将零件文件中的刀路转换为可以被机床识别格式的过程。后置处理是读取零件文件并生成相应 NC 代码的过程。

【学习目标】

1. 理解后置处理这一概念。
2. 探究代码专家和 NC 代码。

一般来讲，每台机床或控制装置都有可以被识别的后置处理程序格式，用户应根据要求生成符合其格式的后置处理程序。

在这一部分中，将学习之前选择的默认机床进行后置处理。如果之前选择了其他型号的机床，就需要生成相对应的后置处理程序。

演示视频

项目 2-音箱-2-8-练习：后置
处理操作

【任务练习】

练习：后置处理操作

在本练习中，将文件进行后置处理，生成机床可以识别的 NC
程序。

讨论要点

　　Mastercam 的后置处理由两类文件组成：可执行文件和机床特性文件。可执行文件是不允许用户修改的，如铣床为 Mp.D11 文件、车床为 Mpl.D11 文件。机床特性文件是用 ASCⅡ 编写的，其扩展名为.psT，称为.psT 文件。.psT 文件提供了更改 NC 代码的方法，以便适应选定的数控系统和机床，其内容包括机床类型、坐标输出格式、G 代码和 M 代码的分配、文件头数据、控制系统名及注释数据的输出等信息。

1. 在 Mastercam 中打开之前保存的文件"音箱－×××. emcam"。
2. 在【刀路】管理器中选择所有刀路。
3. 在【刀路】管理器命令栏中单击【G1】按钮，如图 2-8-1 所示。

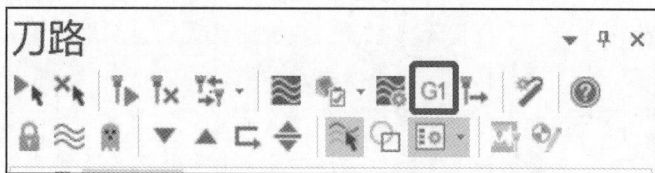

图 2-8-1　【G1】按钮

　　此时打开【后处理程序】对话框，如图 2-8-2 所示。在只读模式下，【当前使用的后处理】位置显示的是所选机床的后处理程序名称。

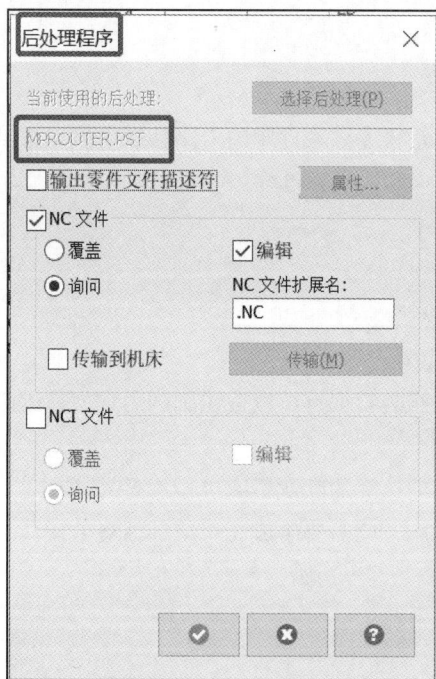

图 2-8-2　【后处理程序】对话框

4. 单击【确定】按钮，将打开【另存为】对话框。
5. 在【另存为】对话框中，命名 NC 文件，并单击【保存】按钮，如图 2-8-3 所示。后处理程序保存中，如图 2-8-4 所示。保存完成后将自动启动 MP 后处理程序窗口，如图 2-8-5 所示。

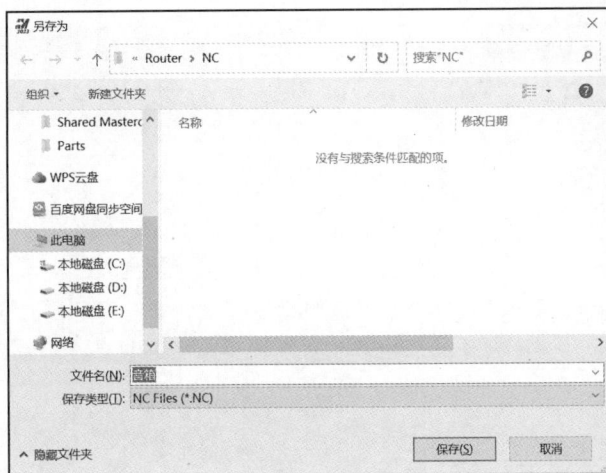

图 2-8-3　保存文件

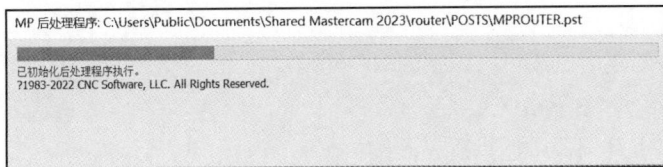

图 2-8-4　后处理程序保存中

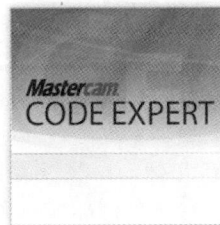

图 2-8-5　启动 MP 后处理程序窗口

NC 文件中的程序代码如图 2-8-6 所示。

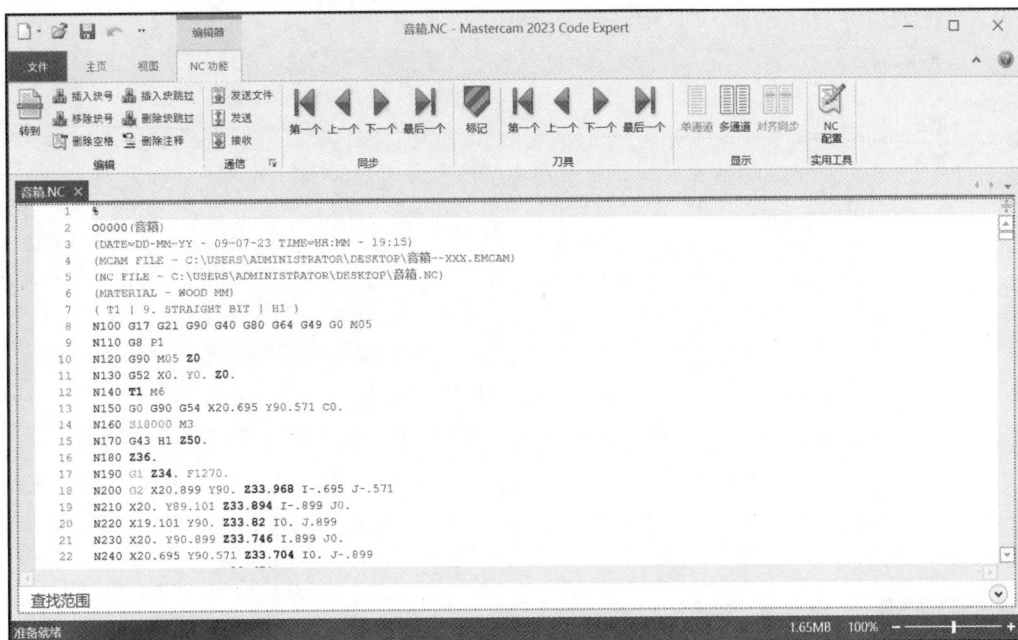

图 2-8-6　程序代码

6. 使用代码专家控件浏览 NC 代码。

注意
　　定制后置文件是一项高级任务，只能由高阶用户尝试操作。使用不正确方式创建的程序会导致机床以不可预知的方式产生碰撞行为。

讨论要点
　　Mastercam 后置处理并非直接读取零件文件，而是读取刀位文件这样的中间文件（以 .NCI 作为扩展名的文件），它是一种以 ASCⅡ 编写的可以直接查看的文本格式文件，包含完成一个零件加工并产生 NC 代码的所有必需信息，主要有确定机床运动模式、计算移动距离、计算轮廓运动、将运动置于机床坐标下、计算进给速度等。这些信息大都来源于参数屏幕的定义参数。

注意
　　单击 Mastercam 代码专家界面右上角的帮助图标，可以了解有关程序的更多信息。

【自测练习】

你能回答这些问题吗？

1. 后置处理是将 Mastercam 文件创建为机床可以识别的 NC 代码。

A. 正确　　　　　　　　　　　B. 错误

2. 要进行后处理，必须在【刀路】管理器中选择所有操作。

A. 正确　　　　　　　　　　　B. 错误

3. 后置处理的 NC 代码主要由 x、y 和 z 数值组成，这些数值表示数控机床中的坐标位置。

A. 正确　　　　　　　　　　　B. 错误

4. 描述如何将 Mastercam 文件传输到数控机床中。

科技词条
化学机械抛光

　　化学机械抛光的定义：使用化学腐蚀及机械力对加工过程中的硅晶圆或其他衬底材料进行平坦化处理的技术，属于半导体器件制造工艺中的一种技术。

　　镜子是日常生活中必不可少的用品，拥有相当久远的历史，最早的"镜子"就是盛满了清水的铜器，古代中国人称之为"鉴"，直到 2000 多年前的汉代，"鉴"才改称为"镜"。彼时的铜镜需要经过铸造、打磨和抛光三道工序。其中最重要的就是抛光，通过工匠的精心抛光，铜镜即可达到照人的映照水平。20 世纪 80 年代中期，IBM 公司将化学机械抛光工艺引入集成电路制造工业。经过 30 多年的发展，化学机械抛光工艺已成为集成电路制造中最关键的工艺，化学机械抛光后的晶圆表面可达到原子级超高平整度，加工质量和成品率大幅度提升，从而直接推动了集成电路领域的蓬勃发展。

任务 2-9　挑战：自主项目

　　现在读者已经基本了解了 Mastercam 的设计和编程过程，是时候去设计和定制自己的项目了。

这个自主项目是使用 Mastercam 设计手机充电装置。

【任务练习】

练习 1：充电装置

设计两套手机充电装置并生成刀路，一套是具有凹槽（用来放置无线充电设备）的装置，另一套是具有有线充电线插槽的凹槽装置，两套装置的另一侧设计了凹槽（用于放置零钱或钥匙），如图 2-9-1 所示。注意，要考虑手机的尺寸以及手机充电线凹槽的位置。

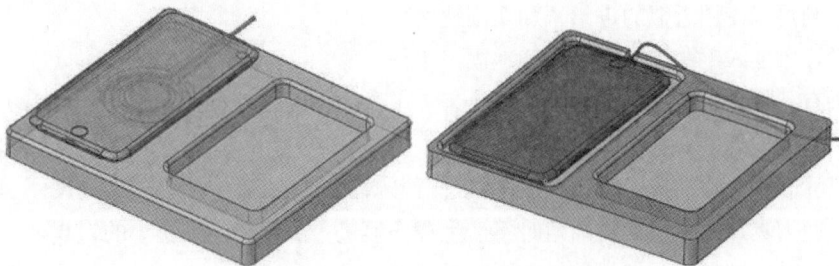

图 2-9-1　手机充电装置

练习 2：手机支架充电装置

设计手机支架充电装置并生成刀路，其中一个插槽是用来立放手机以观看视频的。注意，要考虑手机的尺寸以及插槽的深度和宽度，以获得最佳观看视角，如图 2-9-2 所示。

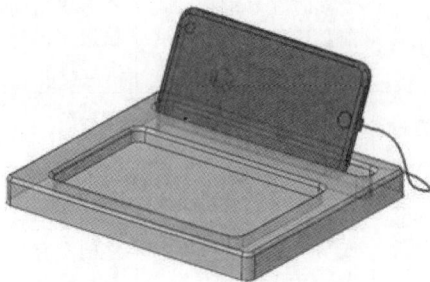

图 2-9-2　手机支架充电装置

为了成功完成这个自主项目，将使用到 Mastercam 的以下功能。

- 使用 Mastercam 的线框和实体模型设计工具来创建一个可被切削的实体模型。
- 使用不同类型的 2D 木雕刀路方式进行程序的编制。
- 毛坯的设置与装夹。
- 使用 Mastercam 模拟器验证刀路。

作为本项目的一部分，还要准备一个演讲时长不超过 5min 的演示文稿。演示文稿应清楚地概述为了完成项目所采取的操作步骤，包括考虑了哪些措施、学到了哪些用来完成这个项目的新技术、面临的问题及如何解决这些问题的。在从毛坯到成品设置的过程中，你是如何变得更加熟练的。

这个自主项目将从以下方面进行评估，如表 2-9-1 所示。

- 创造力：以独特的方式探究和表达多种想法的过程和能力。
- 主动性：独立和积极完成项目的能力。
- 升级迭代：迭代是重复反馈过程的活动，随着学习时间的增加，开发产品的能力应不断提升。
- 持续学习：尝试对部分项目采用新技术、新方法的能力。
- 展示：清楚地阐明操作步骤和项目方案的能力。

设计技巧：

- 用一小块木头作为毛坯来验证你的设计。如果使用的毛坯材料与设计的成品材料是一样的，则可以使用近似的进给率和切削速度。
- 在设计中加入毛头来帮助你正确地固定工件。
- 如果有条件，则可使用三轴数控机床来加工验证你的设计外形、尺寸和使用功能。
- 如果你的设计中有容纳手机的凹槽，则可先加工一个尺寸稍小的凹槽，然后逐渐增大开口的尺寸。零件还在机床上时就用手机进行开口测试，以确定最佳的最终尺寸。
- 为了使刀具加工木质材料内角时不产生烧伤痕迹，要选择半径稍小的刀具。
- 采用手动刨削的方式将拐角处磨圆以进行精加工。
- 增加毛毡垫作为脚贴以保护手机。

表 2-9-1　　　　　　　　　　自主项目评分标准

评定准则	最初	发展中	精通	可示范的
创造力	项目不是原创的，很少探究独特的或不同的想法	项目是原创的并展示了一些独特的想法	项目是原创的并展示了多个独特的想法	项目是独特的，并将这些独特或巧妙的方法进行融合
主动性	受挫便去寻求帮助，而不试图独立完成挑战	受挫时在寻求帮助之前尝试独立解决这些问题	在寻求帮助之前，尝试以积极的态度独立完成挑战	坚持以积极的态度独立完成挑战
升级迭代	在练习期间不会尝试改进设计	尝试对项目进行单次改进，但以任何方式改进都是失败的	尝试对项目进行单次的改进，并成功地改进了项目	尝试对项目进行多次改进，并且多次成功地改进了项目
持续学习	不去尝试采用一些新的技术或方法，只依赖于熟悉的方法	试图将一种新的技术或方法应用于项目中，但没有成功	在项目中展示出一种之前没有掌握的新的技术或方法	在项目中展示了多种之前没有掌握的新的方法或技术
展示	演讲不完整，内容不易理解	演讲是完整的，但可能杂乱无章或无法吸引观众的注意力	演讲是完整的、有条理的，能吸引观众的注意力	演讲是完整的，且有条理，并能以一种独特或引人入胜的方式吸引观众

赛证练习　　第 45 届世界技能大赛项目福建省选拔赛样题（数控铣）

人物长廊

祖冲之

在机械加工中，主轴转速是确定工艺参数时最为关键的因素之一，其计算公式为 $N=1000v/\pi D$，其中 π（圆周率）是一个贯穿古今中外数学与科学史的重要常数。中国南北朝时期的杰出数学家、天文学家祖冲之在其著作《缀术》中，通过精密计算将圆周率 π 的值确定在 3.1415926 和 3.1415927 之间，即精确到小数点后第七位。这一成就不仅标志着中国古代数学的巨大进步，也让祖冲之成为世界上第一位将圆周率计算到如此高精度的科学家。为了便于实际应用，他还提出了两个分数形式来近似表示圆周率：22/7（约率）和 355/113（密率），后者同样精确到小数点后第七位，因此后人将"约率"命名为"祖冲之圆周率"，简称"祖率"。

祖冲之对圆周率数值的精确推算，不仅是中国古代科学的一项重大贡献，也对世界数学的发展产生了深远影响。他在没有现代计算工具的情况下，依靠人工计算完成了这些成就，充分体现了古人的智慧和严谨的科学态度。这种追求真理的精神值得每一位学习者效仿。古人凭借简陋的条件达到如此高的精度，我们更应珍惜今天的学习环境和技术资源，努力掌握最新的知识和技术，肩负起实现中华民族伟大复兴的历史使命。

祖冲之

项目3

仿真加工实战——陀螺

【项目导入】

本项目以陀螺为载体，主要介绍 Mastercam 车削轮廓的创建、车削毛坯的设置、车床加工类型、车削刀路的创建及仿真加工流程。本项目将完成陀螺的毛坯设置和车削刀路的创建与加工。

工作任务单

项目 3

【素质目标】

1. 通过加工工艺编排，培养学生根据规范标准开展工作的习惯。
2. 通过模拟器视图的使用，引导学生全方位地观察事物。
3. 通过切断过程，启发学生领悟"量变达到质变"的哲学思想。
4. 通过拓展练习的开展，帮助学生增强"学以致用，活学活用"的观念。

科技突破

用工匠精神铸螺纹

Mastercam 可以使用螺纹车刀加工零件外螺纹和内螺纹。今天给大家介绍一种唐宗才发明的唐氏螺纹。能不能设计一种"不会松动的螺栓"结构？这一直萦绕在他的脑海。有一次，唐宗才偶然看到一篇介绍自锁螺纹防松的文章。他突发奇思：既然双螺母的防松效果不错，那么将螺母换成一左一右肯定效果更好。结构很快就想出来了，唐氏螺纹螺母由作为紧固螺母的右旋螺母和作为锁紧螺母的左旋螺母组成，两种螺纹复合在同一段螺纹上，因为方向不同，紧固螺母的松动力变成锁紧螺母的紧固力，因此螺母防松效果大大提高。

唐氏螺纹是变截面的、非连续的，所以，原有设备不能用，工厂不愿意接手。周围的人劝唐宗才放弃，但他坚持不退缩。经过反复改进、反复试验，终于成功。实践证明了唐氏螺纹紧固件在防松性能上的优越表现，订单也渐渐多了起来。同学们要相信，所有的问题都有

唐氏螺纹

办法解决，应敢于创新，勇于尝试；对于自己所坚持的事情，要有一份热爱和执着，不怕失败。

任务 3-1 设置轮廓

【任务情境】

本任务将使用 Mastercam 的计算机辅助设计（CAD）功能，创建在车床上加工的旋转轮廓，如图 3-1-1 所示，并以默认模式建立一个机床群组。

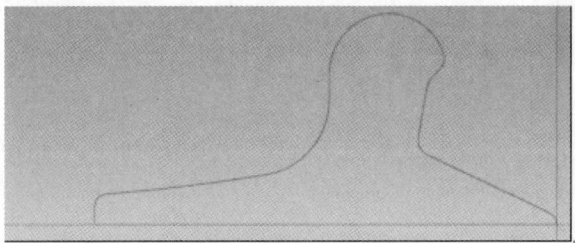

图 3-1-1 旋转轮廓

【学习目标】

1. 掌握如何在 Mastercam 中打开给定的零件。
2. 能够进行层别设置。
3. 为陀螺创建毛坯。
4. 创建机床群组。

【任务练习】

练习 1：Mastercam 2023 系统配置

演示视频

项目 3-陀螺-3-1-练习 1：Mastercam 2023 系统配置

本练习将打开 Mastercam 2023 并将系统单位设置为公制（mm）。

1. 启动 Mastercam 2023。

① 在桌面上双击 Mastercam 2023 的快捷图标，如图 3-1-2 所示。

② 在 Windows 的【开始】菜单中选择【Mastercam 2023】命令，如图 3-1-3 所示。

图 3-1-2 Mastercam 2023 的快捷图标

图 3-1-3 【开始】菜单

2. 设置默认单位为公制。

① 打开【文件】选项卡。

② 单击【配置】选项，如图 3-1-4 所示。此时打开【系统配置】对话框。

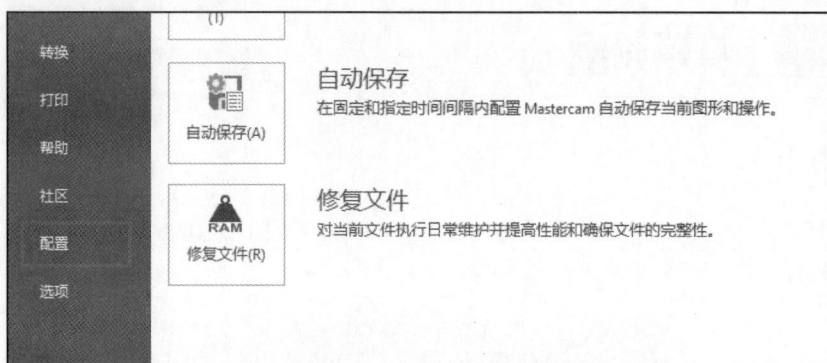

图 3-1-4　单击【配置】选项

③ 从【当前的】的下拉列表中选择【C:\users\123\documents\my master...\mcamxm.config<公制><启动>】选项，如图 3-1-5 所示。

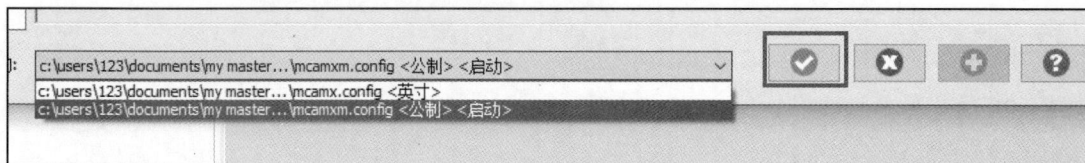

图 3-1-5　【当前的】选项

④ 单击【确定】按钮。

讨论要点

　　这时的尺寸设置仅对该文件有效。若要永久更改设置，可在【系统配置】对话框的【启动/退出】选项卡中进行设置，如图 3-1-6 所示。【启动/退出】选项卡主要用于设置在启动/退出 Mastercam 时当前的配置单位、默认的绘图平面等参数的默认值。

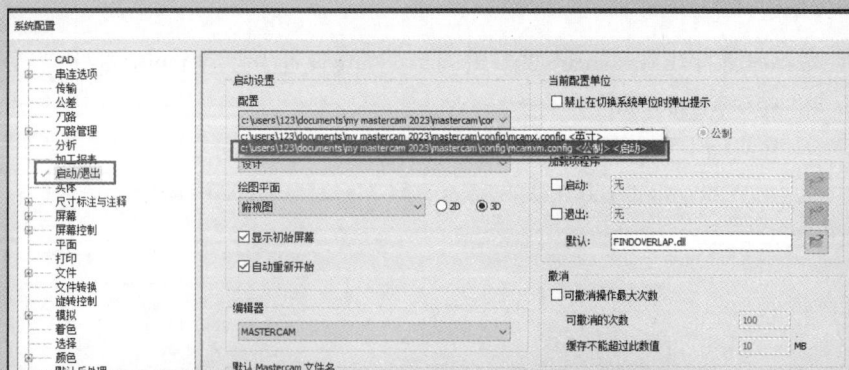

图 3-1-6　【启动/退出】选项卡

演示视频

项目 3-陀螺-3-1-练习 2：
创建陀螺形状

练习 2：创建陀螺形状

本练习将打开已给的零件并创建毛坯图层，图层可以将轮廓的几何形状与实体分开进行管理。

1. 在 Mastercam 中打开给定的文件"陀螺线框.emcam"。

> **讨论要点**
>
> 若要快速打开文件，则可以将该文件直接拖到 Mastercam 中。

2. 将该文件保存为"陀螺 – ×××.emcam"，其中，×××是文件的首字母。

3. 单击 Mastercam 窗口中的【层别】菜单，如图 3-1-7 所示，打开【层别】管理器。

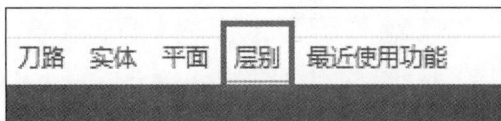

图 3-1-7   单击【层别】菜单

4. 在【层别】管理器中，将【编号】设置为【1】，并将【名称】设置为【陀螺线框】，如图 3-1-8 所示。

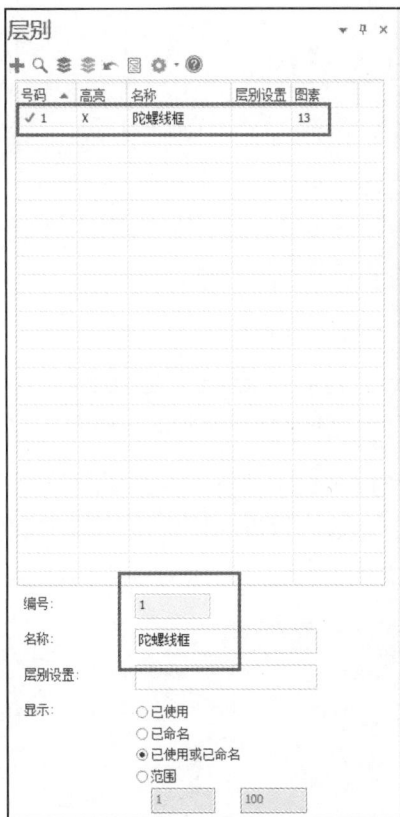

图 3-1-8   建立【陀螺线框】图层

【号码】列中绿色的"√"标记表示当前层处于活动状态。

5. 单击【线框】工具栏中的【线端点】按钮，如图 3-1-9 所示，连接图 3-1-10 所示的两点。

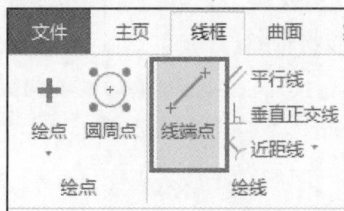

图 3-1-9　【线端点】按钮

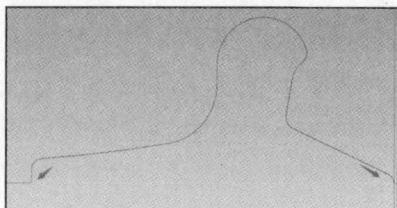

图 3-1-10　连接两点

6. 在【层别】管理器中，建立【陀螺实体】图层。将【编号】设置为【2】，并将【名称】设置为【陀螺实体】，如图 3-1-11 所示。后面将在此图层上创建该部件的旋转轮廓文件。

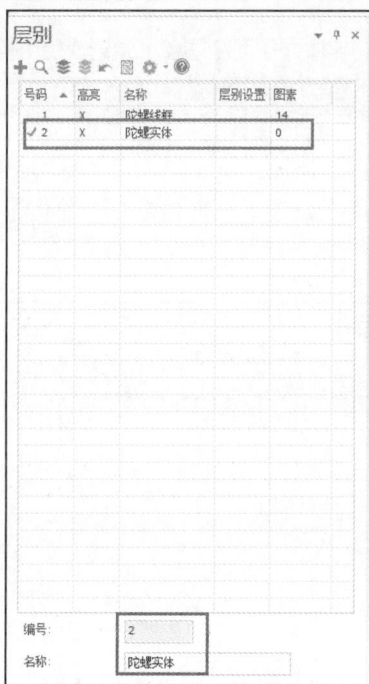

图 3-1-11　建立【陀螺实体】层

7. 单击【实体】工具栏中的【旋转】按钮，如图 3-1-12 所示。在【线框串连】对话框中，将【选择方式】设置为【串连】，将旋转轴设置为刚才绘制的直线段，如图 3-1-13 所示。创建陀螺实体，如图 3-1-14 所示。

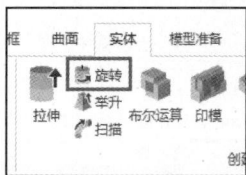

图 3-1-12　【旋转】按钮

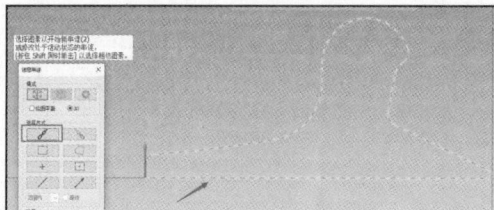

图 3-1-13　设置旋转轴

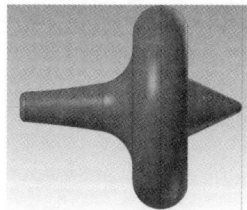

图 3-1-14　陀螺实体

<table>
<tr><td rowspan="5">讨论
要点</td><td>　　使用【层别】管理器来管理几何图形，可以轻松地选择、显示或隐藏某些
图素。例如，在一个单独的图层上为零件创建线框或图形。</td></tr>
<tr><td>● 创建新的几何图形时，它将被放置在当前图层上。【层别】管理器中用
　绿色"√"标记的图层，被称为"活动"图层。在任何情况下，只有一
　个图层处于活动状态。</td></tr>
<tr><td>● 在【高亮】列中用"×"标记的图层上的几何图形是可见的。可以同
　时高亮显示多个。</td></tr>
<tr><td>● 刀路不与图层关联。在创建刀路时，哪个图层处于活动状态并不重要。</td></tr>
</table>

练习 3：创建车削轮廓配置文件

本练习将创建车削轮廓，该轮廓将作为接下来创建刀路的
基础。

1. 打开【线框】工具栏，然后单击【车削轮廓】按钮，
如图 3-1-15 所示。

演示视频

项目 3-陀螺-3-1-练习 3：
创建车削轮廓配置文件

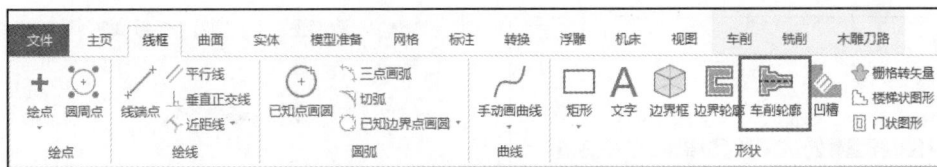

图 3-1-15　【车削轮廓】按钮

2. 在 Mastercam 图形窗口中选择陀螺实体，如图 3-1-16 所示，然后按【Enter】键。

3. 在【车削轮廓】对话框中，将【方式】设置为【旋转】，将【轮廓】设置为【上轮廓】，如
图 3-1-17 所示。

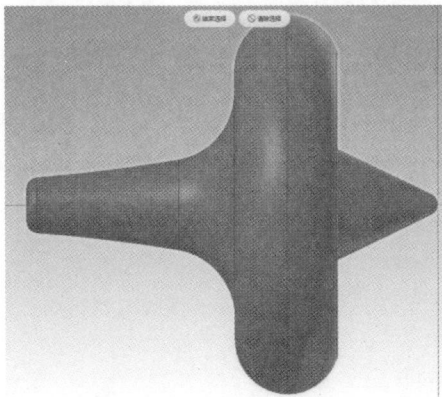

图 3-1-16　选择陀螺实体

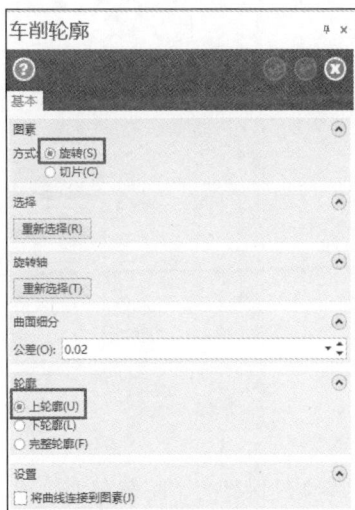

图 3-1-17　【车削轮廓】对话框

讨论要点

讨论【旋转】和【切片】的区别。

对于类似本练习中使用的这种对称零件，这两种方式是相同的。

但是，如果零件具有凸台、螺栓孔或平面等特征，那么这两种方式就不一样了。

- 【旋转】：通过选择的轴绕图形旋转来创建轮廓图形。如果图形不是旋转对称的，则使用此方法。轮廓的精度和计算速度受【公差】选项控制。

- 【切片】：通过在图形的 xy 平面中的图形中间进行截断，生成精确的轮廓图形，即旋转对称的图形的轮廓生成方式。注意，选择【切片】时，【公差】选项将被禁用。

4. 在【车削轮廓】对话框中单击【确定】按钮。

Mastercam 将创建一个车削轮廓文件，此时无法看到，因为被实体隐藏了。

5. 若要查看新的车削轮廓，可转到【层别】管理器，然后单击选择 1 号图层，如图 3-1-18 所示。

实体模型从屏幕上消失，留下图 3-1-19 所示的陀螺线框轮廓。

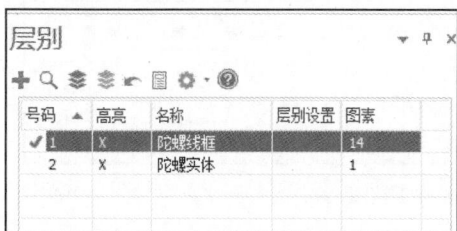

图 3-1-18　高亮显示 1 号图层

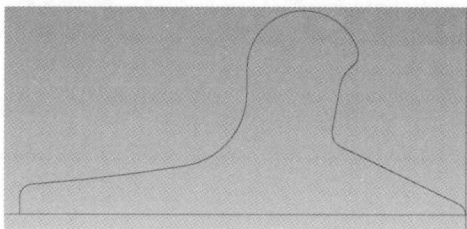

图 3-1-19　陀螺线框轮廓

讨论要点

还可以通过更改几何图形的属性使其可见。

① 选择要更改属性的图形。

② 在【主页】工具栏中的【属性】工具组内可更改线型、线宽及颜色，如图 3-1-20 所示。

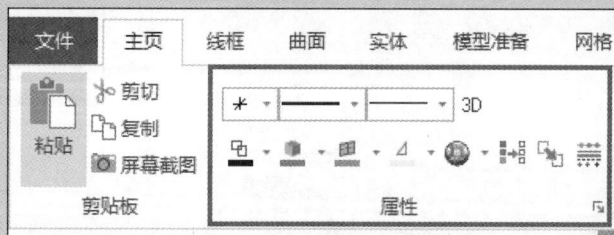

图 3-1-20　【属性】工具组

6. 将文件保存为"陀螺车削轮廓－×××.emcam"。

练习 4：车床设置

这个练习将创建机床群组。

1. 在 Mastercam 窗口中单击【刀路】，如图 3-1-21 所示，打开【刀路】管理器。

演示视频

项目 3-陀螺-3-1-练习 4：
车床设置

图 3-1-21　单击【刀路】

2. 在【机床】工具栏中选择【车床】→【默认】命令，如图 3-1-22 所示。

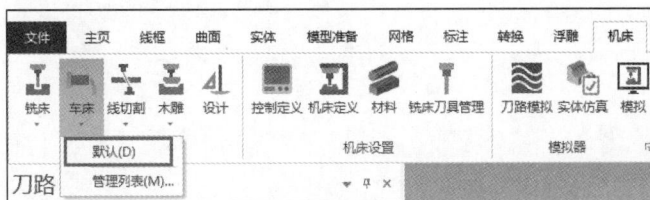

图 3-1-22　【默认】命令

讨论要点

　　这里只列出了默认机床。在大多数已安装 Mastercam 的设备中，【车床】下拉列表中会显示各类机床型号。这时可以根据需求选择特定的机床来加工零件。选定好机床后，Mastercam 会自动加载对应机床的后置处理器。

　　【刀路】管理器中出现了一个新的机床群组，如图 3-1-23 所示。

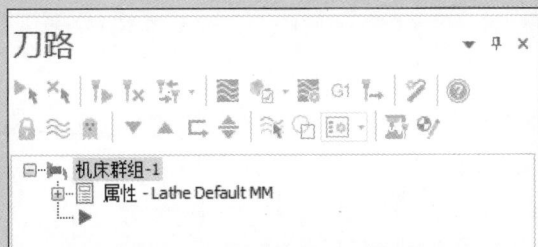

图 3-1-23　【刀路】管理器

3. 将文件保存为 "陀螺车削轮廓 – ×××.emcam"，其中，××× 表示文件的首字母。

【自测练习】

你能回答这些问题吗？

1. 可以使用【层别】管理器来控制零件中不同图素的可见性，例如线框和实体。

A. 正确　　　　　　　　　　　　　　　　　B. 错误

2. 通过轮廓围绕选定的轴来创建实体的称为什么？

A. 创建实体　　　　　　　　　　　　B. 切割实体

C. 旋转实体　　　　　　　　　　　　D. 线框实体

3. 在 Mastercam 的图形窗口中，一个旋转轮廓显示为一个实体模型。

A. 正确　　　　　　　　　　　　　　B. 错误

4. 在【层别】管理器中，可以通过以下方式切换实体的可见性？

A. 单击【号码】列　　　　　　　　　B. 单击【名称】列

C. 单击【实体】列　　　　　　　　　D. 以上均不行

5. 当为上转塔 2 轴车床创建旋转轮廓时，下轮廓是最佳选择。

A. 正确　　　　　　　　　　　　　　B. 错误

> **学习党的二十大报告**
>
> ### 深入实施人才强国战略
>
> 党的二十大报告提出了"深入实施人才强国战略，培养造就大批德才兼备的高素质人才，是国家和民族长远发展大计。"大学生应明确自己不仅是技术技能的传承者，更是未来制造业发展的中坚力量。作为制造类专业的大学生，应坚定理想信念，紧跟党的教育方针，将个人发展与国家需求相结合；要努力做到德才兼备，既具备扎实的专业知识和技能，又拥有高尚的品德和良好的社会责任感；在注重专业技能学习的同时，还应加强人文素养、创新能力、团队协作能力等方面的培养；通过参与各类实践活动、科研项目和志愿服务等，全面提升自己的综合素质；通过不断学习和实践，将个人发展与国家制造业的升级和转型紧密结合起来，为实现中国制造强国梦贡献力量。

任务 3-2　毛坯设置

【任务情境】

该任务将对陀螺进行加工，并完成毛坯设置和卡爪设置，如图 3-2-1 所示，【毛坯设置】位于【机床群组】-【属性】组中。

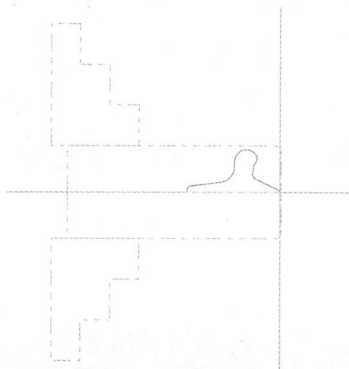

图 3-2-1　毛坯设置和卡爪设置

【学习目标】

1. 通过练习，了解左侧主轴毛坯的参数设置。
2. 掌握卡爪的参数设置。
3. 了解为什么毛坯尺寸对机床的安全性和稳定性很重要。

演示视频

项目 3-陀螺-3-2-练习 1：
毛坯设置

【任务练习】

练习 1：毛坯设置

本练习将设置左侧主轴毛坯的参数。

1. 在【刀路】管理器中，单击【属性】旁边的【+】，如图 3-2-2 所示。
2. 选择【毛坯设置】选项，如图 3-2-3 所示，打开【机床群组属性】对话框。

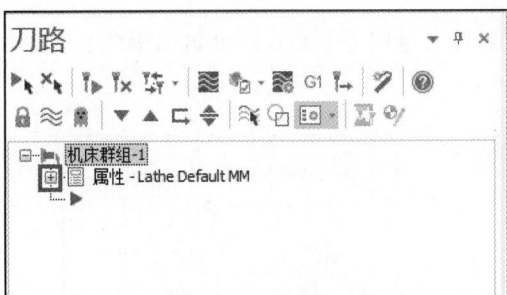

图 3-2-2　【刀路】管理器

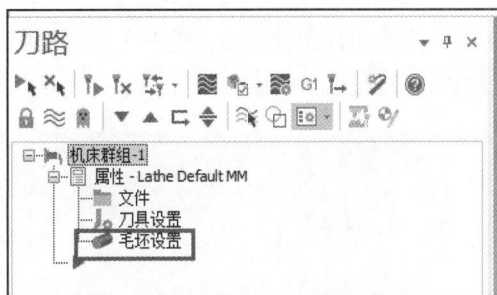

图 3-2-3　选择【毛坯设置】选项

3. 打开【毛坯设置】选项卡，如图 3-2-4 所示，确保【毛坯平面】设置为【Top】，【毛坯】设置为【左侧主轴（未定义）】，并单击【参数】按钮。

4. 在打开的【机床组件管理：毛坯】对话框中，单击【外径】参数右侧的【选择】按钮，如图 3-2-5 所示。

此时，对话框将消失，以便用户更好地访问 Mastercam 的图形窗口。

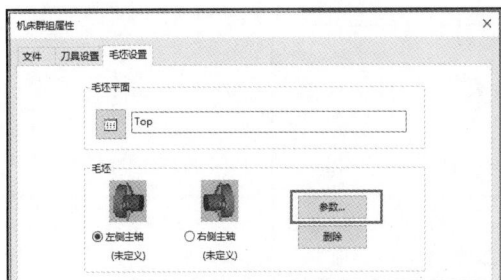

图 3-2-4　【毛坯设置】选项卡

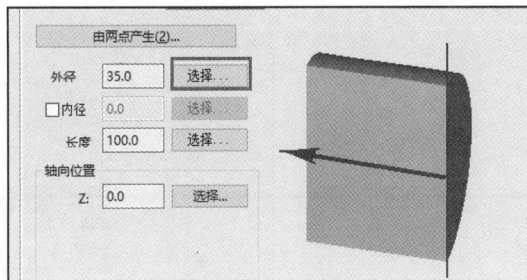

图 3-2-5　【选择】按钮

5. 选择图 3-2-6 所示的点。

此时对话框重新显示，将【外径】设置为【35.0】，这一点是离零件中心最远的点，所以这个数值是陀螺的外径尺寸。

6. 在【机床组件管理：毛坯】对话框中，将【外径】设置为【38.0】，将直径增加 3 mm，如

图 3-2-7 所示。

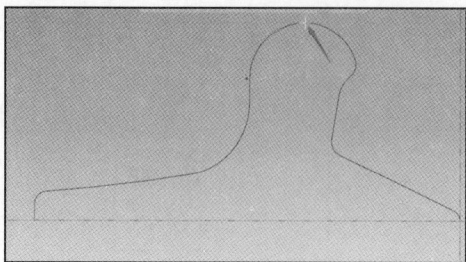

图 3-2-6　选择点

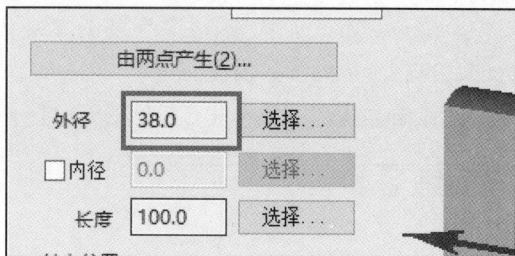

图 3-2-7　设置外径

7. 在【机床组件管理：毛坯】对话框中，单击【长度】参数右侧的【选择】按钮，然后选择之前绘制的直线段，如图 3-2-8 所示。

这时【机床组件管理：毛坯】对话框中的【长度】显示为【39.33447】。根据零件的长度可确定卡爪装夹的尺寸及刀具间隙尺寸。

8. 在【机床组件管理：毛坯】对话框中，将【长度】设置为【90.0】，此数值定义毛坯在卡盘中的额外长度，如图 3-2-9 所示。

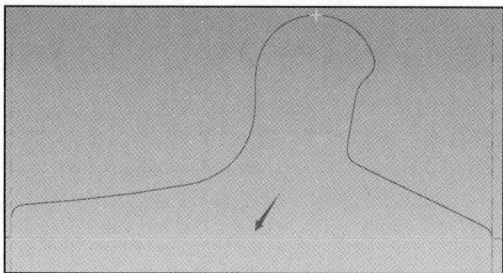

图 3-2-8　选择直线段

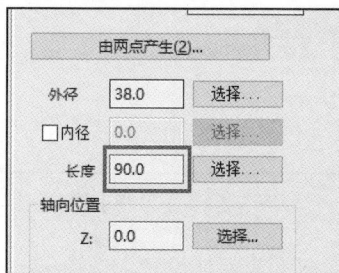

图 3-2-9　设置长度

9. 在【机床组件管理：毛坯】对话框中，勾选【使用边缘】复选框，然后将【右边缘】设置为【0.5】，如图 3-2-10 所示。这样做可以为车削陀螺尖操作提供材料，同时将零件的表面（即轴向位置）保持在 Z:0.0 处。

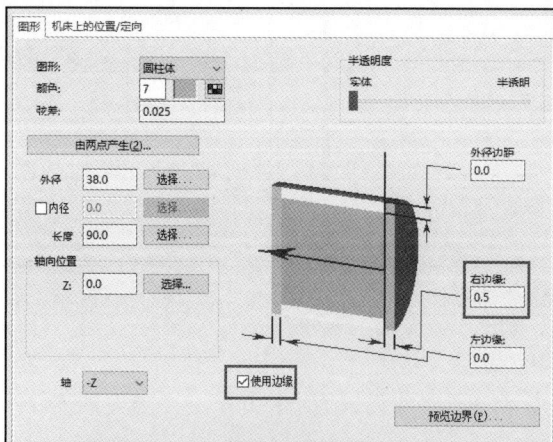

图 3-2-10　勾选【使用边缘】复选框

> **讨论要点**
>
> 　　为了使夹头或卡爪能够安全地支撑住零件，毛坯必须具备足够的长度，这样做的目的是防止毛坯在加工过程中由于刀具施加的力而滑落或出现移位现象。另外，还需要确保有足够的余量来加工陀螺尖和陀螺手柄。接下来的练习中，会更清楚地介绍这一点。

　　10. 在【机床组件管理：毛坯】对话框中，单击【确定】按钮完成更改。

演示视频

项目 3-陀螺-3-2-练习 2：
卡爪参数的设置

练习 2：卡爪参数的设置

这个练习将对卡爪进行参数设置。

　　1. 在【机床群组】管理器中进行卡爪设置。将【卡爪设置】设为【左侧主轴（未定义）】，单击【参数】按钮，如图 3-2-11 所示。

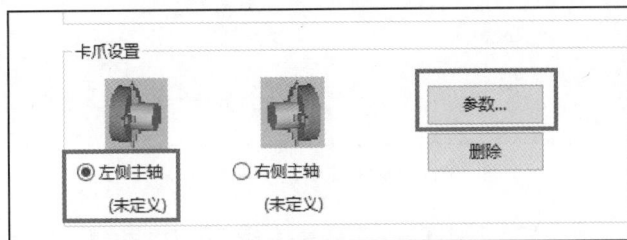

图 3-2-11　卡爪设置

　　2. 将弹出【机床组件管理：卡爪】对话框，如图 3-2-12 所示。

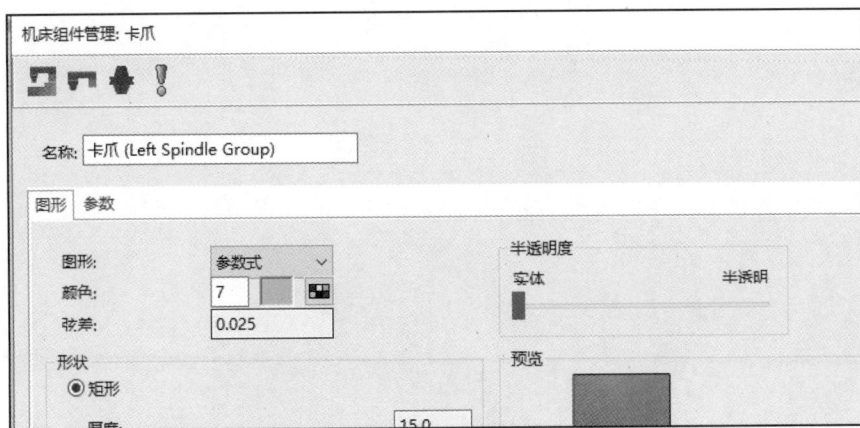

图 3-2-12　【机床组件管理：卡爪】对话框

　　3. 在【机床组件管理：卡爪】对话框的【参数】选项卡中，勾选【依照毛坯】复选框，将【夹持长度】设置为【30.0】，如图 3-2-13 所示。

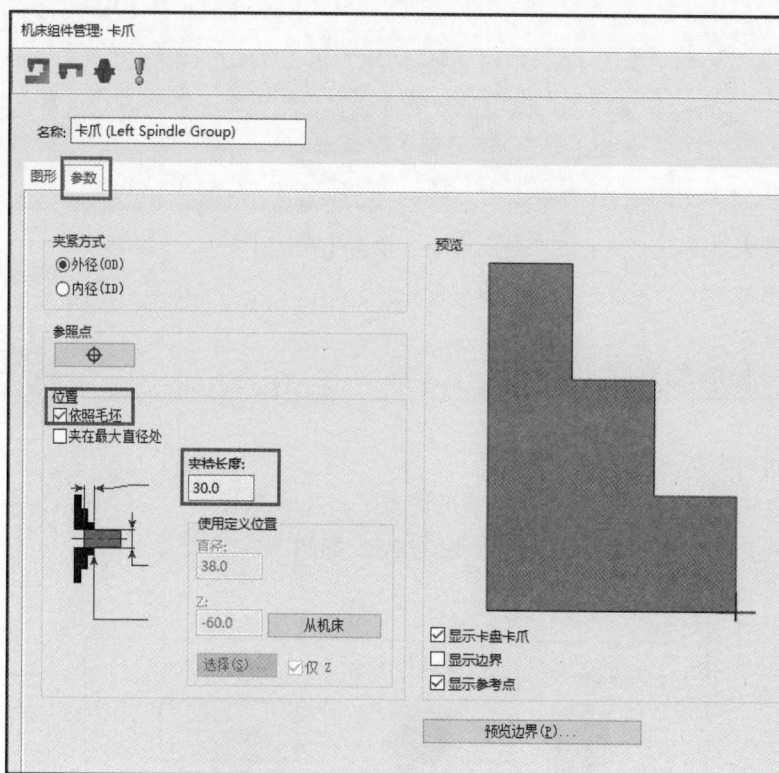

图 3-2-13 【参数】选项卡

4. 在【机床组件管理：卡爪】对话框中，单击【预览边界】按钮，这时可以看到毛坯、零件轮廓和卡爪的预览效果，如图 3-2-14 所示，方便验证所设置参数的正确性。

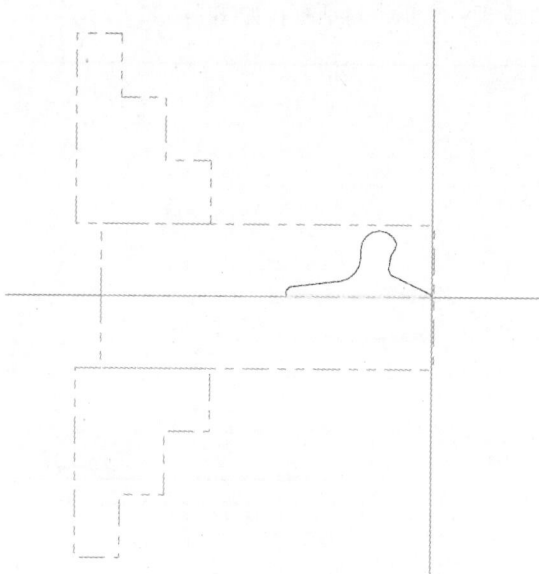

图 3-2-14 预览效果

5. 按【Enter】键退出预览并返回到【机床组件管理：卡爪】对话框，单击【确定】按钮。

6. 将文件保存为"陀螺卡爪设置 - ×××.emcam"。其中，×××是文件的首字母。

【自测练习】

你能回答这些问题吗?

1. 在创建车床刀具路径之前,在对零件的毛坯进行设置时,应将卡爪的属性设置为默认。

A. 正确　　　　　　　　　　　　　　B. 错误

2. 在毛坯设置中,默认的平面是什么?

A. 上面　　　　　　　　　　　　　　B. 右侧面

C. 底面　　　　　　　　　　　　　　D. 前面

3. Mastercam 根据零件的大小和形状来自动创建毛坯。

A. 正确　　　　　　　　　　　　　　B. 错误

4. 在单击【机床组件管理:卡爪】对话框中的【预览边界】按钮后,Mastercam 将显示创建毛坯的边界。

A. 正确　　　　　　　　　　　　　　B. 错误

5. 为什么在进行毛坯的设置时,需要毛坯有足够长度装夹到卡爪中?

为了使夹头或卡爪能够安全地支撑住零件,毛坯必须具备足够的长度,这样做的目的是防止在加工过程中由于刀具施加的力而滑落或出现移位现象。

人物长廊

农业机械化工程专家罗锡文

农业机械化是转变农业发展方式、提高农业生产力的重要基础,随着农业科技的跨越式发展,传统的"镐锄镰犁"正转变成智能化的"金戈铁马"。无人驾驶旋耕机、无人驾驶水稻旱直播机、无人驾驶主从导航收获机等的诞生展现了农业机械的全新面貌。2020 年 8 月 30 日,从广东华农水稻无人农场产出的首批大米,就是完全由无人驾驶的农机进行耕、种、管、收的,这在国内尚属首次。

从 2004 年开始,罗锡文院士以及他的团队就开展了农业机械导航及自动作业关键技术的研究。聊起为什么想到要研发无人驾驶农机,罗院士讲起了自己儿时的故事,无论是早起跟随母亲下田插秧的劳累,还是自己拉着耕牛耙田时遇到的危险,或者是在和姐姐比赛收水稻时被镰刀割到指尖的疼痛,都在他的心里埋下了要发明"不需要人下地干活的机器"的种子。秉着"耕牛退休、铁牛下地、农民进城、专家种地"的理想,如今,罗院士真正做到了将农民从繁重的劳作中解放出来,让农业生产的所有环节都实现机械化。罗院士认为,没有农业机械化,就没有农村现代化。新时代青年应该学好本领,练好技术,将来能有机会为我国的农业机械化贡献自己的智慧力量。

任务 3-3　车端面

【任务情境】

该任务研究车床坐标系,并创建用于车削掉多余 0.5 mm 毛坯的车端面刀路,如图 3-3-1 所示。

这一步操作是为了使陀螺尖留下干净的轮廓。

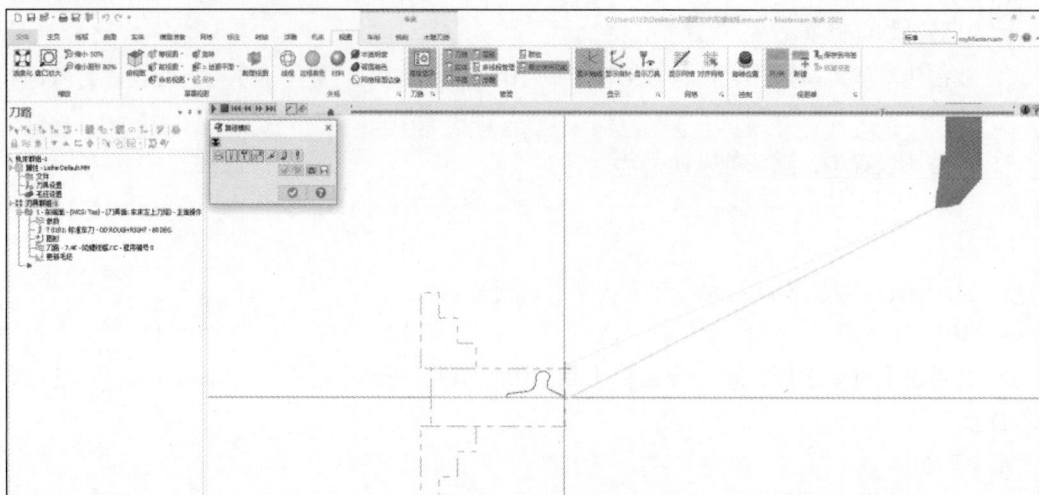

图 3-3-1　车端面刀路

【学习目标】

1. 研究车床坐标系。
2. 创建车端面的刀路。

演示视频

项目 3-陀螺-3-3-练习 1：
了解车床坐标系

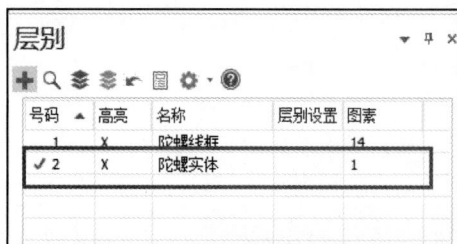

【任务练习】

练习 1：了解车床坐标系

本练习将介绍标准三维坐标系与基本车床坐标系之间的区别。

1. 打开之前保存的"陀螺实体 - ×××.emcam"文件，并高亮显示【陀螺实体】图层，如图 3-3-2 所示。

2. 在绘图区中右击，将弹出鼠标右键菜单，选择【等视图】命令，如图 3-3-3 所示。

图 3-3-2　高亮显示【陀螺实体】图层

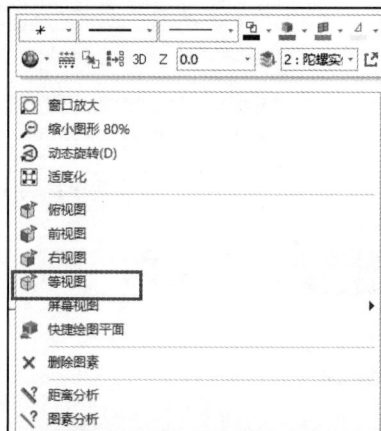

图 3-3-3　选择【等视图】命令

3. 注意观察图形窗口左下角的 3D 坐标以及 X 轴、Y 轴和 Z 轴，如图 3-3-4 所示。

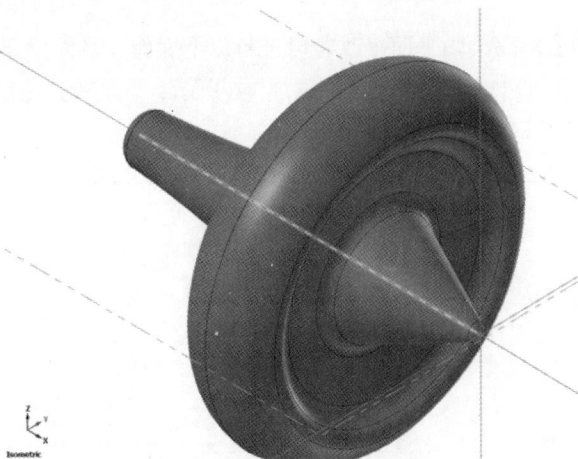

图 3-3-4　等视图

这种 X 轴、Y 轴和 Z 轴的排列是表示三维坐标系的典型方式，而车床坐标系的表示方式与此不同。

4. 重新打开"陀螺卡爪设置－×××.emcam"文件。

5. 看一下坐标系，现在它显示了+D 轴和 Z 轴，如图 3-3-5 所示，它们是进行车床操作的坐标轴。（如果打开的不是+D 轴和 Z 轴，则可在【平面】管理器的【+D+Z】行中单击【C】列。）

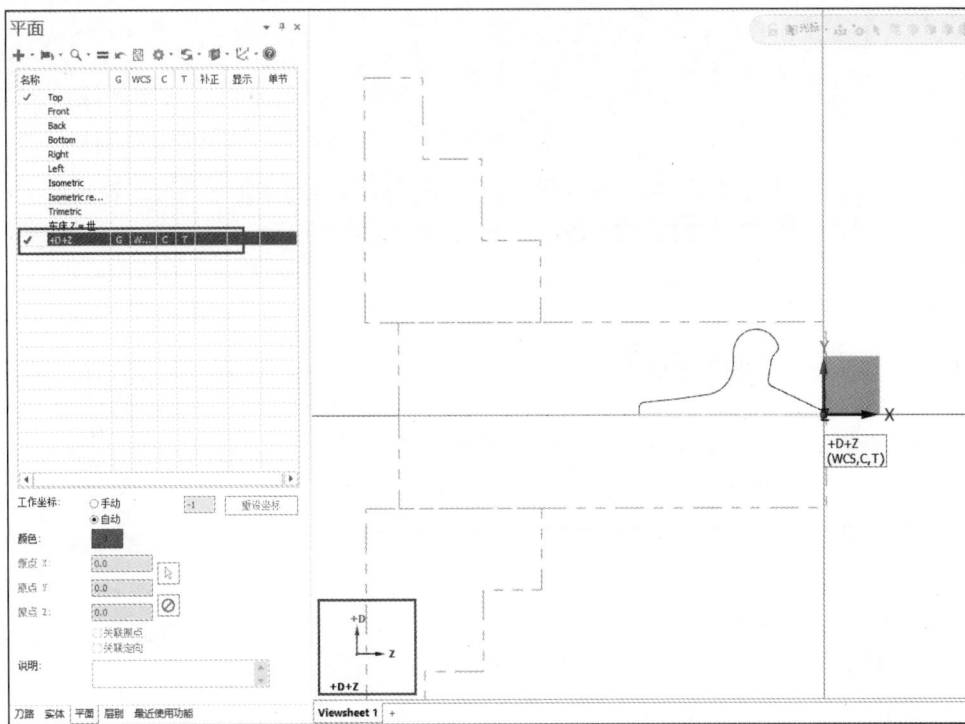

图 3-3-5　+D 轴和 Z 轴视图

沿着 Z 轴运动，刀具平行于中心线（或旋转轴）。

沿着+D 轴运动，刀具垂直于 Z 轴，向零件中心线移动或远离零件中心线。可以认为+D 表示直径。

为了使+DZ 平面不会跟随绘图平面更改，可进行以下操作。具体操作为：单击【跟随规则】右侧的"▼"下拉按钮，将出现下拉列表，如图 3-3-6 所示，取消勾选【绘图平面跟随屏幕视图】命令和【绘图平面=在等距屏幕视图中的俯视图】命令。

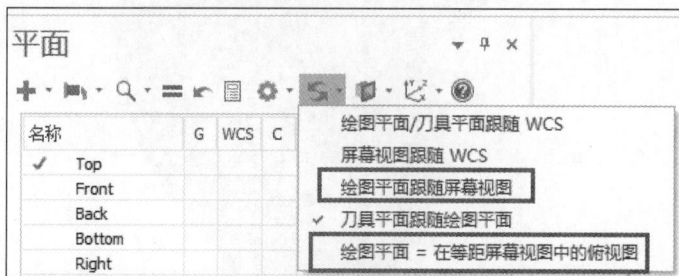

图 3-3-6　【跟随规则】下拉列表

讨论要点　　在大多数软件和机床上，当刀具沿+D 轴向零件移动时，刀具移动方位为负；当刀具远离零件时，刀具移动方位为正。例如，如果车床有上旋转刀塔，那么当任何一个刀塔接近零件或中心线时，它们都在向负方向移动。

讨论要点　　Mastercam 中的车床可以使用半径坐标或直径坐标，这是讨论它们的不同之处。

- 半径坐标显示为(x,z)，x 坐标值表示点与中心线的实际距离，换句话说该数值表示半径。
- 直径坐标显示为(d,z)，d 坐标值是点与中心线的实际距离的两倍。例如，如果鼠标指针离中心线 15 mm，则 d 坐标值为 30 mm，因为该位置的零件直径为 30 mm。

练习 2：创建车端面刀路

这个练习将创建车端面刀路，它从零件的前面移除额外 0.5 mm 的材料，留下一个干净的边缘。

1. 在【车削】工具栏中，单击【车端面】按钮，如图 3-3-7 所示，将显示【车端面】对话框。

项目 3-陀螺-3-3-练习 2：
创建车端面刀路

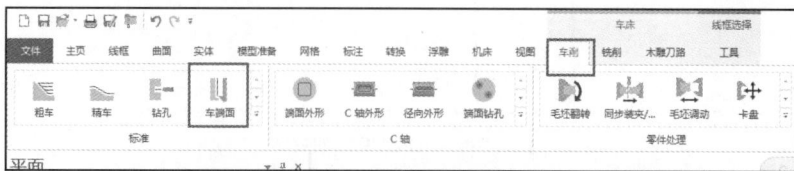

图 3-3-7　【车端面】按钮

注意

　　进入车削模块后，【平面】管理器中会自动生成两个新的坐标平面【车床 Z=世界 Z】和【+D+Z】。虽然已有这么多平面，但进入第一个加工操作时，又会生成一个新的【车床左上刀塔】平面，如图 3-3-8 所示，这才是数控车削编程的加工坐标系。注意，在进行工件坐标系编程前，还需在【平面】管理器中将构图平面（C）和刀具平面（T）设置为与工件坐标系平面重合。这里将所有平面确定在 xy 平面上。

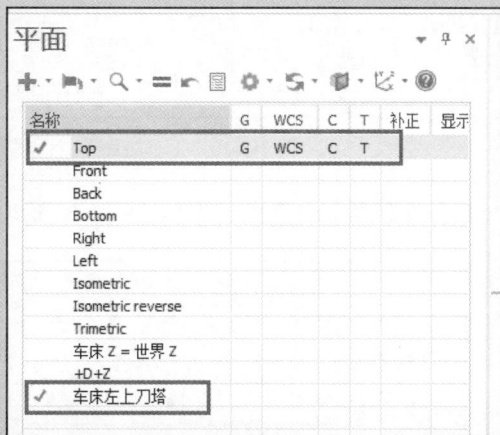

图 3-3-8　【平面】管理器

讨论要点

　　系统设置中有两个刀塔（上刀塔和下刀塔）和两侧主轴。讨论如何使用轴组合来选择合适的刀塔，以及选择合适的轴组合是车床编程首先要考虑的因素。单击【轴组合/主轴原点】按钮，显示【轴组合/主轴原点】对话框，如图 3-3-9 所示。

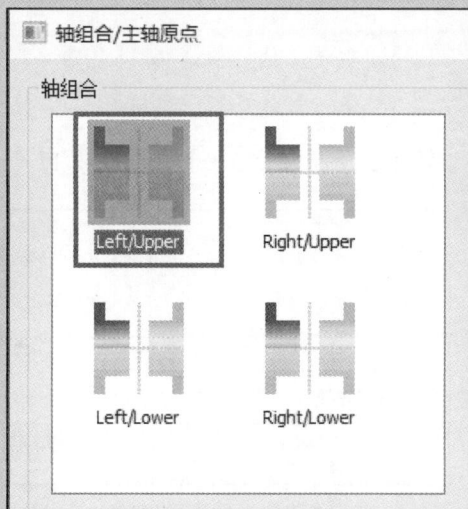

图 3-3-9　【轴组合/主轴原点】对话框

2. 在【车端面】对话框的【刀具参数】选项卡中，选择【T 0101】刀具，如图 3-3-10 所示。

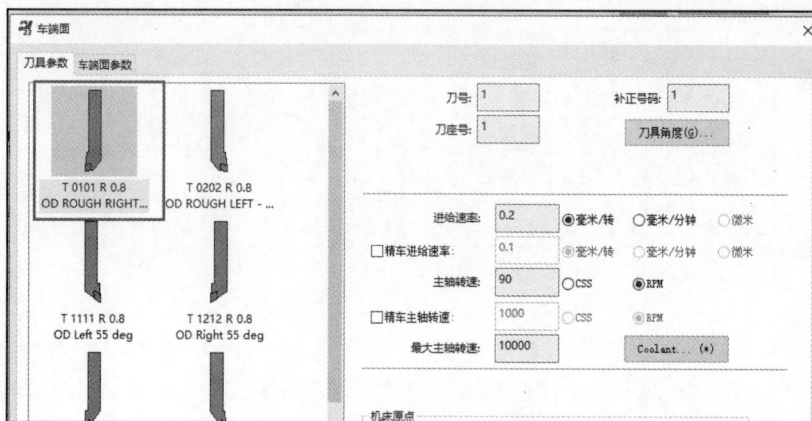

图 3-3-10 【车端面】对话框

3. 将【主轴转速】设置为【60】并选择【CSS】，如图 3-3-11 所示。

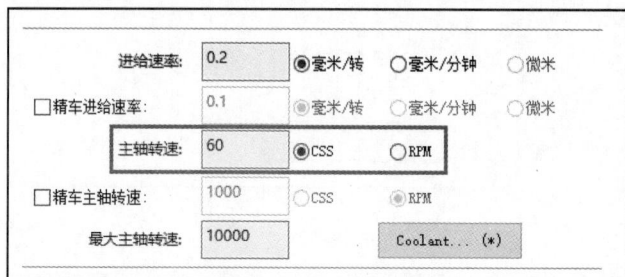

图 3-3-11 设置主轴转速

> **讨论要点** 这里选择了【CSS】而不是【RPM】模式，思考它们的差别及当处于【CSS】模式时设定主轴最大转速的重要性。

> **讨论要点** 这个零件选择的材料是 2024 铝合金。讨论如果选择不同的材料，如硬塑料或高温合金，那么这些参数值应为多少。

4. 将【最大主轴转速】设置为【2500】，如图 3-3-12 所示。

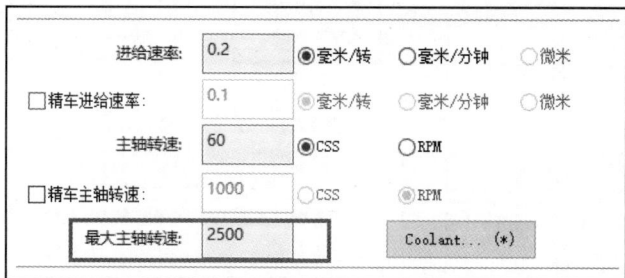

图 3-3-12 设置最大主轴转速

5. 在【说明】框中输入【正面操作】，如图 3-3-13 所示。此注释为刀具路径的说明，出现在【刀路】管理器中。

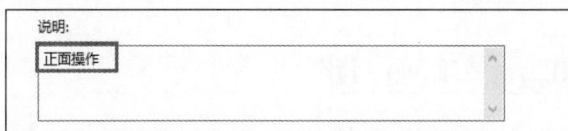

图 3-3-13 输入【正面操作】说明

> **讨论要点** 如果需要配合使用冷却液，则可在对应的选项中进行设置。

6. 打开【车端面参数】选项卡。

7. 在【车端面参数】选项卡中，将毛坯【精修 Z 轴】设置为【0.0】，将【补正方向】设置为【左】，并设置【进刀延伸量】等参数，如图 3-3-14 所示。

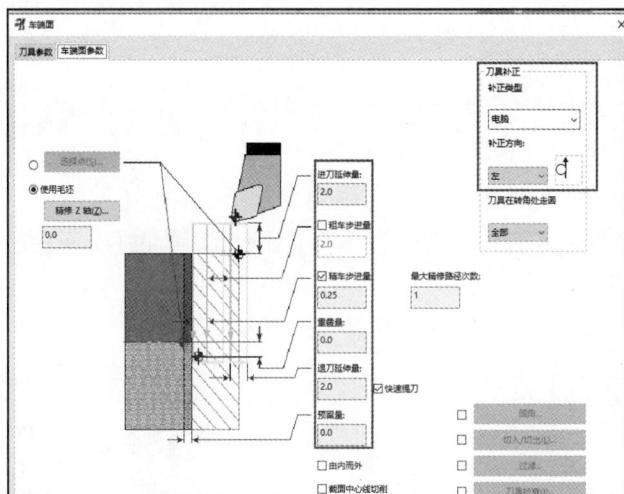

图 3-3-14 【车端面参数】选项卡

8. 在单击【车端面参数】选项卡中的【确定】按钮时，一定要考虑之前设置的额外的 0.5 mm 余量，如图 3-3-15 所示。

车端面刀路生成后，在毛坯中显示的额外材料会被移除，如图 3-3-16 所示。

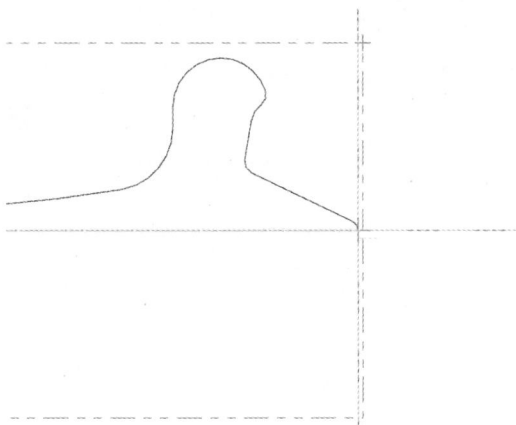

图 3-3-15 0.5 mm 余量

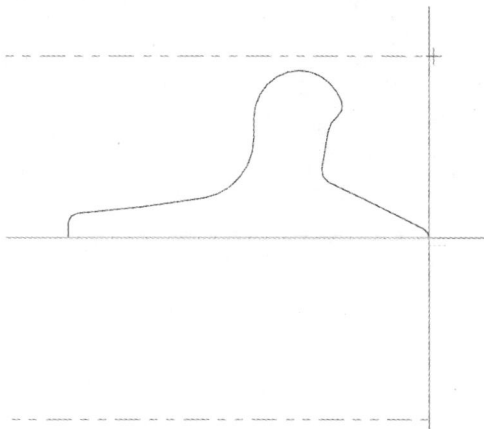

图 3-3-16 额外材料被移除

练习 3：模拟和验证车端面刀路

本练习将模拟和验证车端面刀路，以确保能够正常工作。

1. 在【刀路】管理器中，单击【模拟已选择的操作】按钮，如图 3-3-17 所示。

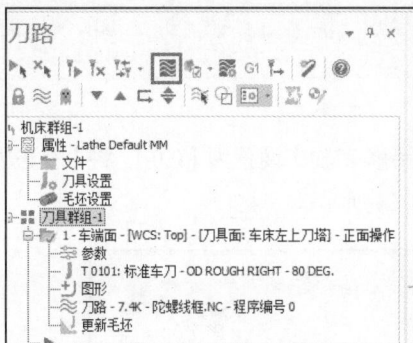

图 3-3-17　【刀路】管理器

演示视频

项目 3-陀螺-3-3-练习 3：
模拟和验证车端面刀路

2. 将弹出【路径模拟】对话框和相应的控件，如图 3-3-18 所示。

3. 在【路径模拟】对话框中，【显示刀具】、【显示刀柄】和【显示快速移动】按钮处于高亮状态，如图 3-3-19 所示。

这一部分的设置决定了在模拟刀路时屏幕上的内容。

图 3-3-18　【路径模拟】对话框和相应的控件

图 3-3-19　【路径模拟】对话框

4. 按下【S】键，刀具的第一步路径显示在工作区域中，如图 3-3-20 所示。

5. 再按【S】键，刀具依次走完设计好的全部路径，如图 3-3-21 所示。

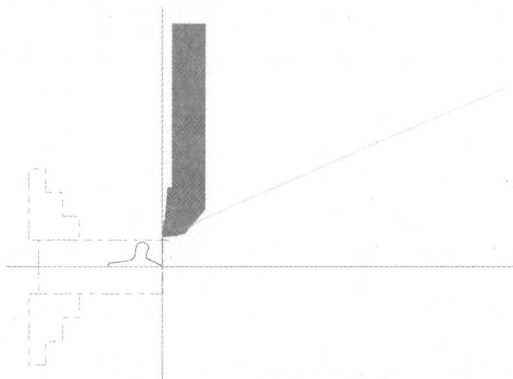

图 3-3-20　第一步路径

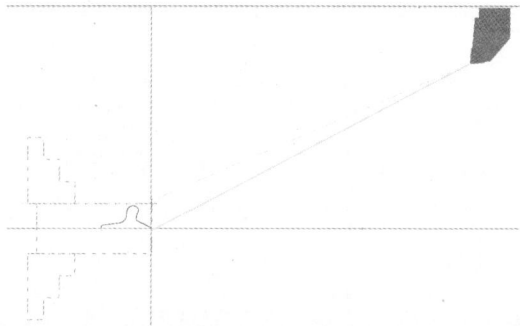

图 3-3-21　全部路径

6. 按【B】键4次，将模拟动画恢复到开始状态。

7. 按【R】键，模拟操作将从头到尾完整运行（需要等待一段时间）。也可以单击控件上的按钮完成操作，如图 3-3-22 所示。

图 3-3-22　模拟操作控件

8. 关闭【路径模拟】对话框。

9. 在【刀路】管理器的命令栏中，单击【实体仿真所选操作】按钮，如图 3-3-23 所示。

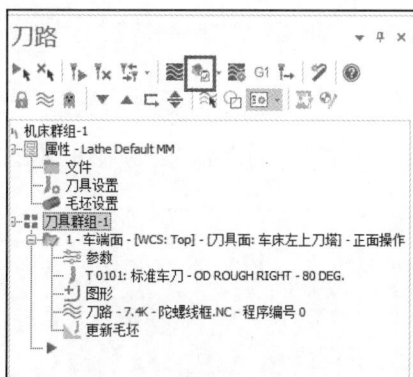

图 3-3-23　【实体仿真所选操作】按钮

10. 单击【开始】按钮查看刀路模拟动画，如图 3-3-24 所示。

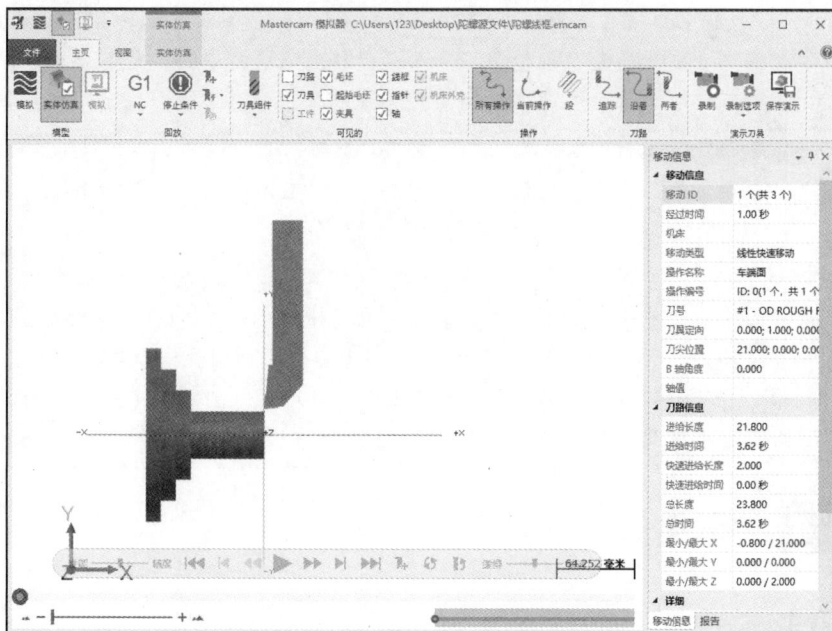

图 3-3-24　查看刀路模拟动画

11. 关闭 Mastercam 模拟器，并将文件保存为"陀螺车端面 - ×××.emcam"。

【自测练习】

你能回答这些问题吗？

1. 在车床界面中，X 轴和 Y 轴也可以显示为以下哪一项？

A. +D 和 Z　　　　　　　　　　B. A 和 Z

C. 甲和乙　　　　　　　　　　　D. C 和 D

2. 当在【机床群组】中选择车床时，Mastercam 使用与铣床或木雕机床相同的轴组合。

A. 正确　　　　　　　　　　　　B. 错误

3. 在车削加工时，沿着 z 轴运动的刀具平行于中心线，而沿着+D 轴运动的刀具垂直于 Z 轴。

A. 正确　　　　　　　　　　　　B. 错误

4. 设置刀路参数时，在【说明】框中添加注释有助于以后识别以下哪一种操作？

A.【文件】选项卡　　　　　　　B. 图形窗口

C.【刀路】管理器　　　　　　　D. 状态栏

5. 要创建旋转面的刀路，必须在零件的表面选择线框几何形状。

A. 正确　　　　　　　　　　　　B. 错误

科技词条

激光技术

激光技术的定义：采用激光的手段对特定目标进行加工或者检测的技术。

激光是 20 世纪以来继核能、计算机、半导体之后人类的又一重大发明，被称为"最快的刀""最准的尺""最亮的光"。激光的理论基础早在 1917 年就被爱因斯坦提出。进入 21 世纪后，激光技术迈入快速发展阶段，促进了多学科的深度融合和多场景条件下的应用。世界各国不断增大对激光技术的研究投入，相继出现了诸多知名科研机构与企业，如德国弗劳恩霍夫激光技术研究所、美国集成光子制造创新中心、武汉光电国家研究中心、大族激光等。激光技术得到了充分发展，并应用到高端装备的生产制造中，包括加工、焊接、熔覆、检测等，应用场景覆盖了航空航天、能源动力、汽车、天文观测等领域，其典型应用包括航空发动机机匣精密加工、核主泵屏蔽套精密焊接、汽车发动机气门座环形表面熔覆、地月距离精准测量等。

目前，我国的激光技术研究和应用领域总体处于国际先进水平，我国是世界上唯一能够制造实用化深紫外全固态激光的国家，也是具备激光精准测量地月距离技术能力的五个国家之一。"十四五"期间，国家重点研发计划也启动了"增材制造与激光制造"重点专项，以推动我国激光技术的不断发展，助力实施制造强国战略。

任务 3-4　车尖头

【任务情境】

该任务将讲解如何创建用于加工陀螺顶部区域的刀路。图形轮廓位于图形窗口右侧，如图 3-4-1 所示。粗车刀路将移除零件这一区域的大部分材料，而精车刀路将确保零件表面的光滑。

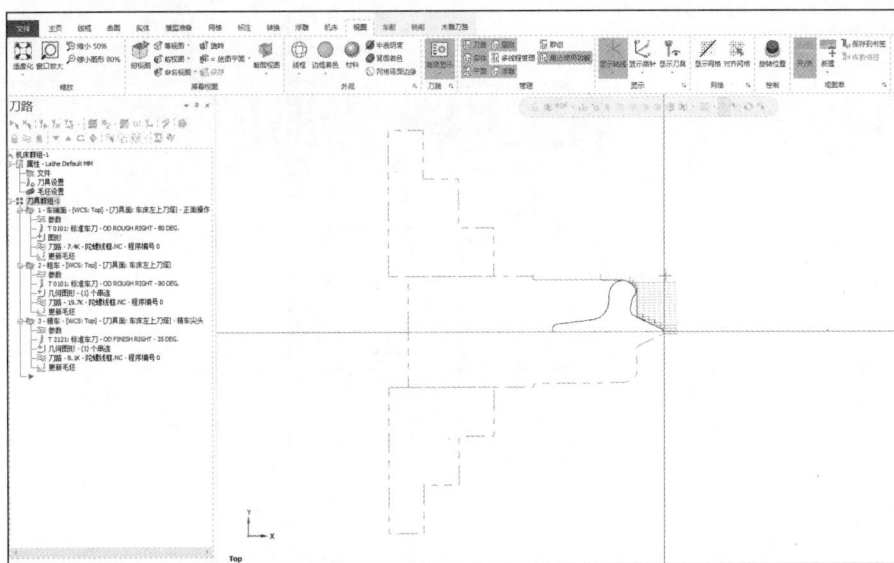

图 3-4-1　车尖头刀路

【学习目标】

1. 创建陀螺尖头粗车刀路并能够进行粗车刀路的参数设置。
2. 创建陀螺尖头精车刀路并能够进行精车刀路的参数设置。
3. 使用 Mastercam 模拟器验证刀路。

> **小提示**　车削加工必须根据零件的精度要求，合理安排加工工艺路线。对于精度要求较高的零件，需要按照先粗后精、先主后次的原则安排加工工艺。

【任务练习】

练习1：创建陀螺尖头粗车刀路

本练习将创建一个刀路，用于粗车出旋转顶部的尖端，即零件的右侧部分。

1. 在【车削】工具栏中单击【粗车】按钮，如图 3-4-2 所示。

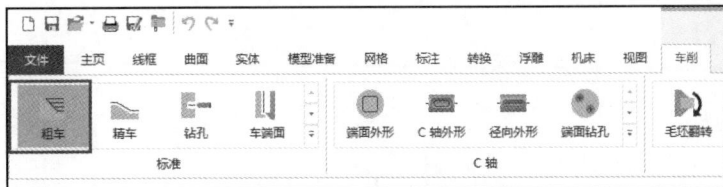

图 3-4-2　【粗车】按钮

演示视频

项目 3-陀螺-3-4-练习 1：创建陀螺尖头粗车刀路

2. 弹出【线框串连】对话框，如图 3-4-3 所示。

将【模式】设置为【线框】，将【选择方式】设置为【部分串连】，并在绘图区中选取需要串连的线框。

图 3-4-3　【线框串连】对话框

> 讨论【串连】和【部分串连】的区别。在什么情况下用【串连】方式？
> 　　讨论串连链条方向的意义，以及链条方向是如何影响切割通道方向的。如果链条方向相反，则会有什么影响。

3. 按【F1】键激活指定窗口缩放模式，在零件右侧尖端处绘制矩形框，如图 3-4-4 所示。单击视图会放大到所选矩形框的区域，如图 3-4-5 所示。

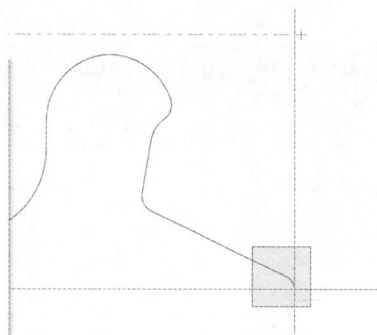

图 3-4-4　绘制矩形框

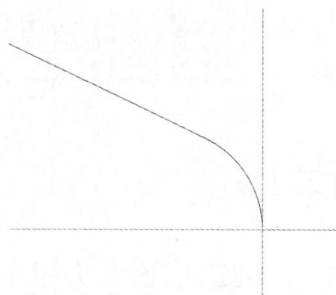

图 3-4-5　放大视图

4. 单击图 3-4-6 所示的圆弧，系统将显示串连箭头以指示所选串连的方向，应确保箭头方向与图 3-4-7 所示的一致。

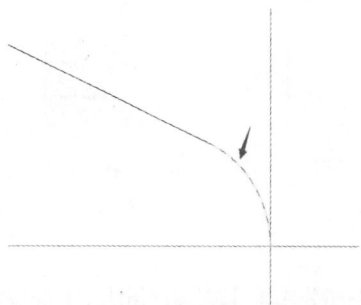

图 3-4-6　圆弧

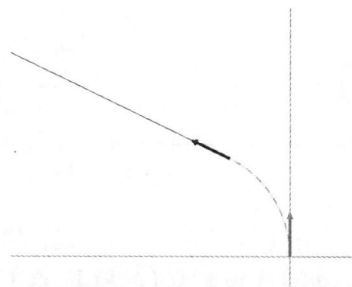

图 3-4-7　串连的箭头方向

如果串连方向不一致，则可以在【线框串连】对话框中单击【反向】按钮（见图 3-4-8）来改变方向。

5. 在绘图区中右击，将弹出鼠标右键菜单，选择【适度化】命令，如图 3-4-9 所示，零件将最大化显示在图形区。

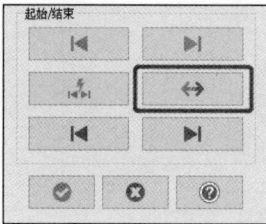

图 3-4-8　【反向】按钮

图 3-4-9　选择【适度化】命令

6. 单击图 3-4-10 所示的线段，以结束串连。

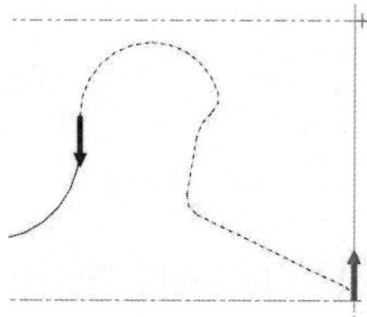

通过选择起点和终点完成部分串连操作，如图 3-4-11 所示。

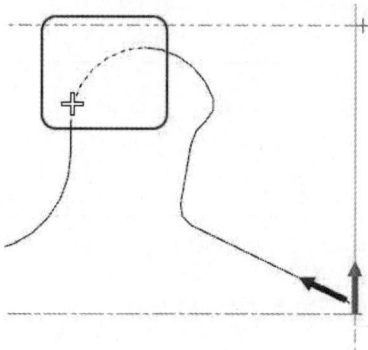

图 3-4-10　结束串连

图 3-4-11　部分串连完成图

7. 在【线框串连】对话框中，单击【确定】按钮，如图 3-4-12 所示。系统将自动打开【粗车】对话框。

图 3-4-12　单击【确定】按钮

8. 在【粗车】对话框中选择【T 0101】刀具，如图 3-4-13 所示。

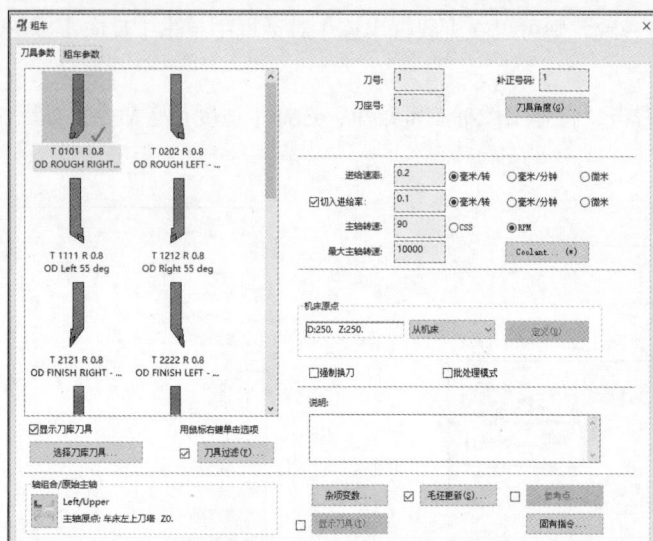

图 3-4-13 选择【T 0101】刀具

如果要在车床上完成加工，要确保车床已装夹该刀具。要注意刀具刀尖圆角半径的参数值。

9. 在【刀具参数】选项卡中，将【进给速率】设置为【0.25】，将【切入进给率】设置为【0.1】，将【主轴转速】设置为【122】，将【最大主轴转速】设置为【2500】，如图 3-4-14 所示。

10. 在【说明】框中输入【粗车尖头】，如图 3-4-15 所示。

图 3-4-14 设置刀具参数

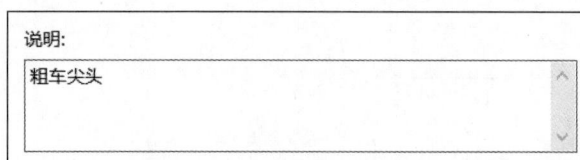

图 3-4-15 输入【说明】文本

11. 在【粗车】对话框中，打开【粗车参数】选项卡，如图 3-4-16 所示。

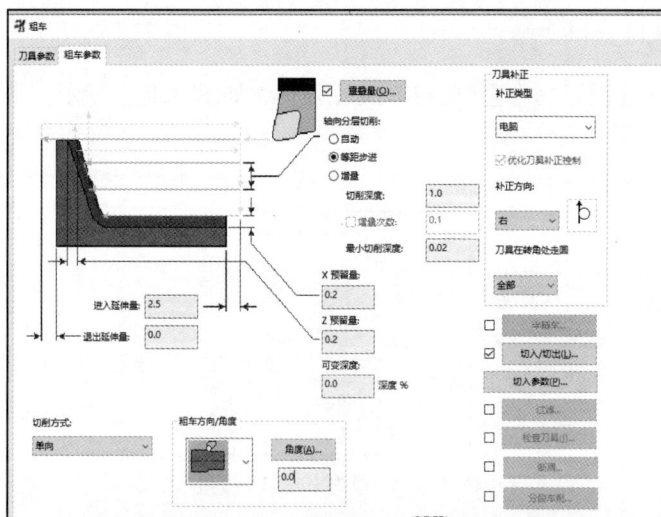

图 3-4-16 【粗车参数】选项卡

12. 在【粗车参数】选项卡中，设置【轴向分层切削】参数，选择【等距步进】，将【切削深度】设置为【1.0】，将【最小切削深度】设置为【0.02】，如图 3-4-17 所示。

13. 在【粗车参数】选项卡中，勾选并单击【切入/切出】按钮，如图 3-4-18 所示。

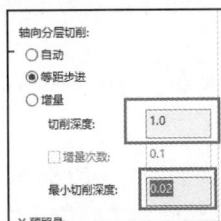

图 3-4-17　设置切削深度参数

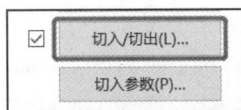

图 3-4-18　【切入/切出】按钮

弹出【切入/切出设置】对话框，在【切入】选项卡中，将【进入向量】组中的【角度】设置为【180.0】，将【长度】设置为【2.0】，如图 3-4-19 所示。

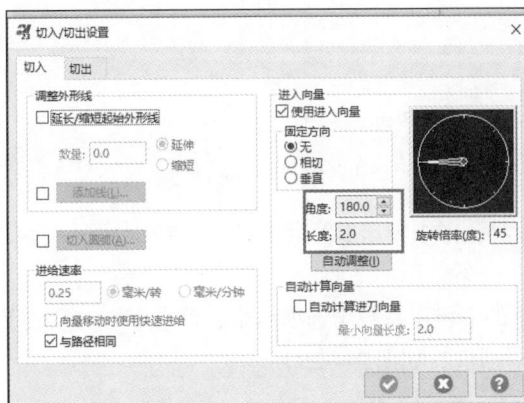

图 3-4-19　【切入】选项卡

讨论要点　刀具切入的长度应大于毛坯的长度，否则 Mastercam 会给以警告提示，因为它认为刀具在快速移动时会与毛坯产生碰撞。在钻孔加工中，切入的动作尤为重要。

14. 打开【切出】选项卡，如图 3-4-20 所示。

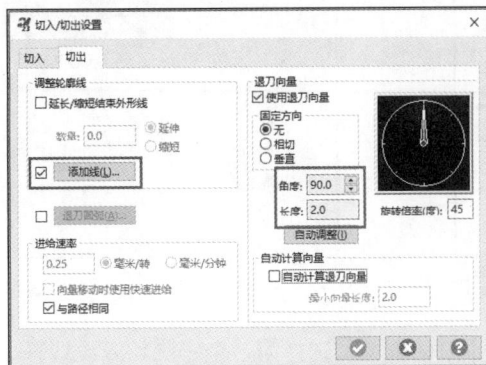

图 3-4-20　【切出】选项卡

讨论要点　讨论为什么默认参数不适合此操作。

15. 将【退刀向量】组中的【角度】设置为【90.0】，将【长度】设置为【2.0】，勾选并单击【添加线】按钮。

16. 在打开的【新建轮廓线】对话框中，单击【自定义】按钮，如图 3-4-21 所示。系统将返回到图形窗口，可以指定添加线的位置。

17. 选择零件最上面的点，并向左拖动，单击以完成绘制，如图 3-4-22 所示。

18. 回到【新建轮廓线】对话框，将【长度】设置为【26.0】，将【角度】设置为【180.0】，如图 3-4-23 所示。

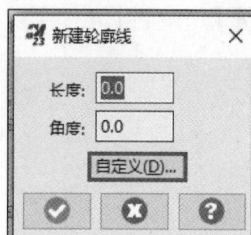

图 3-4-21　【自定义】按钮

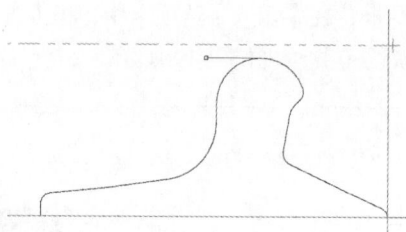

图 3-4-22　绘制轮廓线

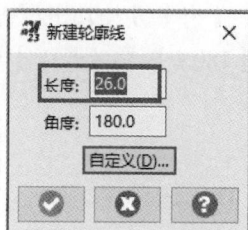

图 3-4-23　轮廓线参数设置

19. 在【新建轮廓线】对话框中单击【确定】按钮，再在【切入/切出设置】对话框中单击【确定】按钮。

20. 在【粗车】对话框的【粗车参数】选项卡中，单击【切入参数】按钮，如图 3-4-24 所示。将显示【车削切入参数】对话框，如图 3-4-25 所示。

图 3-4-25　【车削切入参数】对话框

图 3-4-24　【切入参数】按钮

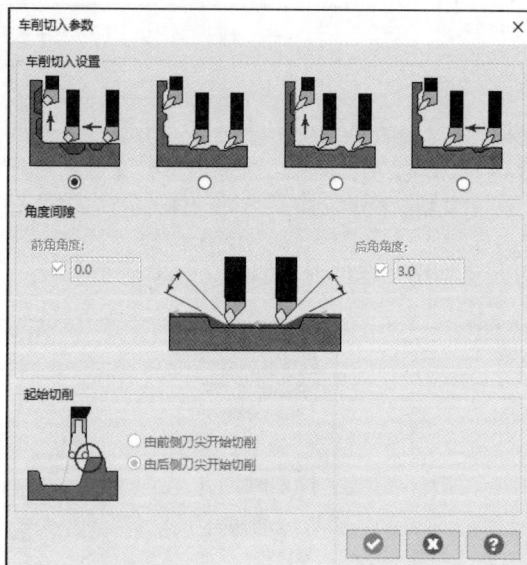

21. 在【车削切入参数】对话框中，选择第一个车削切入设置，如图 3-4-26 所示，然后单击【确定】按钮。

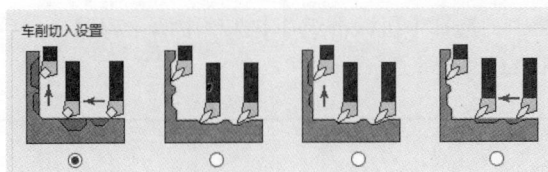

图 3-4-26　选择第一个车削切入设置

这种设置可以防止刀具沿着刀路切削时进入凹槽区域。

讨论要点

　　讨论为什么不在这个刀路中进行凹槽加工，以及为什么凹槽加工需要设置不同的刀路。可能的原因如下。

- 可能需要不同尺寸或形状的刀具（例如沟槽刀具）才能到达凹槽区域。
- 该刀具可能需要水平安装，而不是垂直安装。
- 需要设置不同的【切入/切出】参数。

22.　单击【粗车】对话框中的【确定】按钮，生成粗车刀路，如图 3-4-27 所示。

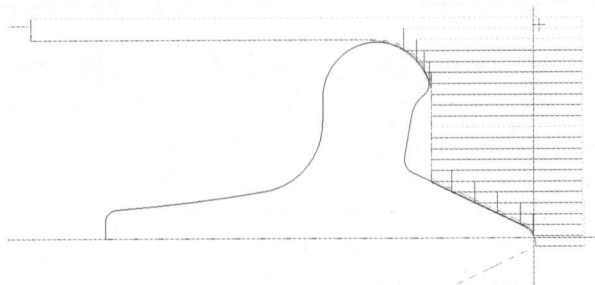

图 3-4-27　粗车刀路

　　由于在上一步选择了跳槽策略，故刀路忽略右边的凹面区域。应注意，刀路不切除陀螺顶部左侧的材料，这是由于刀路遵循了在【新建轮廓线】对话框中添加的直线段。最后，还需注意如何根据粗车参数更新毛坯边界。

23.　将文件保存为"陀螺车尖头 − × × ×.emcam"。

讨论要点

　　在对【刀路】管理器的不同刀路之前和之后移动红色箭头，可以看到图形窗口中的毛坯边界是跟随更新的。在【毛坯设置】界面中单击【设置着色范围】按钮可以增强毛坯边界的显示效果。

练习 2：创建陀螺尖头精车刀路

　　本练习将在上一练习中创建的粗车刀路的基础上创建精车刀路。

　　车削与铣削加工不同，虽然读者可能会认为下一步应该是粗加工该零件的其余部分，但实际上装夹毛坯需要较多的材料来支撑零件。

演示视频

项目 3-陀螺-3-4-练习 2：
创建陀螺尖头精车刀路

1. 在【刀路】管理器中，选择【机床群组-1】选项中两个刀路，然后单击【切换显示已选择的刀路操作】按钮，如图 3-4-28 所示。

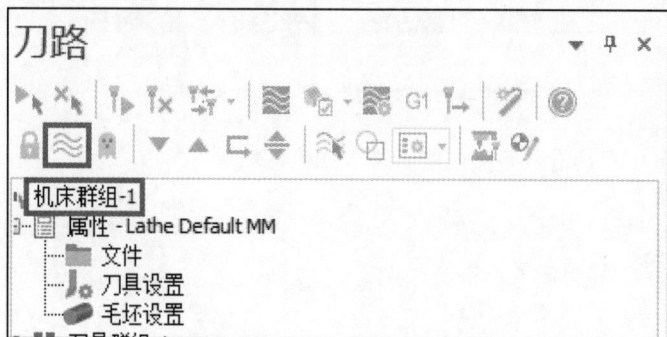

图 3-4-28　【刀路】管理器

Mastercam 会将之前所建立的两个刀路在工作区域中隐藏。

2. 单击【精车】按钮，如图 3-4-29 所示，将弹出【线框串连】对话框。

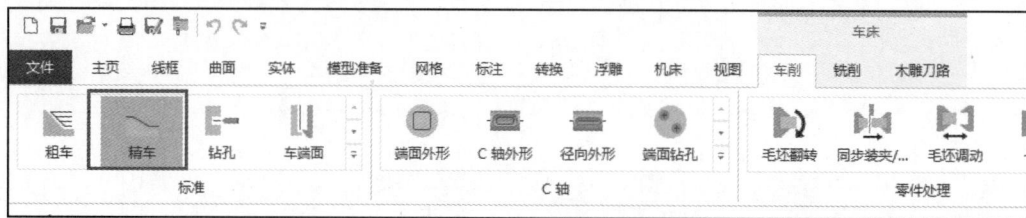

图 3-4-29　【精车】按钮

3. 在【线框串连】对话框中，将【模式】设置为【线框】，将【选择方式】设置为【部分串连】，如图 3-4-30 所示。

4. 按【F1】键激活窗口缩放模式，在零件的右侧尖端处绘制矩形框，如图 3-4-31 所示。然后单击矩形框，系统会将所选矩形框中的内容放大。

图 3-4-30　【线框串连】对话框

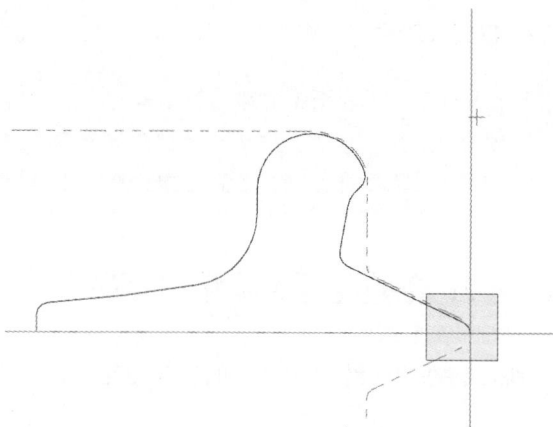

图 3-4-31　绘制矩形框

5. 选择图 3-4-32 所示的切入圆弧，串连方向如图 3-4-33 所示。

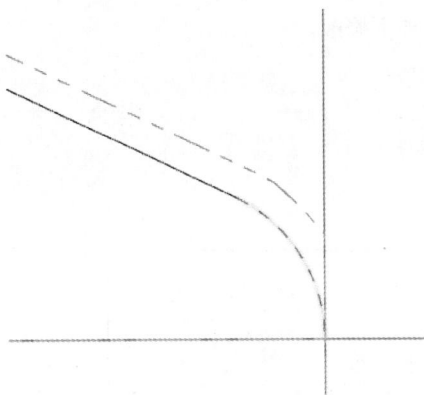

图 3-4-32   圆弧

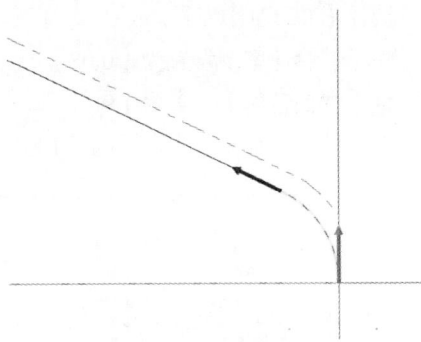

图 3-4-33   串连方向

如果串连方向不一致，则可以在【线框串连】对话框中使用【反向】按钮改变方向。

6. 在绘图区中右击，将弹出鼠标右键菜单，选择【适度化】命令，如图 3-4-34 所示，零件将最大化显示在图形区域。

7. 单击图 3-4-35 所示的位置来完成串连。

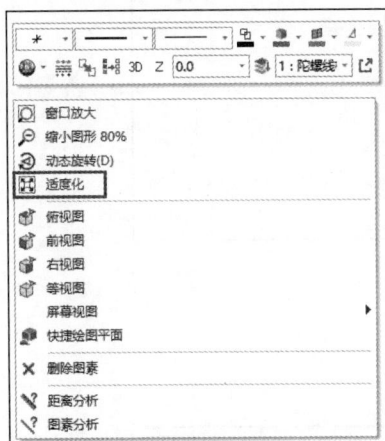

图 3-4-34   选择【适度化】命令

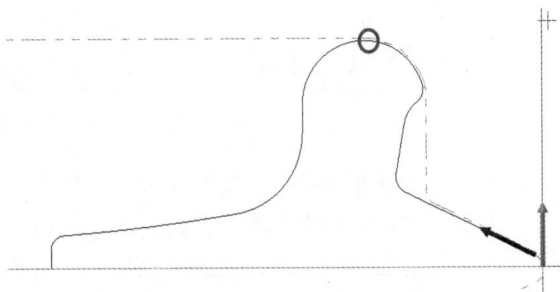

图 3-4-35   完成串连

部分串连结果如图 3-4-36 所示。

8. 在【线框串连】对话框中单击【确定】按钮，如图 3-4-37 所示。

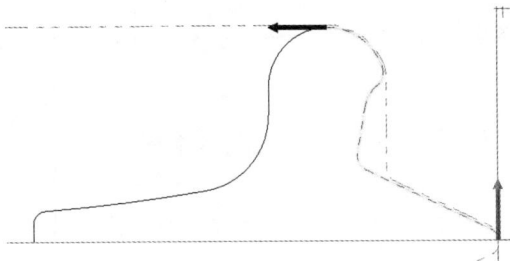

图 3-4-36   部分串连结果

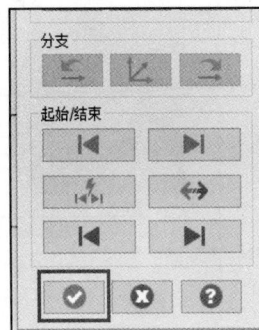

图 3-4-37   单击【确定】按钮

9. 弹出【精车】对话框，如图 3-4-38 所示，进行如下修改。

① 选择【T 2121】刀具。

② 将【进给速率】设置为【0.08】。

③ 将【主轴转速】设置为【90】。

④ 将【最大主轴转速】设置为【1000】。

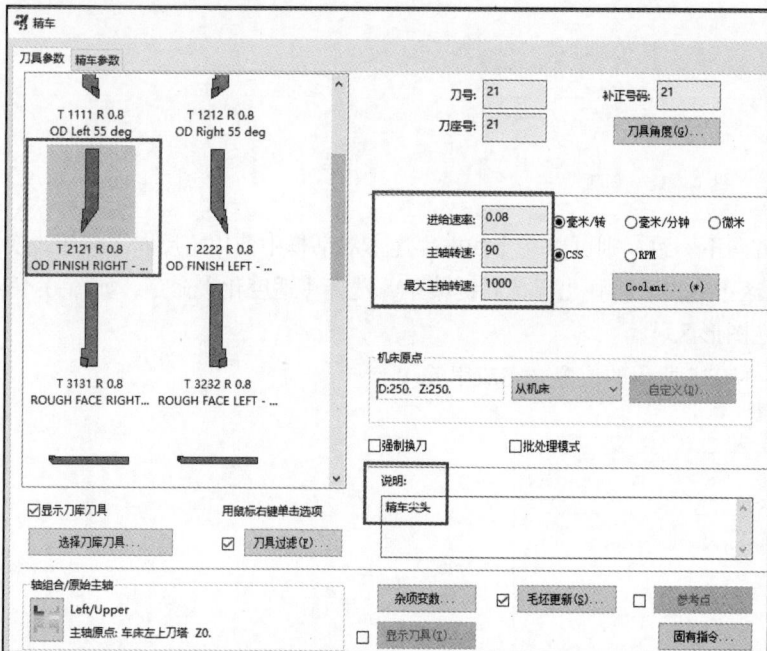

图 3-4-38 【精车】对话框

10. 在【说明】框中输入【精车尖头】。

11. 打开【精车参数】选项卡，如图 3-4-39 所示。

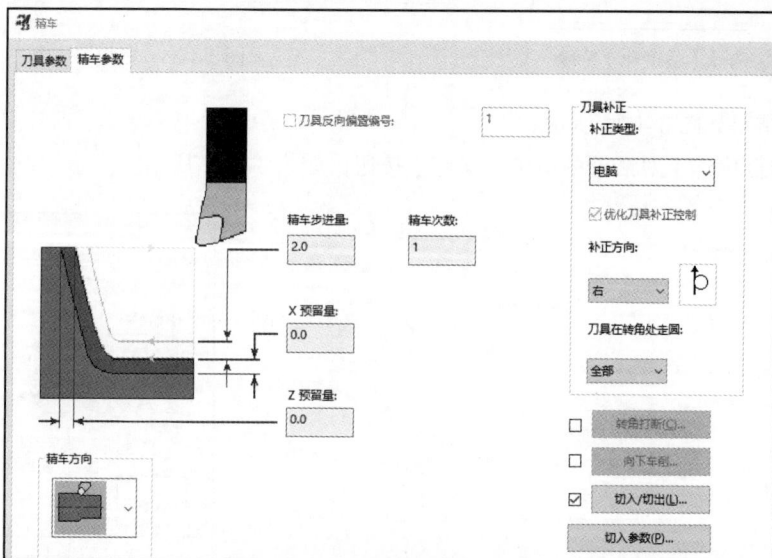

图 3-4-39 【精车参数】选项卡

12. 在【精车参数】选项卡中，修改以下参数。

① 将【精车步进量】设置为【2.0】。

② 将【X 预留量】设置为【0.0】。

③ 将【Z 预留量】设置为【0.0】。

④ 将【精车次数】设置为【1】。

⑤ 将【补正方向】设置为【右】。

13. 在【精车参数】选项卡中，勾选并单击【切入/切出】
按钮，如图 3-4-40 所示。

图 3-4-40　【切入/切出】按钮

14. 在【切入】选项卡中，将【进入向量】组中的【角度】设置为【180.0】，将【长度】设置为【2.0】，图 3-4-41 所示。

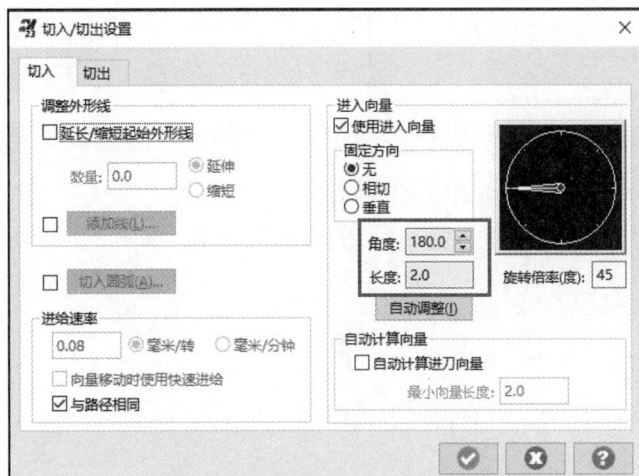
图 3-4-41　【切入】选项卡

15. 打开【切出】选项卡，在【切出】选项卡中，将【退刀向量】组中的【角度】设置为【90.0】，将【长度】设置为【2.0】，如图 3-4-42 所示。

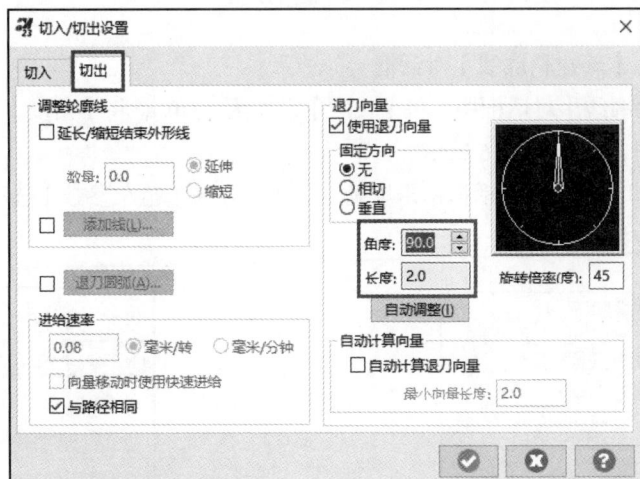
图 3-4-42　【切出】选项卡

16. 勾选并单击【添加线】按钮，如图 3-4-43 所示。

将显示【新建轮廓线】对话框，如图 3-4-44 所示。

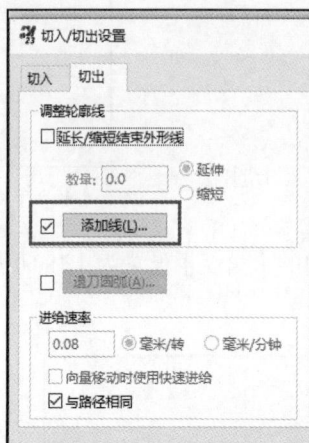

图 3-4-43　【添加线】按钮　　　　图 3-4-44　【新建轮廓线】对话框（1）

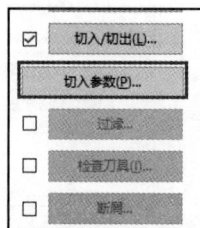

17. 单击【自定义】按钮，将返回到图形窗口。

18. 选择零件最上面的点，向左拖动完成轮廓线的绘制，如图 3-4-45 所示。

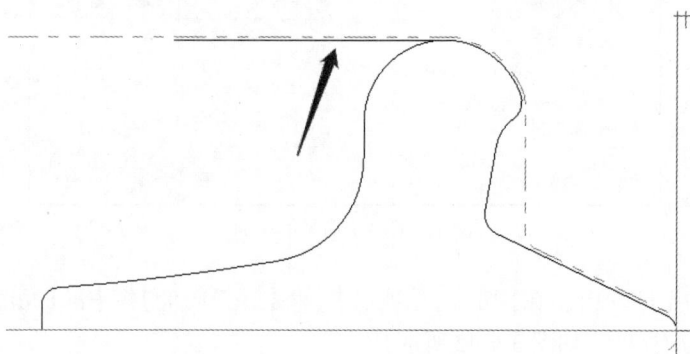

图 3-4-45　绘制轮廓线

系统将重新显示【新建轮廓线】对话框。

19. 在【新建轮廓线】对话框中，将【长度】设置为【8.0】，将【角度】设置为【180.0】，然后单击【确定】按钮，如图 3-4-46 所示。

20. 在【切入/切出设置】对话框单击【确定】按钮。在【精车参数】选项卡中单击【切入参数】按钮，如图 3-4-47 所示。

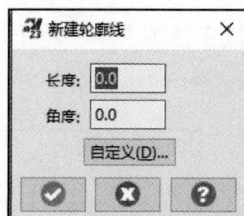

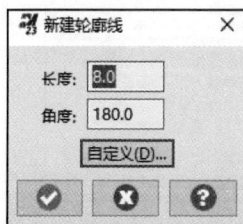

图 3-4-46　【新建轮廓线】对话框（2）　　　图 3-4-47　【切入参数】按钮

21. 在【车削切入参数】对话框中选择第一个车削切入设置，如图3-4-48所示。

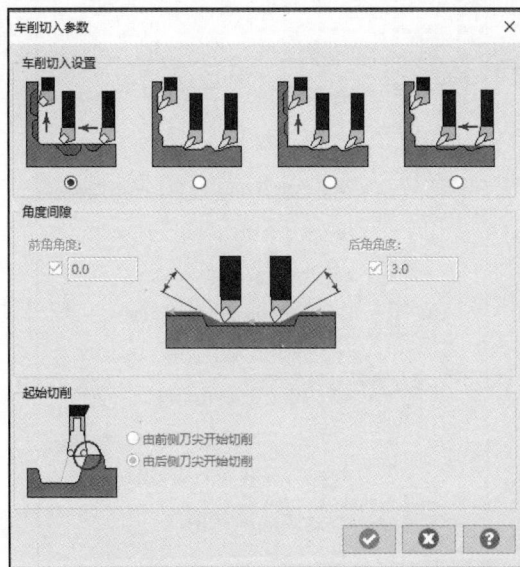

图 3-4-48　选择第一个车削切入设置

22. 依次在【车削切入参数】和【精车参数】对话框中单击【确定】按钮。创建出的精车刀路，如图3-4-49所示。

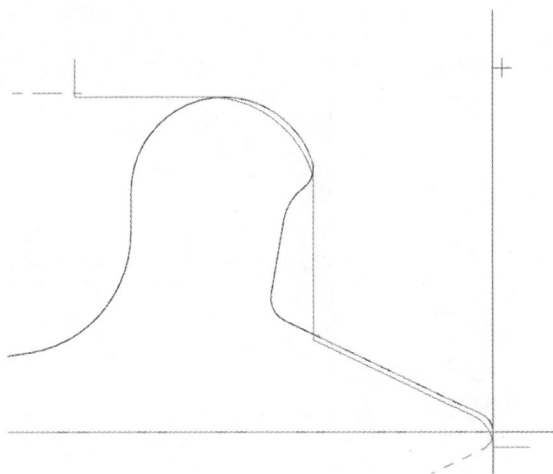

图 3-4-49　精车刀路

练习3：模拟和验证陀螺尖头刀路

本练习将使用 Mastercam 模拟器查看已设置完成的刀具路径。

1. 在【刀路】管理器中，选择【机床群组-1】选项，确保所有操作前都有一个绿色的"√"标记，如图3-4-50所示。

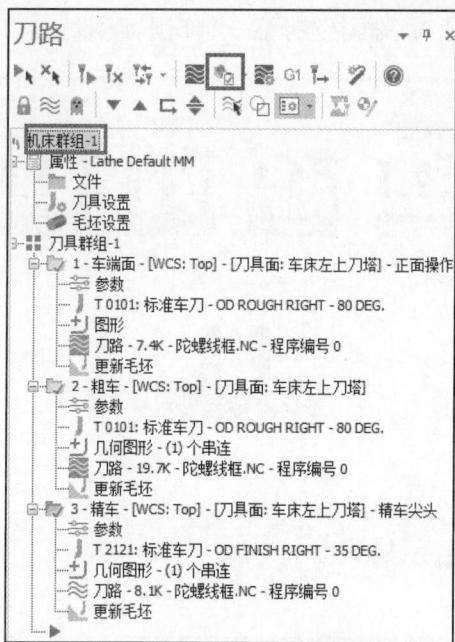

图 3-4-50　【刀路】管理器

2. 在【刀路】管理器中单击【验证已选择的操作】按钮。

系统将打开模拟器，并在工作区域中显示出刀具、毛坯、卡爪等内容，如图 3-4-51 所示。

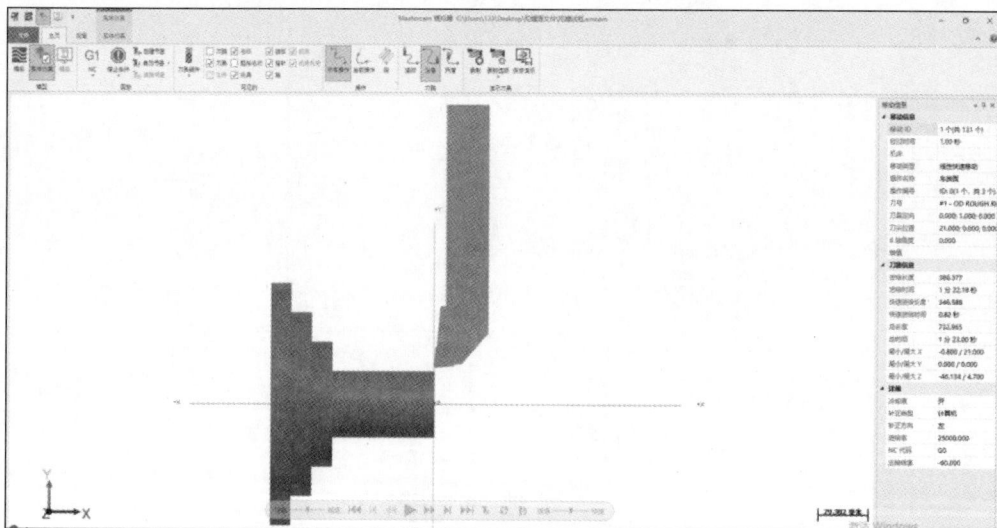

图 3-4-51　Mastercam 模拟器

3. 将模拟器的速度降低到"缓慢"，然后单击【开始】按钮进行模拟，如图 3-4-52 所示。

图 3-4-52　调整模拟器的速度

4. 观察 3 个刀路的模拟动画，完成后显示陀螺尖加工结果，如图 3-4-53 所示。

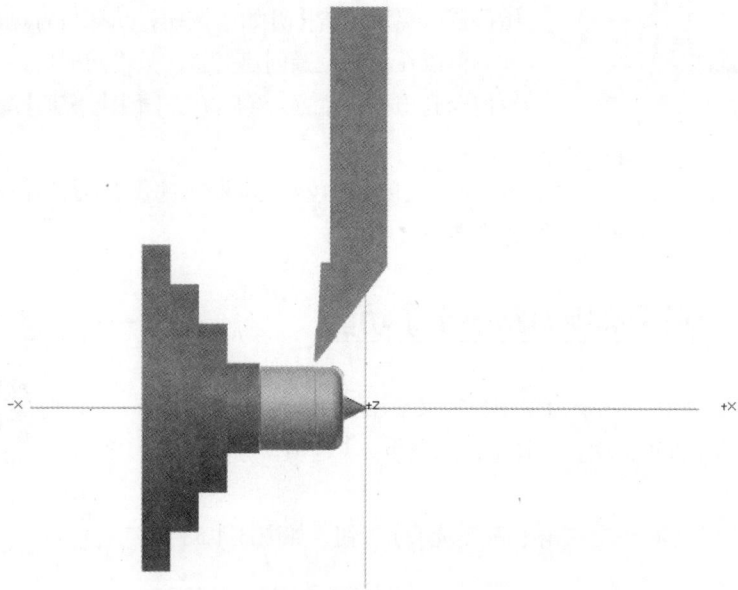

图 3-4-53　陀螺尖加工结果

5. 单击【后退】按钮，将模拟动画返回到初始状态，如图 3-4-54 所示。

6. 在【主页】工具栏中单击【自动书签】右侧的 "▼" 下拉按钮，在下拉列表中选择【更换操作时】命令，如图 3-4-55 所示。

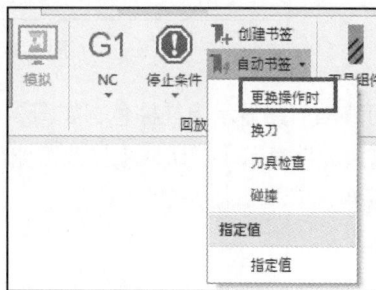

图 3-4-54　【后退】按钮

图 3-4-55　【更换操作时】命令

7. 单击【开始】按钮再次进行模拟。

模拟器将书签放置在每个更换操作的位置，第一个书签是车端面刀路，第二个书签是粗车刀路，第三个书签是精车刀路，如图 3-4-56 所示。

图 3-4-56　书签

169

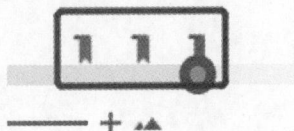

图 3-4-57　单击【创建书签】按钮

8. 在时间线中，单击第二个书签将返回到粗车操作的开始位置，然后单击【开始】按钮，从该位置进行模拟。

可以在任意位置创建书签，只需将时间线上的红色进度滑块拖动到想要的位置，然后单击【创建书签】按钮，如图 3-4-57 所示。

9. 关闭模拟器，并将文件保存为"陀螺车尖头－×××.emcam"。其中，×××是文件的首字母。

练习 4：使用【高级刀路显示】功能

本练习将学习如何在图形窗口中自定义显示刀路。

1. 在【刀路】管理器中，选择【机床群组-1】选项，选中所有操作。

2. 在【视图】工具栏中单击【高级显示】按钮，如图 3-4-58 所示。

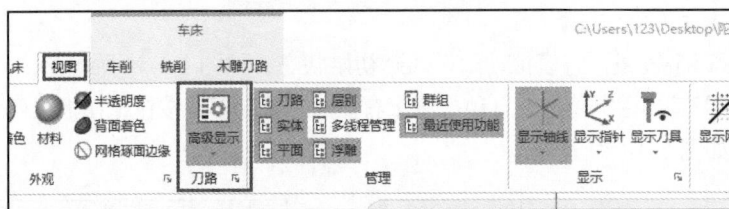

演示视频

项目 3-陀螺-3-4-练习 4：使用【高级刀路显示】功能

图 3-4-58　【高级显示】按钮

退刀移动刀路显示为红棕色，如图 3-4-59 所示，这样可以使其他刀具运动突显出来。还可以使用【高级刀路显示】对话框来修改刀路的各类移动、向量、圆弧中点和端点，以及线型、线宽、颜色等属性。

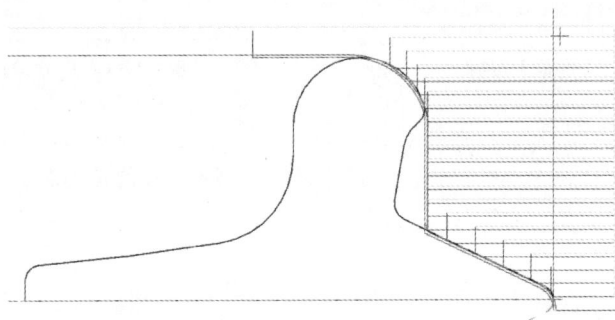

图 3-4-59　退刀移动刀路

3. 单击【高级显示】按钮下方的"▼"下拉按钮，如图 3-4-60 所示，将打开一个下拉列表，其中列出可以打开和关闭的类型。

4. 单击【刀路】旁边的【高级刀路显示选项】按钮，如图 3-4-61 所示。将出现【高级刀路显示】对话框，如图 3-4-62 所示。

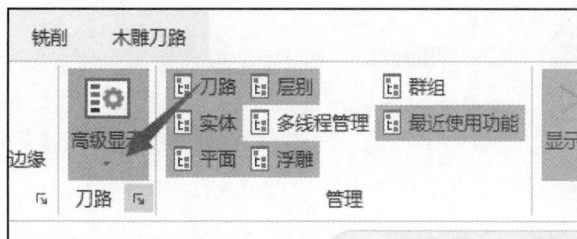

图 3-4-60   【高级显示】按钮

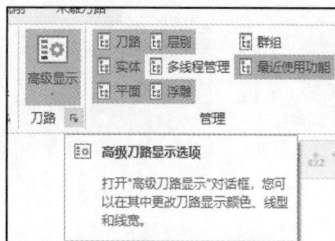

图 3-4-61   【高级刀路显示选项】按钮

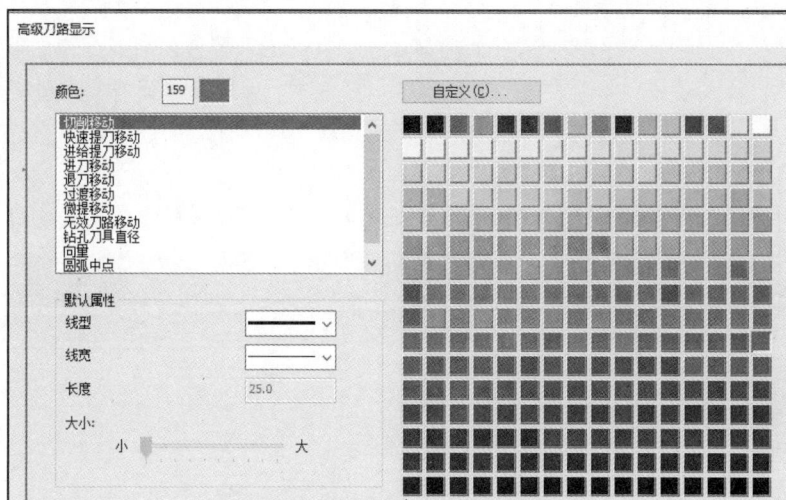

图 3-4-62   【高级刀路显示】对话框

在此对话框中，可以自定义刀路的出现方式、颜色和其他默认属性。

【自测练习】

你能回答这些问题吗？

1.【线框串连】对话框中的【模式】有哪两种？

A. 左右

B. 正常和扩展

C. 点和线

D. 线框和实体

2. 什么命令可使零件填充至整个图形窗口？

A. 填充

B. 缩小 80%

C. 适度化

D. 俯视图

3. 串连方向即刀路的方向。

A. 正确

B. 错误

4. 刀路一旦创建完毕，就不能修改。

A. 正确

B. 错误

5. 粗加工刀路的主要目的是快速去除大量的材料。

A. 正确

B. 错误

6. 在粗加工之前应该先创建精车刀路。

A. 正确

B. 错误

刘湘宾

　　1983 年，20 岁的刘湘宾退伍后加入 7107 厂成为一名普通的铣工。通过每天晚上学习至深夜、白天虚心向师傅请教，他在短时间内积累了扎实的操作技能，加工出的产品质量甚至超过了众多经验丰富的老工人。刘湘宾对待每一项工作都极其认真，无论是简单的铣方、钻孔，还是复杂的铸造件超精密加工、薄壁零件的铣削加工和超精密镗铣加工，他都能以极高的标准完成。

　　凭借乐学好学、吃苦耐劳的精神，刘湘宾逐渐成为单位的技术模范，并最终成长为一名备受尊敬的大国工匠。他成立了劳模创新工作室，带领团队进行技术攻关和创新，推动工厂的效率提升和技术进步。面对铝基复合材料难加工等问题，他与相关单位合作，经过 74 次反复试验，成功研制出适用于该材料的金刚石刀具，大大降低了成本并提高了加工效率。

　　在探月工程嫦娥四号探测器发射前夕，刘湘宾和他的团队完成了某型导航卫星用太阳帆板驱动机构的零件加工任务，解决了精密加工中的难题，高质量地完成了国家防务装备的重要件、关键件的生产。

刘湘宾

任务 3-5　车主体

【任务情境】

　　该任务将创建陀螺主体的粗车刀路和精车刀路，如图 3-5-1 所示。

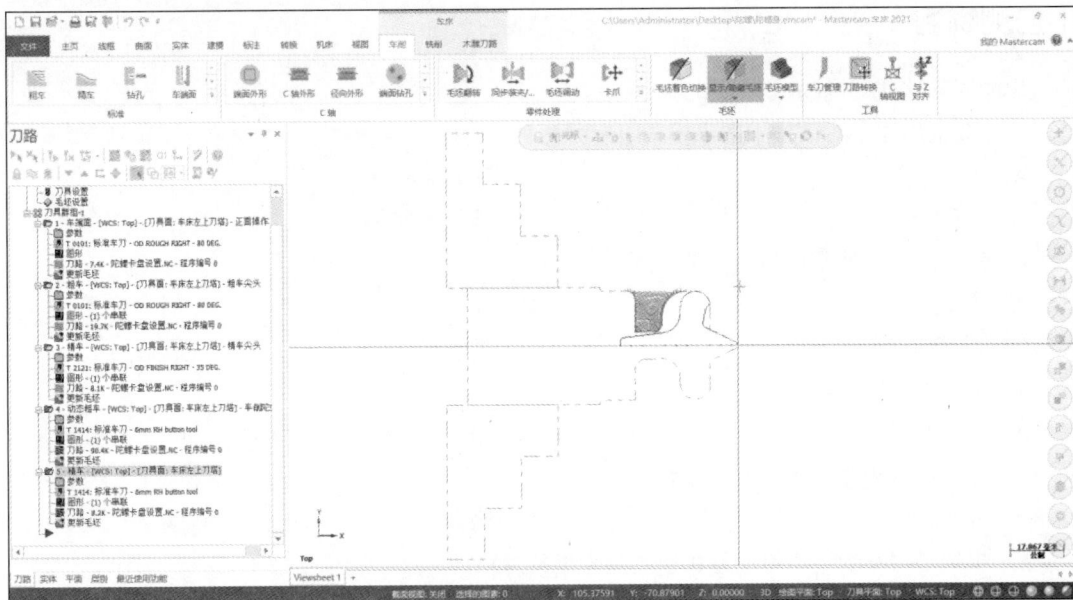

图 3-5-1　陀螺主体的刀路

【学习目标】

1. 能够创建动态粗车刀路。
2. 能够创建精车刀路。
3. 使用 Mastercam 模拟器验证刀路。

【任务练习】

练习 1：创建陀螺主体动态粗车刀路

这个练习将创建动态粗车刀路，加工出陀螺顶部的左侧部分
（靠近卡爪的区域）。

动态粗车可以有效地加工零件，把刀路分为很多层，以延长刀具寿命，并提高切削速度。

1. 在【车削】工具栏单击【动态粗车】按钮，如图 3-5-2 所示。
2. 弹出【线框串连】对话框，如图 3-5-3 所示。

将【模式】设置为【线框】，将【选择方式】设置为【部分串连】，并在工作区域指定需要串
连的线框。

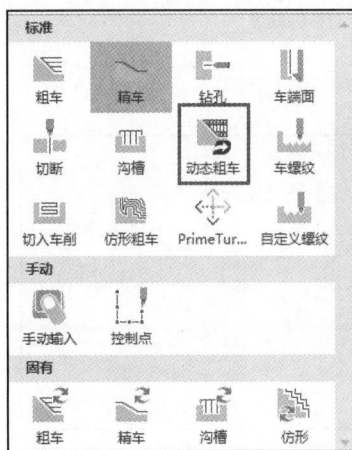

图 3-5-2   【动态粗车】按钮

图 3-5-3   【线框串连】对话框

3. 部分串连结果如图 3-5-4 所示。

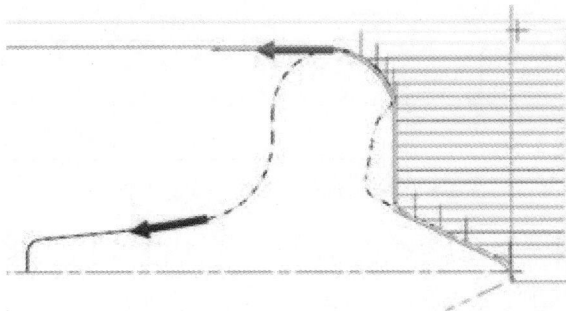

图 3-5-4   部分串连结果

4. 在【线框串连】对话框中单击【确定】按钮，将弹出【动态粗车】对话框。

5. 单击【选择刀库刀具】按钮，如图 3-5-5 所示。

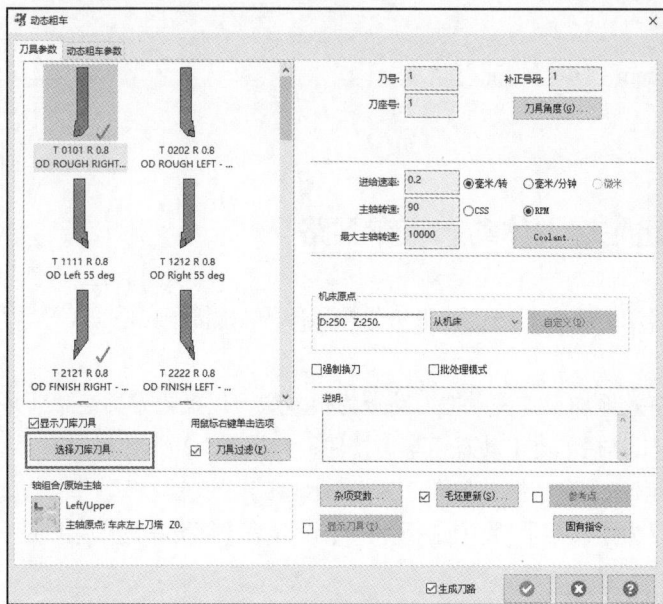

图 3-5-5　【选择刀库刀具】按钮

6. 在弹出的【选择刀具】对话框中单击【打开文件库】按钮，如图 3-5-6 所示。

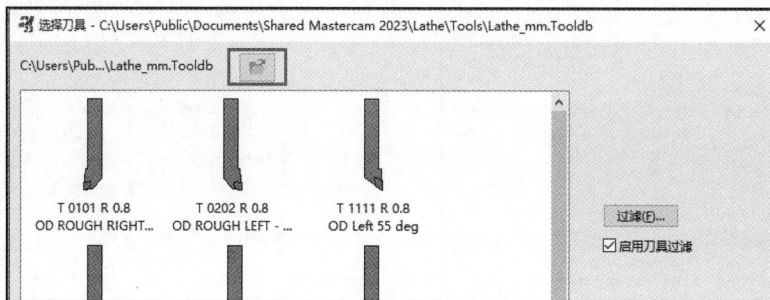

图 3-5-6　【打开文件库】按钮

7. 打开配套资源中的刀具文件（SpinningTopTools.tooldb），如图 3-5-7 所示。

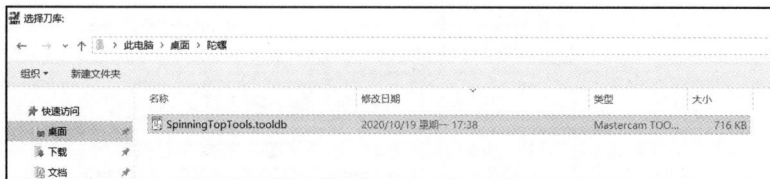

图 3-5-7　SpinningTopTools.tooldb 文件

8. 此时，新刀具将出现在【动态粗车】对话框的【刀具参数】选项卡中。

9. 在【刀具参数】选项卡中更改以下参数，如图 3-5-8 所示。

① 选择导入的【T 1414】刀具。

② 将【进给速率】设置为【0.25】。

③ 将【主轴转速】设置为【90】。

④ 将【最大主轴转速】设置为【2500】。

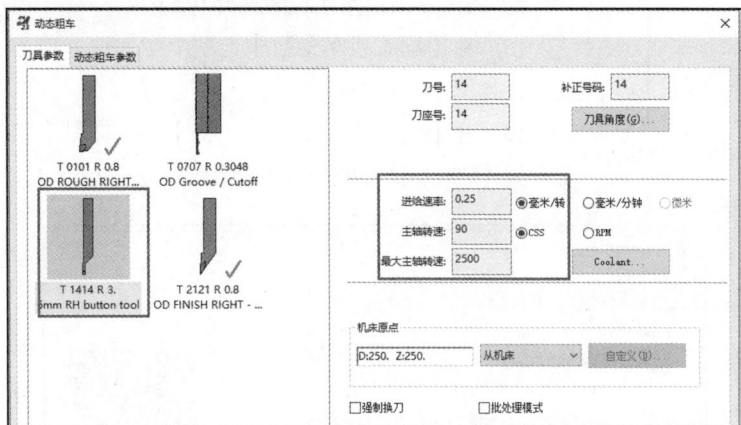

图 3-5-8 设置加工参数

10. 在【说明】框中，输入【车削陀螺身】，如图 3-5-9 所示。

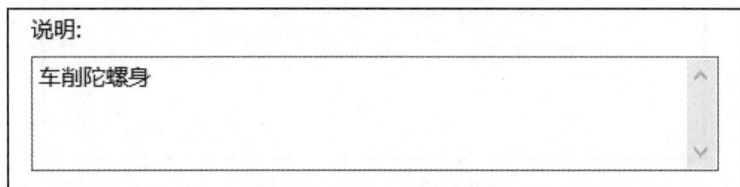

图 3-5-9 输入【说明】文本

11. 在【动态粗车】对话框中打开【动态粗车参数】选项卡。

12. 在【动态粗车参数】选项卡中做如下修改，如图 3-5-10 所示。

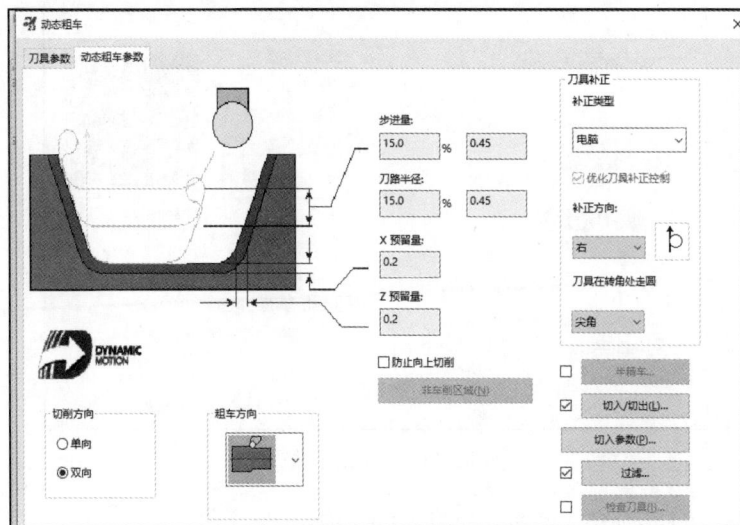

图 3-5-10 【动态粗车参数】选项卡

图 3-5-11　【切入/切出】按钮

① 将【步进量】设置为【15.0】%。

② 将【刀路半径】设置为【15.0】%。

③ 将【X 预留量】设置为【0.2】。

④ 将【Z 预留量】设置为【0.2】。

13. 在【动态粗车参数】选项卡中勾选并单击【切入/切出】按钮，如图 3-5-11 所示。

14. 在【切入】选项卡中，将【进入向量】组中的【角度】设置为【-90.0】，如图 3-5-12 所示。

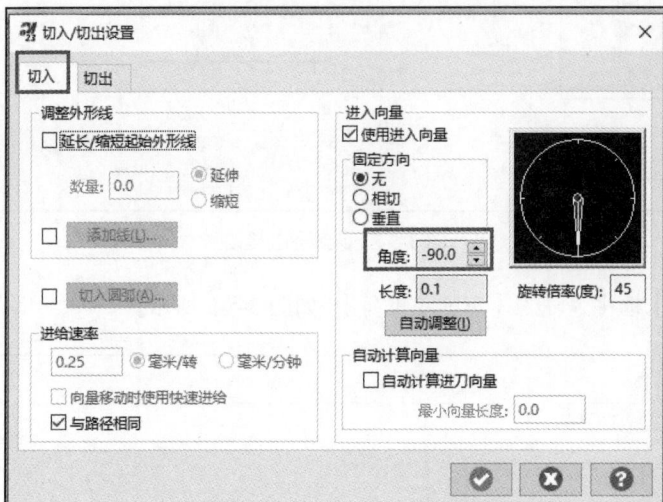

图 3-5-12　【切入】选项卡

15. 打开【切出】选项卡，将【退刀向量】组中的【角度】设置为【90.0】，如图 3-5-13 所示。

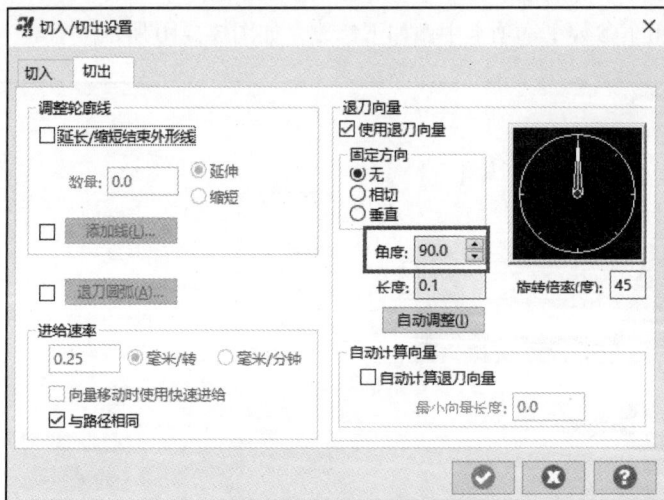

图 3-5-13　【切出】选项卡

16. 勾选并单击【添加线】按钮，如图 3-5-14 所示。

17. 在打开的【新建轮廓线】对话框中，单击【自定义】按钮并绘制图 3-5-15 所示的轮廓线，轮廓线长度不做要求。

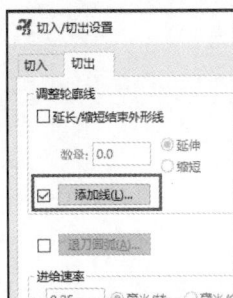

图 3-5-14　【添加线】按钮

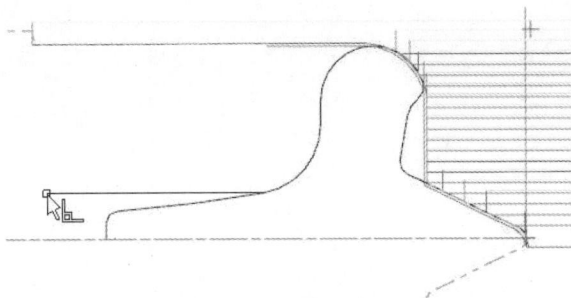

图 3-5-15　绘制轮廓线

18. 在【新建轮廓线】对话框中，将【长度】设置为【10.0】，将【角度】设置为【180.0】，如图 3-5-16 所示。

19. 单击【新建轮廓线】和【切入/切出设置】对话框中的【确定】按钮。

20. 在【动态粗车】对话框中单击【切入参数】按钮，如图 3-5-17 所示。

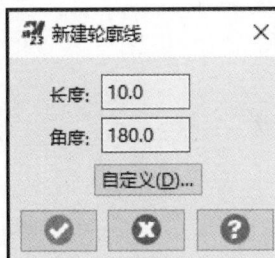

图 3-5-16　轮廓线参数设置

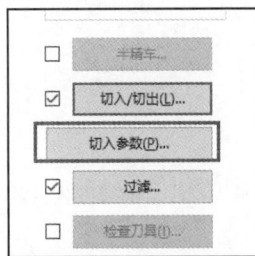

图 3-5-17　【切入参数】按钮

21. 在打开的【车削切入参数】对话框中，选择第二个车削切入设置，如图 3-5-18 所示。此选项表示指定刀路应该加工，而不是忽略凹槽区域。

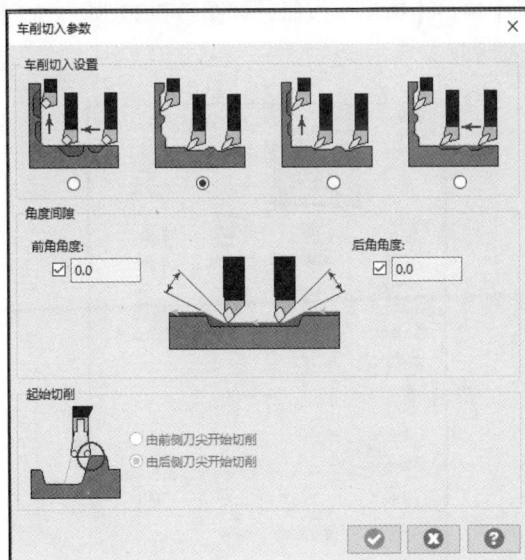

图 3-5-18　选择第二个车削切入设置

22. 在【车削切入参数】对话框和【动态粗车】对话框中单击【确定】按钮，将生成图 3-5-19 所示的刀路。

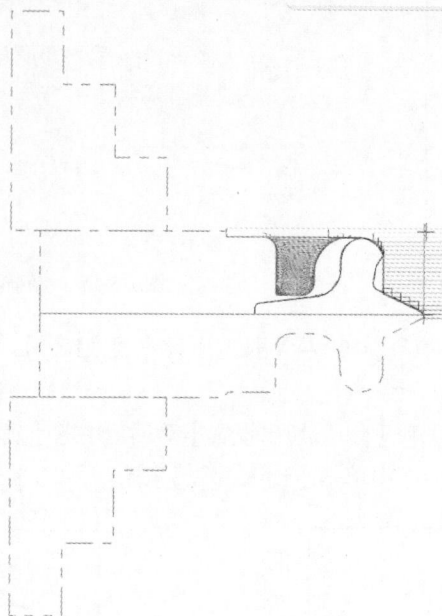

图 3-5-19　动态粗车刀路

23. 将文件保存为"Spinning_Top_MM_×××_7"。

练习 2：创建陀螺主体精车刀路

本练习将创建精车刀路，它将去除动态粗车刀路留下的表面余量。

1. 在【车削】工具栏中单击【精车】按钮，如图 3-5-20 所示，将显示【线框串连】对话框。

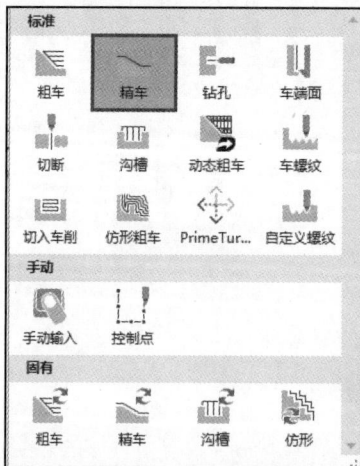

图 3-5-20　【精车】按钮

2. 在【线框串连】对话框中，将【选择方式】设置为【部分串连】，串连路径的选择与动态粗车刀路相同，如图 3-5-21 所示，然后单击【确定】按钮。

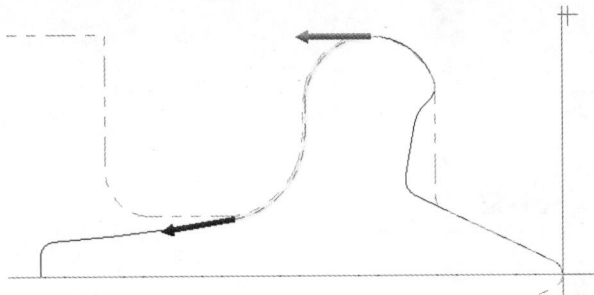

图 3-5-21　【部分串连】结果

3. 弹出【精车】对话框，在【刀具参数】选项卡中进行以下更改，如图 3-5-22 所示。

① 选择【T 1414】刀具。

② 将【进给速率】设置为【0.15】。

③ 将【主轴转速】设置为【90】。

④ 将【最大主轴转速】设置为【1000】。

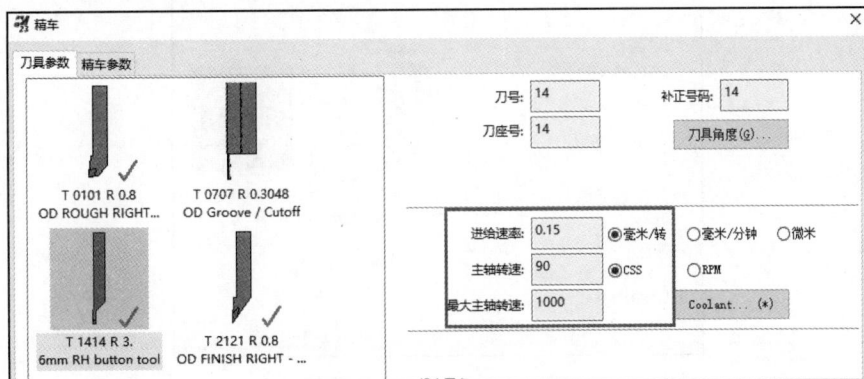

图 3-5-22　【刀具参数】选项卡

4. 在【说明】框中输入【精车削陀螺身】，如图 3-5-23 所示。

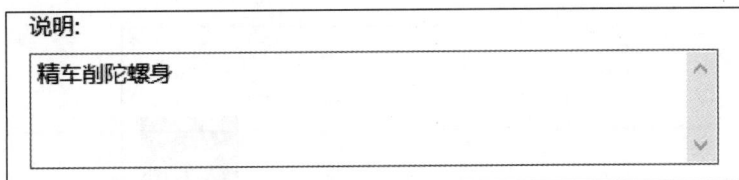

图 3-5-23　输入【说明】文本

5. 进入【精车参数】选项卡，进行以下修改，如图 3-5-24 所示。

① 将【X 预留量】设置为【0.0】。

② 将【Z 预留量】设置为【0.0】。

③ 将【精车次数】设置为【1】。

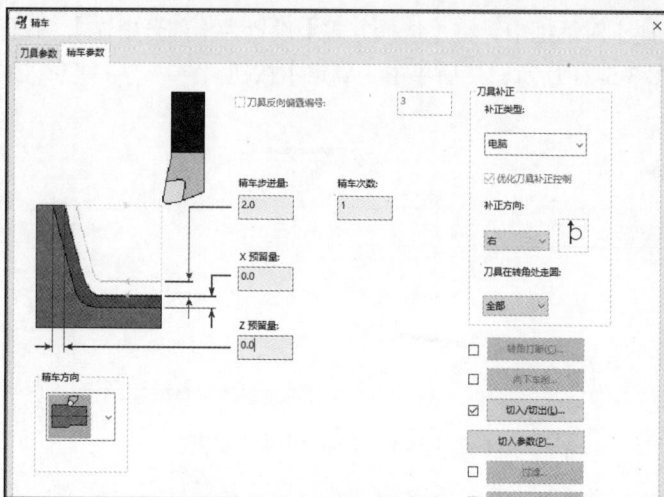

图 3-5-24 【精车参数】选项卡

6. 在【精车参数】选项卡中，勾选并单击【切入/切出】按钮，在打开对话框的【切入】选项卡中，将【进入向量】组下的【角度】设置为【–135.0】，将【长度】设置为【0.1】，如图 3-5-25 所示。

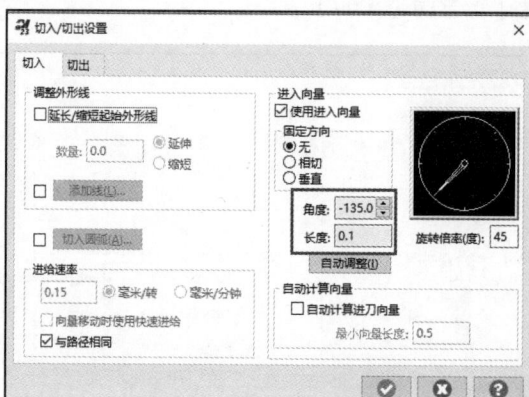

图 3-5-25 【切入】选项卡

7. 在【切出】选项卡中，将【退刀向量】组下的【角度】设置为【90.0】，将【长度】设置为【0.1】，然后单击【确定】按钮，如图 3-5-26 所示。

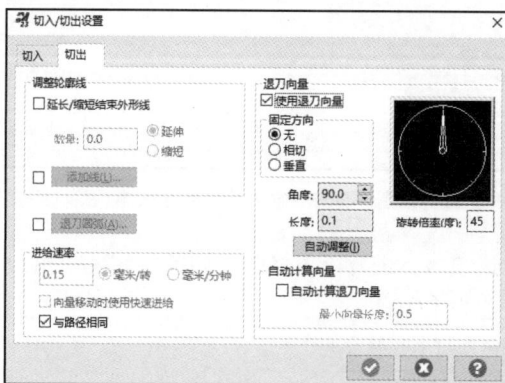

图 3-5-26 【切出】选项卡

8. 在【精车参数】选项卡中单击【切入参数】按钮，如图 3-5-27 所示。

9. 在打开的【车削切入参数】对话框中，选择第二个车削切入设置，如图 3-5-28 所示。此选项指定刀路应该加工，而不是忽略凹槽区域。

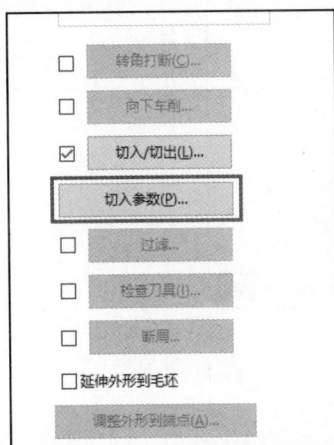

图 3-5-27 【切入参数】按钮

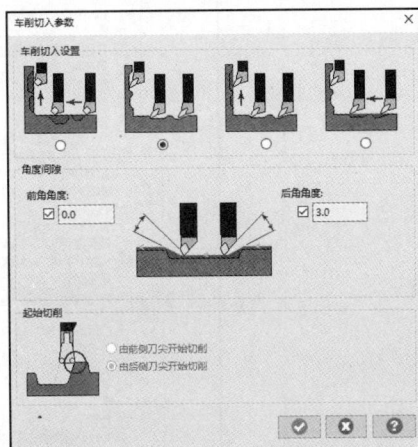

图 3-5-28 选择第二个车削切入设置

10. 在【车床切入参数】和【精车】对话框中单击【确定】按钮。

系统将生成精车刀路。如果在选定的操作上使用【切换显示已选择的刀路操作】来隐藏除第二个精车刀路之外的所有操作，将在图形窗口中看到图 3-5-29 所示的内容。

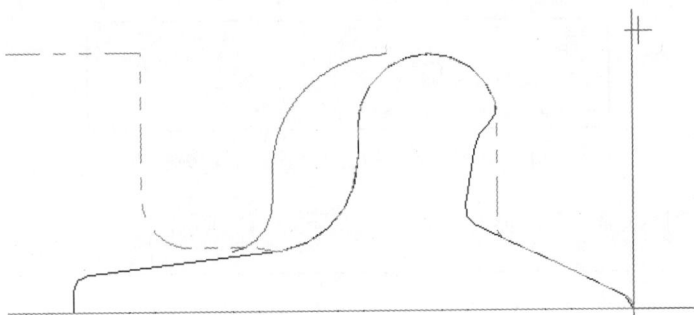

图 3-5-29 精车刀路

练习3：模拟和验证已选择刀路

本练习将使用【模拟已选择的操作】和【验证已选择操作】按钮检验所创建的刀路。

1. 在【刀路】管理器中，选择【4-动态粗车-[WCS:Top]-[刀具面：车床左上刀塔]-车削陀螺身】刀路。

系统将取消选择其他刀路，只选择【4-动态粗车-[WCS:Top] -[刀具面：车床左上刀塔]-车削陀螺身】刀路，如图 3-5-30 所示。

演示视频

项目 3-陀螺-3-5-练习 3：
模拟和验证已选择刀路

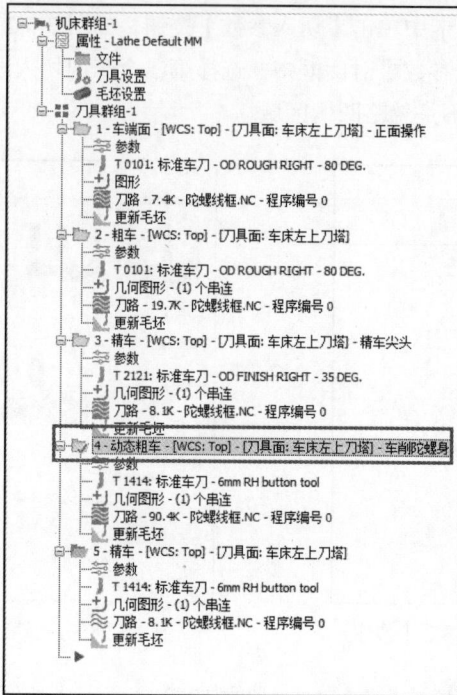

图 3-5-30 【4-动态粗车-[WCS:Top]-[刀具面：车床左上刀塔]-车削陀螺身】刀路

2. 在【刀路】管理器的命令栏中单击【模拟已选择的操作】按钮，如图 3-5-31 所示。

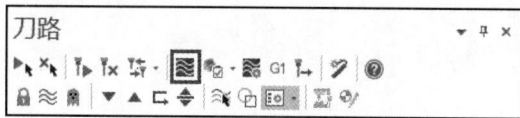

图 3-5-31 【模拟已选择的操作】按钮

【路径模拟】对话框显示在图形窗口上方，如图 3-5-32 所示。

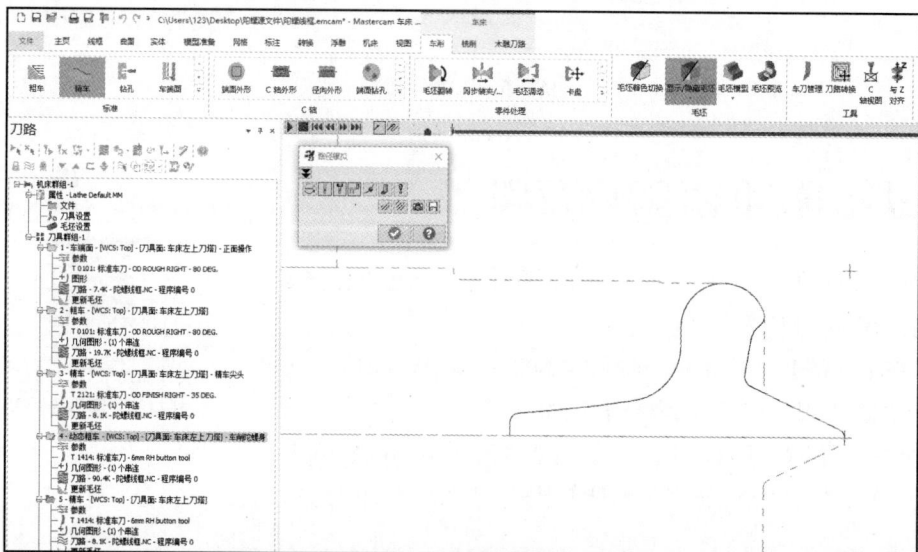

图 3-5-32 【路径模拟】对话框显示在图形窗口上方

3.【路径模拟】对话框如图 3-5-33 所示,【显示刀具】、【显示刀柄】和【显示快速移动】按钮处于高亮显示状态。

4. 在路径模拟控制播放栏中,单击【开始】按钮观看模拟动画,如图 3-5-34 所示。

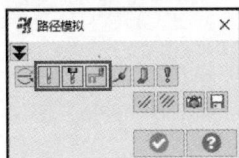

图 3-5-33 【路径模拟】对话框

图 3-5-34 播放栏

模拟出刀具切割零件的运动,有助于用户在加工零件之前发现程序中的错误,如图 3-5-35 所示。

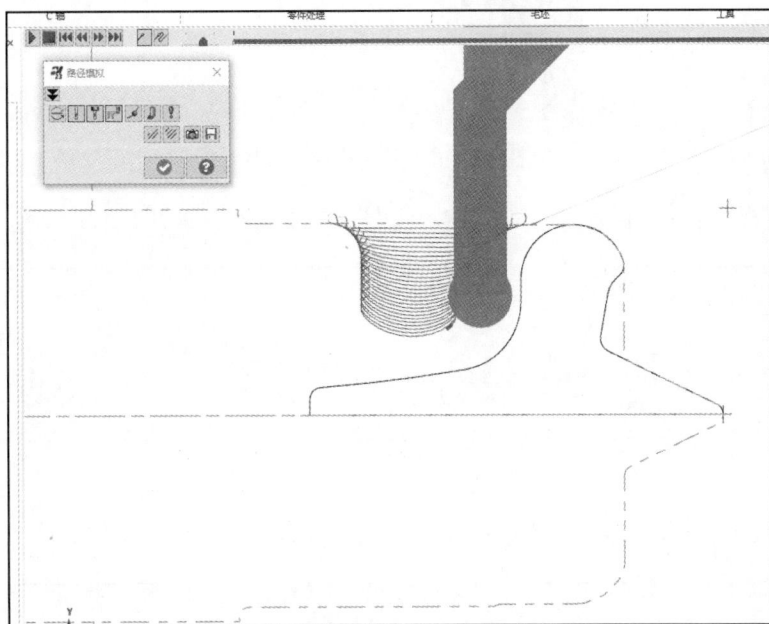

图 3-5-35 模拟出刀具切割零件的运动

5. 在【路径模拟】对话框中单击【确定】按钮,如图 3-5-36 所示。

6. 在【刀路】管理器中选择【机床群组-1】选项,选中所有的刀路,然后单击【验证已选定的操作】按钮,如图 3-5-37 所示。

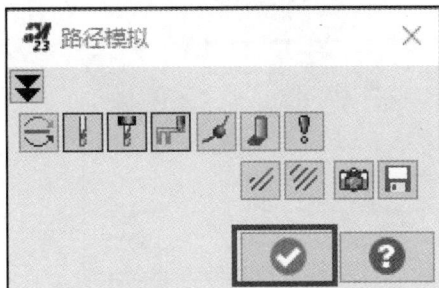

图 3-5-36 【确定】按钮

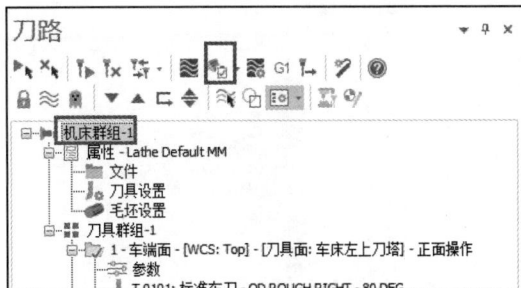

图 3-5-37 【验证已选定的操作】按钮

7. 进行模拟以查看刀路切割零件的过程，结果如图 3-5-38 所示。

图 3-5-38　陀螺主体加工结果

8. 打开【视图】工具栏，然后单击【4 个视图排列】按钮，如图 3-5-39 所示。

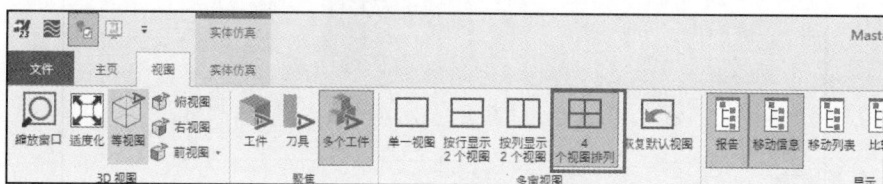

图 3-5-39　【4 个视图排列】按钮

此时可以从 4 个不同的视图查看模拟情况，如图 3-5-40 所示。

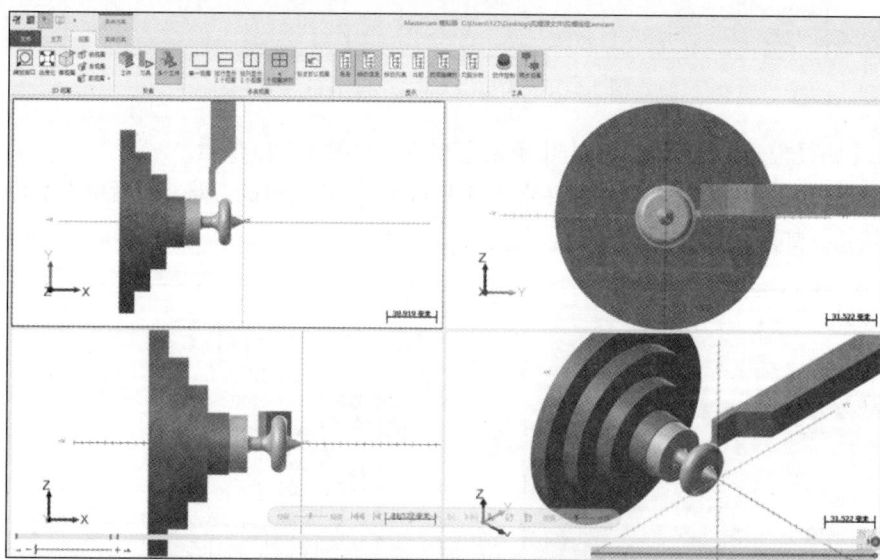

图 3-5-40　4 个不同视图的模拟情况

9. 关闭 Mastercam 模拟器，并将文件保存为"陀螺身－×××.emcam"。

【自测练习】

你能回答这些问题吗？

1. 使用动态粗车刀路有哪些好处？

A. 使用更多刀刃面，从而延长刀具寿命

B. 提高切割速度

C. 使刀具更一致地加工材料

D. 以上所有内容

2. 如果串连方向错误，则可以进行以下哪种操作？

A. 单击【反向】按钮　　　　　　B. 单击串连图形指向的图形窗口

C. 重新创建第二个串连　　　　　D. 以上所有内容

3.【新建轮廓线】对话框可以帮助创建轮廓刀具路径。

A. 正确　　　　　　　　　　　　B. 错误

4.【切入】和【切出】在以下哪一步操作时进行设置？

A. 工作开始和结束　　　　　　　B. 刀具下刀时

C. 刀具进入和离开刀路时的运动　D. 以上均不行

5. 对于像陀螺这样的零件，刀路参数必须是均匀的，以减小零件断裂的可能性。

A. 正确　　　　　　　　　　　　B. 错误

6. 毛坯预留量是为了加工下一个零件而留下的足够的材料。

A. 正确　　　　　　　　　　　　B. 错误

科技词条

精密机械

定义：具有精密结构与性能的机械产品。

作为 21 世纪的重点发展方向，精密机械受到世界各工业发达国家的高度重视，美国、德国、日本等都增大了对精密机械的研发投入，相继出现了美国的摩尔、德国的 Kugler、荷兰的 ASML、日本佳能、尼康以及欧洲的克兰菲尔德等诸多知名企业，这些企业在超精密机床、光刻机、镜头制造等精密机械相关领域中处于世界范围内的绝对垄断地位。目前，最为典型的精密机械就是号称世界上最精密的仪器、堪称现代光学工业之花的光刻机，其中，高精度的对准系统需要具有近乎完美的精密机械工艺。其次，作为高精尖制造之母的超精密机床、被誉为工业皇冠上的明珠的航空发动机也是精密机械的极致体现，决定了国家制造业和航空工业的发展水平。

我国精密机械行业总体上的发展速度较快，精密机械行业产能及产量持续提高。尽管在尖端精密机械装备领域与发达国家仍有差距，但近年来不断获得新的突破，28 nm 光刻机、涡扇-20 航空发动机、FAST 射电望远镜等一系列精密机械装备相继实现了自主研制。相关从业者要立足本职岗位，深耕精密机械领域，争取攻克技术难关，研制更多具备自主知识产权的精密机械装备，摆脱工业发达国家对中国制造业的封锁，让"中国智造"领跑世界。

任务 3-6 车手柄

【任务情境】

该任务将创建切割陀螺顶部手柄的刀路，如图 3-6-1 所示。在设置时一定要小心，因为已经削弱了毛坯强度，需要避免在加工手柄尖端时发生折断现象。

图 3-6-1 陀螺顶部手柄的刀路

【学习目标】

1. 创建陀螺手柄粗车刀路。
2. 创建陀螺手柄精车刀路。
3. 使用 Mastercam 模拟器验证刀路。

【任务练习】

练习1：创建陀螺手柄动态粗车刀路

本练习将创建陀螺手柄动态粗车刀路。

1. 在【车削】工具栏中，单击【动态粗车】按钮，如图 3-6-2 所示。

2. 弹出【线框串连】对话框，选择线框，串联结果如图 3-6-3 所示。

演示视频

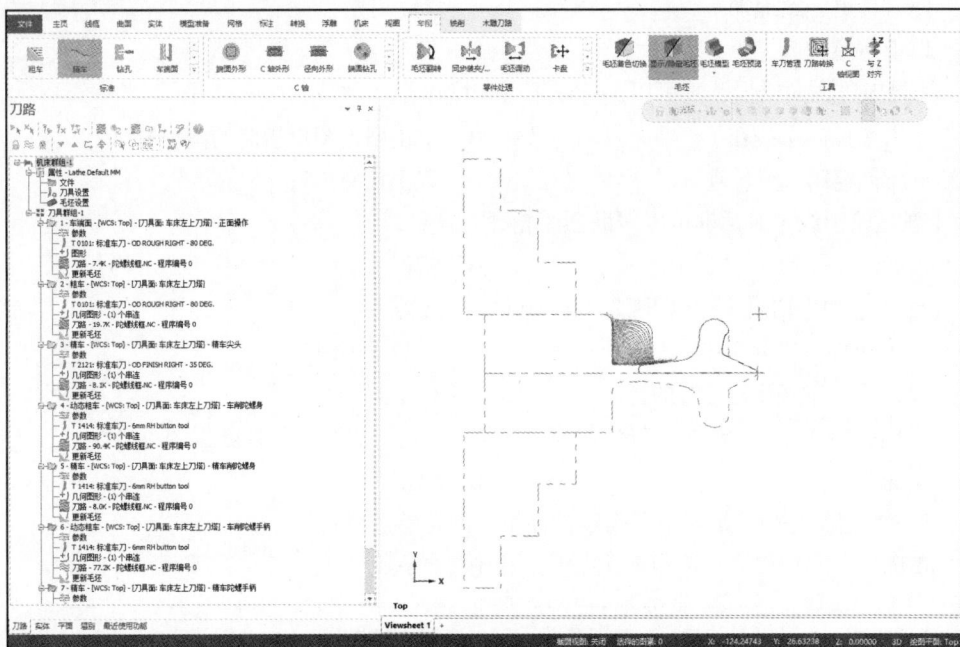

项目 3-陀螺-3-6-练习 1：
创建陀螺手柄动态粗车刀路

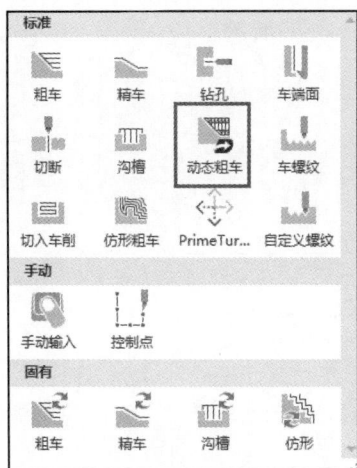

图 3-6-2 【动态粗车】按钮

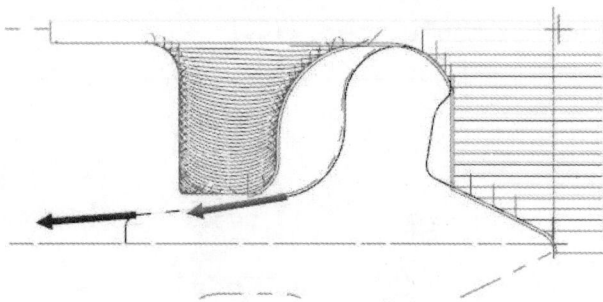

图 3-6-3 串连结果

3. 在【动态粗车】对话框中，进行以下更改，如图 3-6-4 所示。

① 选择【T 1414】刀具。

② 将【进给速率】设置为【0.3】。

③ 将【主轴转速】设置为【90】。

④ 将【最大主轴转速】设置为【2500】。

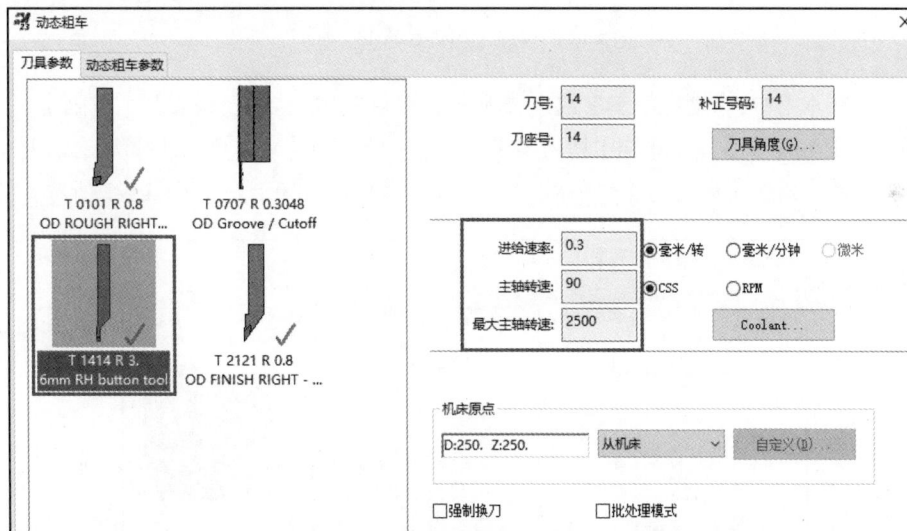

图 3-6-4 【动态粗车】对话框

4. 在【说明】框中，输入【车削陀螺手柄】，如图 3-6-5 所示。

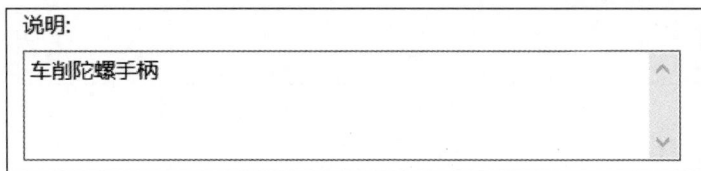

图 3-6-5 输入【说明】文本

5. 转到【动态粗车参数】选项卡，并修改以下参数，如图 3-6-6 所示。

① 将【步进量】设置为【15.0】%。

② 将【刀路半径】设置为【15.0】%。

③ 将【X 预留量】设置为【0.2】。

④ 将【Z 预留量】设置为【0.2】。

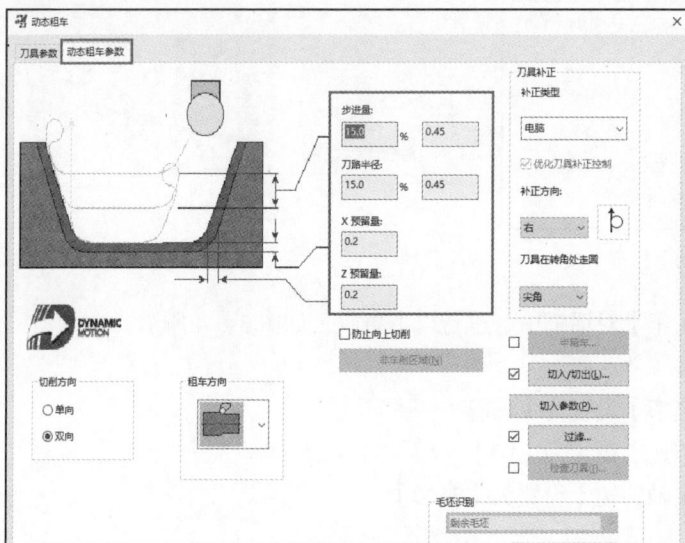

图 3-6-6 【动态粗车参数】选项卡

请注意，在本书中，【动态粗车参数】选项卡中的【补正类型】已设置为【电脑】。

6. 在【动态粗车参数】中单击【切入/切出】按钮，将打开【切入/切出设置】对话框，将【进入向量】组下的【角度】设置为【−90.0】，将【长度】设置为【0.1】，如图 3-6-7 所示。

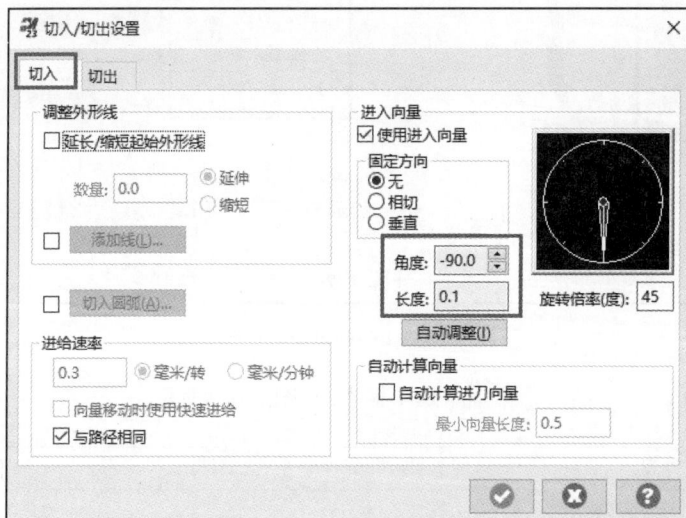

图 3-6-7 【切入】选项卡

7. 在【切出】选项卡中，将【退刀向量】组下的【角度】设置为【90.0】，将【长度】设置为【0.1】，如图 3-6-8 所示。

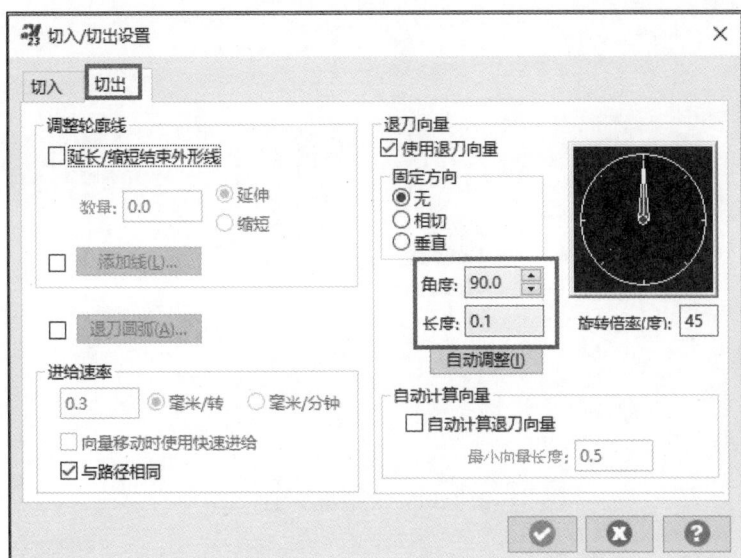

图 3-6-8　【切出】选项卡

8. 勾选并单击【添加线】按钮，如图 3-6-9 所示。

9. 在打开的【新建轮廓线】对话框中，单击【自定义】按钮，绘制图 3-6-10 所示的线条。

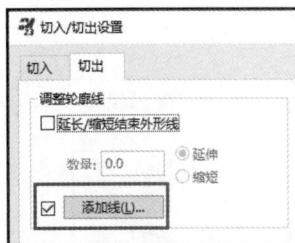

图 3-6-9　【添加线】按钮

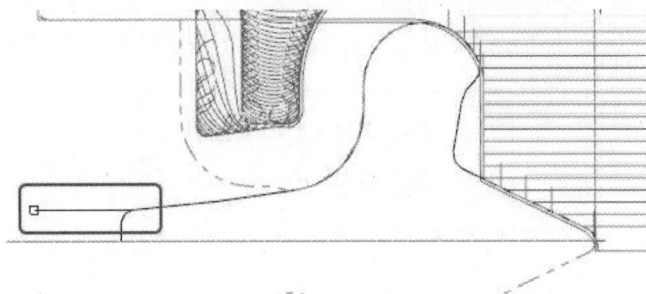

图 3-6-10　绘制线条

10. 在【新建轮廓线】对话框中，将【长度】设置为【10.0】，将【角度】设置为【180.0】，如图 3-6-11 所示。

11. 单击【新建轮廓线】对话框和【切入/切出】设置对话框中的【确定】按钮。

12. 在【车削切入参数】对话框中选择第二个车削切入设置，如图 3-6-12 所示。

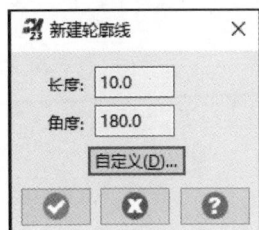

图 3-6-11　【新建轮廓线】对话框

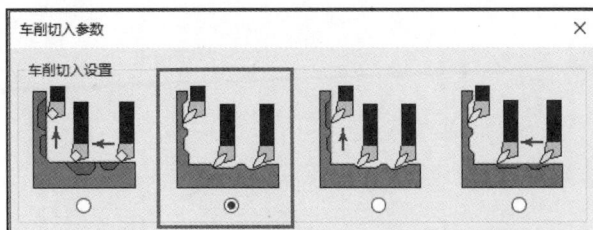

图 3-6-12　选择第二个车削切入设置

13. 关闭【车削切入参数】对话框和【动态粗车】对话框，将生成动态粗车刀路，如图 3-6-13 所示。

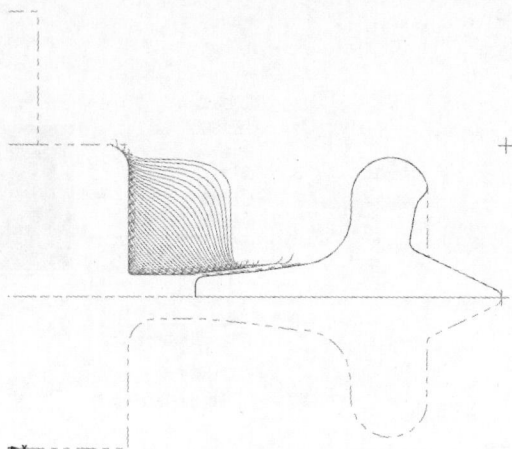

图 3-6-13　动态粗车刀路

14. 将文件保存为"陀螺手柄 – × × ×.emcam"。

练习 2：创建陀螺手柄的精车刀路

本练习创建陀螺手柄的精车刀路。

1. 在【车削】工具栏中选择【精车】按钮，如图 3-6-14 所示。

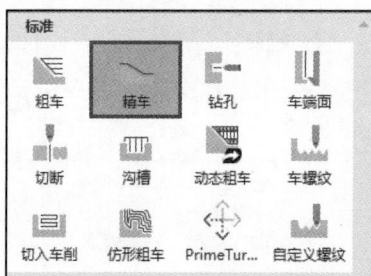

图 3-6-14　【精车】按钮

演示视频

项目 3-陀螺-3-6-练习 2：
创建陀螺手柄的精车刀路

2. 弹出【线框串连】对话框，选择线框，如图 3-6-15 所示，单击【确定】按钮。串连方向如图 3-6-16 所示。

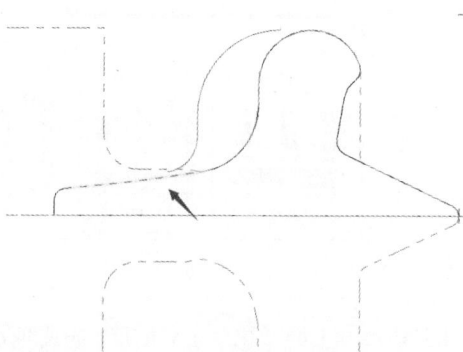

图 3-6-15　选择线框

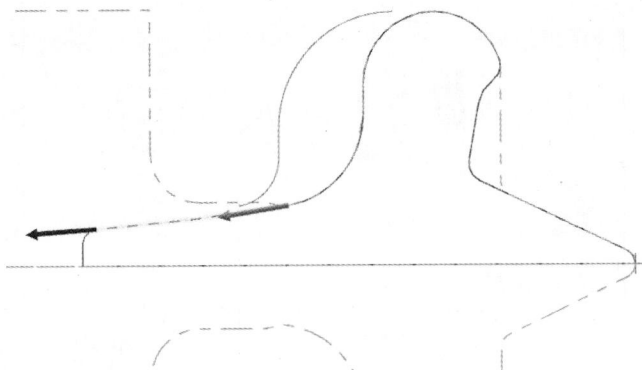

图 3-6-16　串连方向

3. 在打开的【精车】对话框中进行以下修改，如图 3-6-17 所示。

① 选择【T 1414】刀具。

② 将【进给速率】设置为【0.2】。

③ 将【主轴转速】设置为【45】。

④ 将【最大主轴转速】设置为【1000】。

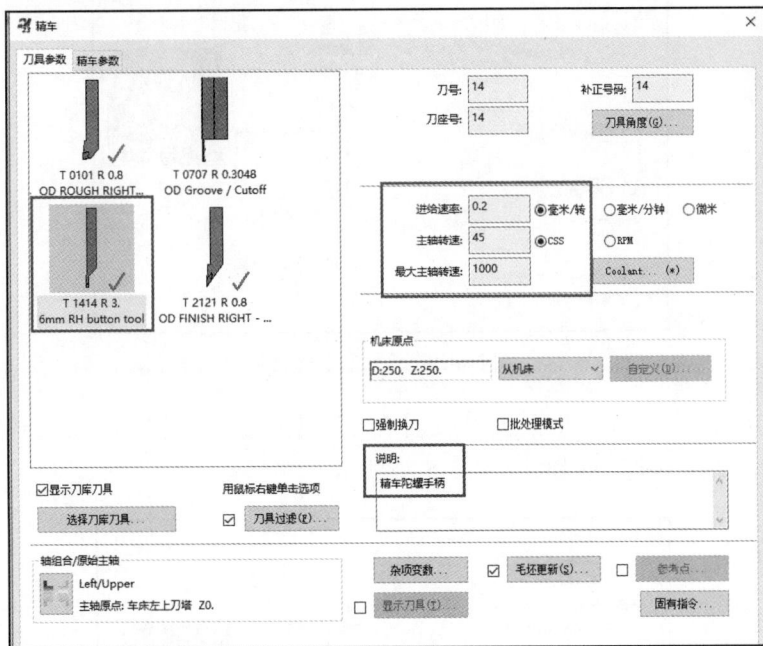

图 3-6-17　【精车】对话框

4. 在【说明】框中，输入【精车陀螺手柄】。

5. 在【精车参数】选项卡中输入以下参数，如图 3-6-18 所示。

① 将【精车步进量】设置为【2.0】。

② 将【X 预留量】设置为【0.0】。

③ 将【Z 预留量】设置为【0.0】。

④ 将【精车次数】设置为【1】。

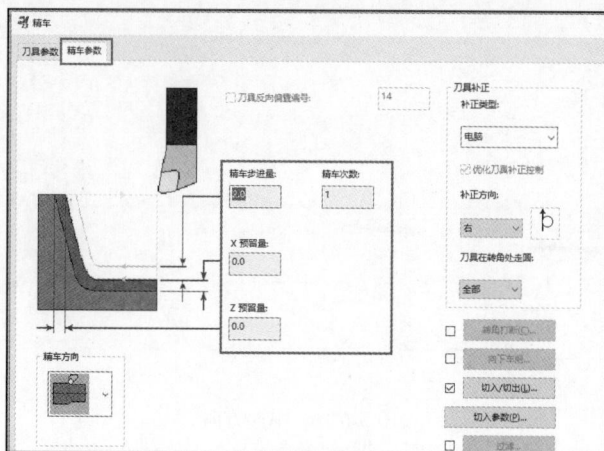

图 3-6-18　【精车参数】选项卡

6. 单击【切入/切出】按钮，打开【切入/切出设置】对话框并切换至【切入】选项卡，将【进入向量】组下的【角度】设置为【-90.0】，将【长度】设置为【0.1】，如图 3-6-19 所示。

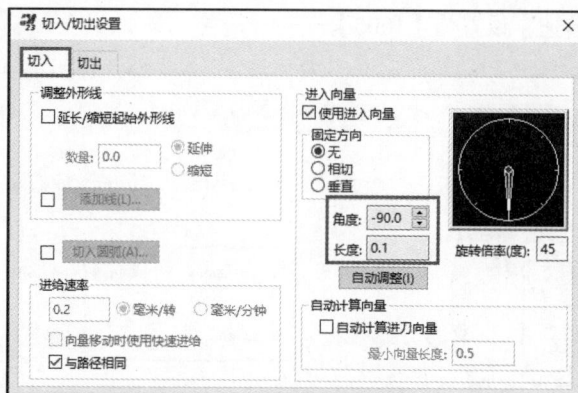

图 3-6-19　【切入】选项卡

7. 在【切出】选项卡中，将【退刀向量】组下的【角度】设置为【90.0】，将【长度】设置为【0.1】，然后单击【确定】按钮，如图 3-6-20 所示。

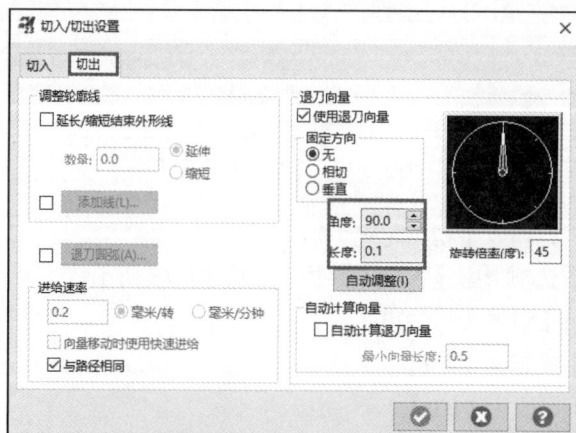

图 3-6-20　【切出】选项卡

8. 在打开的【车削切入参数】对话框中选择第二个车削切入设置，如图 3-6-21 所示。

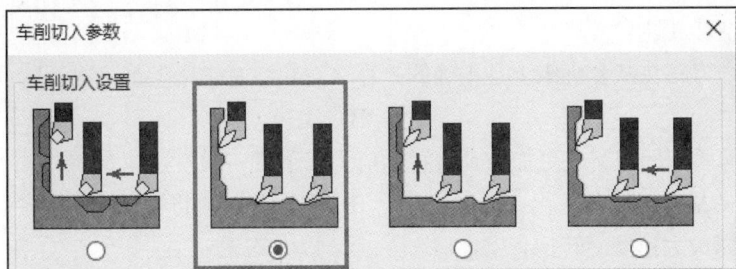

图 3-6-21　选择第二个车削切入设置

9. 在【车削切入参数】对话框和【精车】对话框中单击【确定】按钮，系统将生成精车刀路。

10. 在【刀路】管理器中选择【机床群组-1】中的所有刀路，然后单击【验证已选择的操作】按钮。

11. 在 Mastercam 模拟器中，单击【开始】按钮进行模拟（如果默认显示 4 个视图，则可更改为单视图）。当模拟结束时，可以看到加工结果，如图 3-6-22 所示。

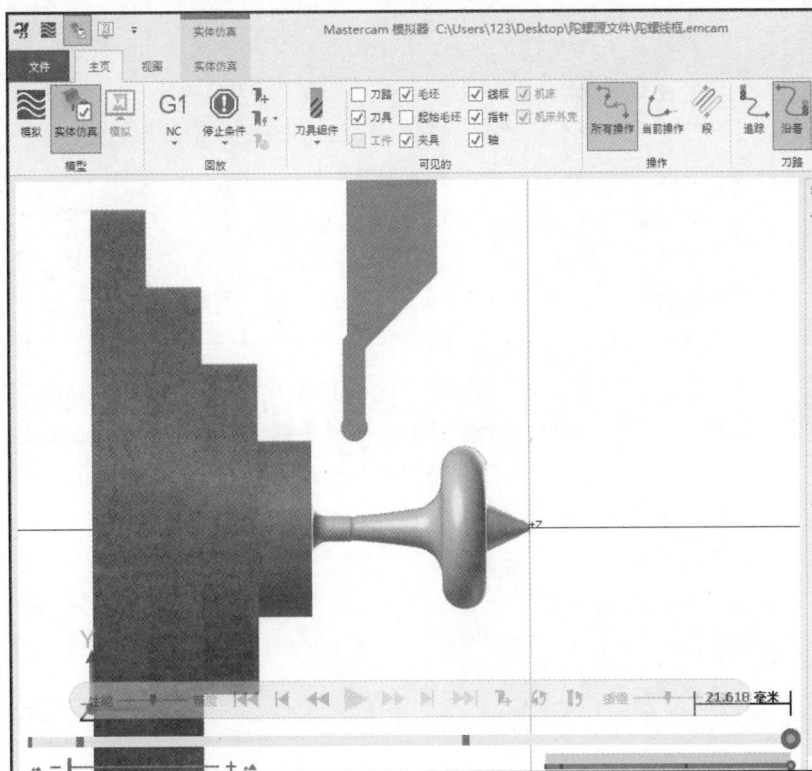

图 3-6-22　陀螺主体加工结果

12. 将文件保存为"陀螺手柄 – ×××.emcam"。

小提示　　　所设置参数的加工效果会因机床不同而产生差异。如果要在机床上完成加工，则须谨慎操作以确保安全。

【自测练习】

你能回答这些问题吗？

1. 如果一个刀路在某台机床上是正确的，那么它在所有机床上都可以运行。

A. 正确　　　　　　　　　　　　　B. 错误

2. 加工陀螺手柄的刀路应更加认真设置，应为以下哪一项？

A. 被切割的材料可能会熔化　　　　B. 大部分材料将被移除

C. 零件将以最大速度旋转　　　　　D. 以上均无

3. 刀具的大小和形状在某种程度上决定了施加在零件上的力。

A. 正确　　　　　　　　　　　　　B. 错误

4. 当将刀具【补正类型】改为【电脑】时，Mastercam 将自动补偿刀具的半径。

A. 正确　　　　　　　　　　　　　B. 错误

5. 【车削切入参数】控制刀路是否忽略加工零件的凹槽区域。

A. 正确　　　　　　　　　　　　　B. 错误

科技
突破

"魔鬼鱼"——仿蝠鲼潜水器

在科技飞速发展的今天，人类对海洋深处的探索从未停止。为了更好地理解海洋生态系统、开发海洋资源和保护海洋环境，科学家们不断寻求创新技术。西北工业大学研究团队经过多年努力，于 2018 年成功研发出一款模仿蝠鲼（俗称"魔鬼鱼"）的仿生潜水器。

该团队深入研究了蝠鲼的生物力学特征，特别是其通过胸鳍波动产生高效推力的能力。基于这一发现，研究团队设计了一种柔性波浪驱动系统，使仿蝠鲼潜水器能在复杂环境中自如游动，减少能量消耗。

传统的水下机器人通常采用螺旋桨或喷射推进系统，虽然能提供强大推力，但在低速时效率较低且噪音大，容易干扰海洋生物。相比之下，仿蝠鲼潜水器的推进系统更加安静、柔和，能够更好地融入海洋环境，避免对生态造成负面影响。此外，研究团队使用碳纤维增强复合材料（CFRP），确保潜水器结构轻便且坚固，有效减少水阻力，提升航行速度。

仿蝠鲼潜水器广泛应用于海洋科学研究、资源勘探和环境保护等领域。在 2020 年的南海科考任务中，它成功完成了多次深海探测任务，获取了大量珍贵数据。此外，在渤海湾的一次管道巡检任务中，它发现了多处管道腐蚀点，及时预警，避免了重大事故的发生。

任务 3-7　切断

【任务情境】

本任务将创建切断操作，如图 3-7-1 所示。该操作需要在待切断工件和剩余毛坯（装夹部分）之间移除尽可能多的材料。当工件还在机床上时，要避免零件被完全切断而重重地掉下来。

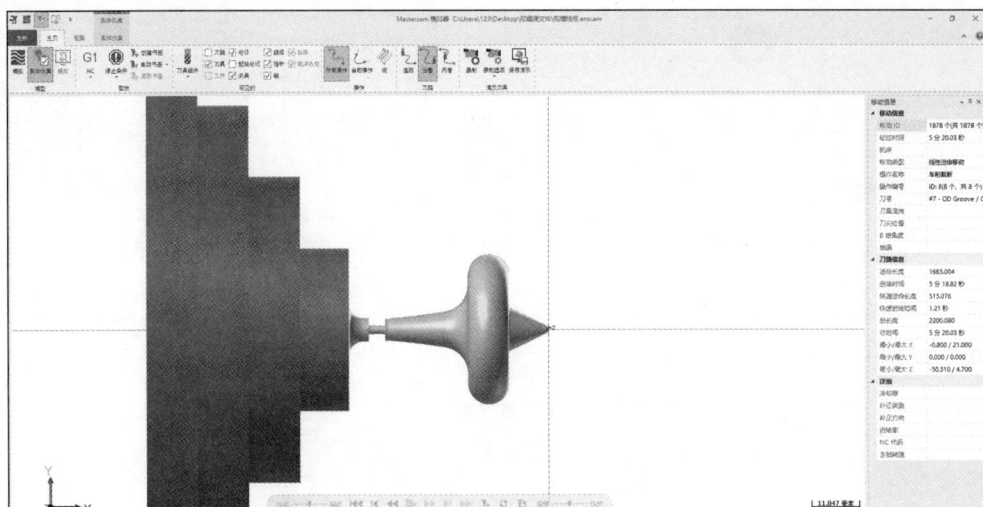

图 3-7-1　切断操作

【学习目标】

1. 创建切断操作。
2. 使用 Mastercam 模拟器验证刀路。

【任务练习】

练习 1：创建陀螺切断操作

本练习将创建切断操作，该操作的目的是切除陀螺支撑部分的绝大多数材料。

1. 在【车削】工具栏中单击【切断】按钮，如图 3-7-2 所示。
2. 单击【光标】按钮右侧的"▼"下拉按钮，将显示【光标】下拉列表，如图 3-7-3 所示。

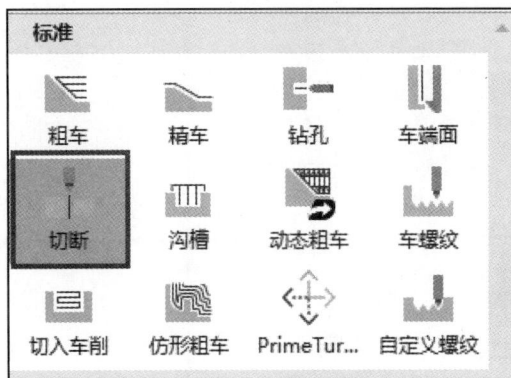

图 3-7-2　【切断】按钮

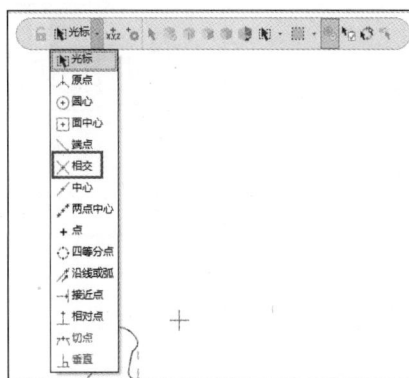

图 3-7-3　【光标】下拉列表

3. 选择【相交】命令，然后选择图 3-7-4 所示的几何图形。

系统在两个选定线段相交处创建出了一个点，如图 3-7-5 所示，并显示【车削截断】对话框。

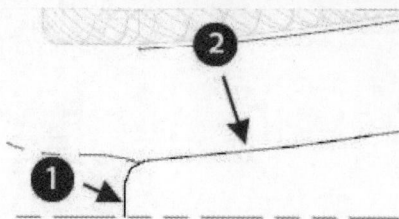

图 3-7-4 选择几何图形

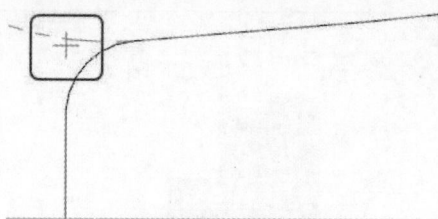

图 3-7-5 相交点

4. 在【车削截断】对话框的【刀具参数】选项卡中，取消勾选【刀具过滤】复选框，如图 3-7-6 所示。

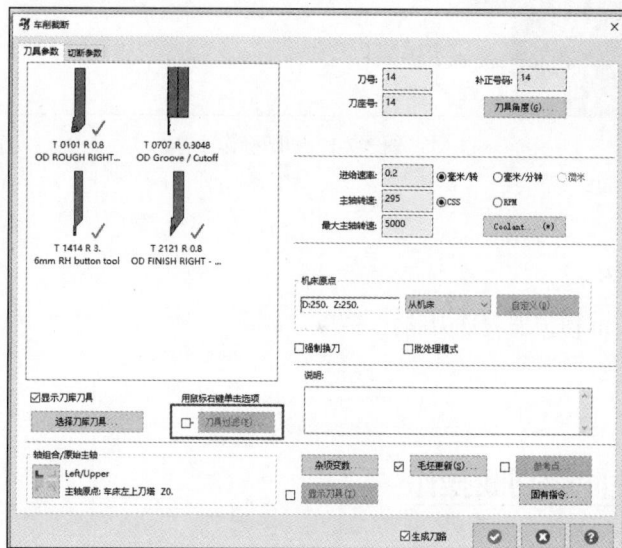

图 3-7-6 【刀具过滤】复选框

5. 在【车削截断】对话框的【刀具参数】选项卡中进行以下更改，如图 3-7-7 所示。

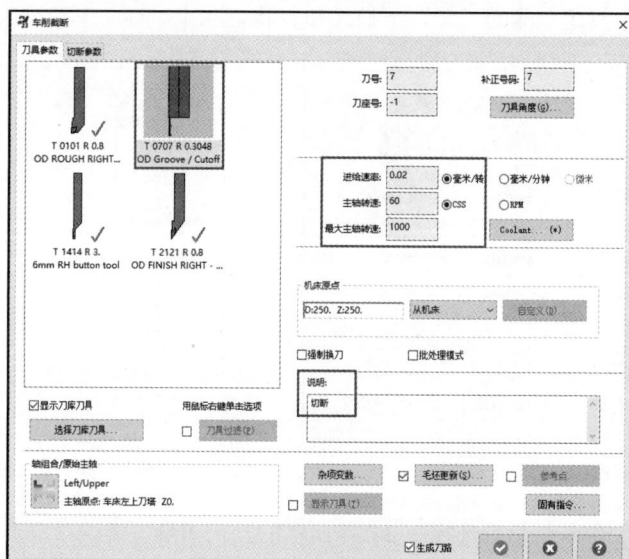

图 3-7-7 【刀具参数】选项卡

① 选择【T 0707】刀具。

② 将【进给速率】设置为【0.02】。

③ 将【主轴转速】设置为【60】。

④ 将【最大主轴转速】设置为【1000】。

6. 在【说明】框中输入【切断】。

7. 在【切断参数】选项卡中输入以下参数，如图 3-7-8 所示。

① 将【进入延伸量】设置为【2.0】。

② 将【增量坐标】设置为【2.0】。

③ 将【X 相切位置】设置为【1.3】。

④ 将【毛坯背面】设置为【0.0】。

⑤ 将【切深位置】设置为【前端半径】。

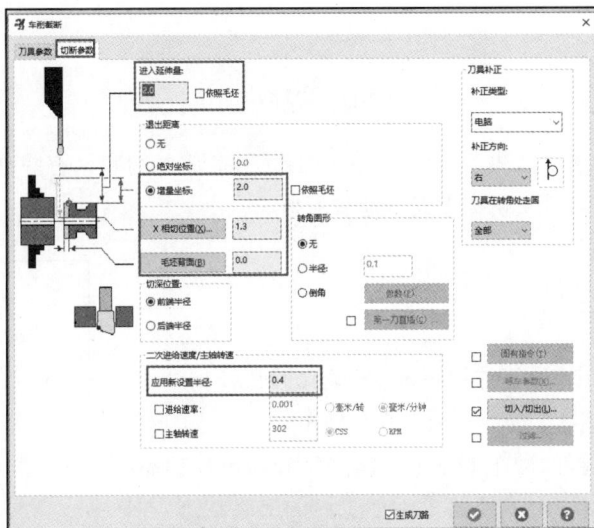

图 3-7-8　【切断参数】选项卡

8. 在【切断参数】选项卡中，单击【切入/切出】按钮，在打开对话框的【切入】选项卡中，设置【进入向量】组下的【角度】为【−90.0】，【长度】为【2.0】，如图 3-7-9 所示。进入【切出】选项卡，设置【退刀向量】组下的【角度】为【90.0】，【长度】为【2.0】，如图 3-7-10 所示。

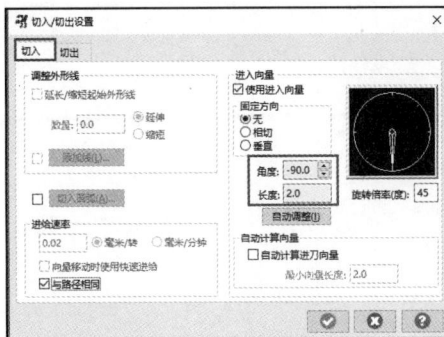

图 3-7-9　【切入】选项卡

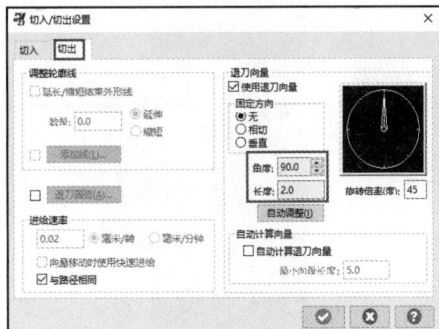

图 3-7-10　【切出】选项卡

9. 在【切入/切出设置】对话框和【车削截断】对话框中单击【确定】按钮。Mastercam 将创建切断操作刀路，如图 3-7-11 所示。注意是否留下了一小部分以保持零件连接到卡盘上。

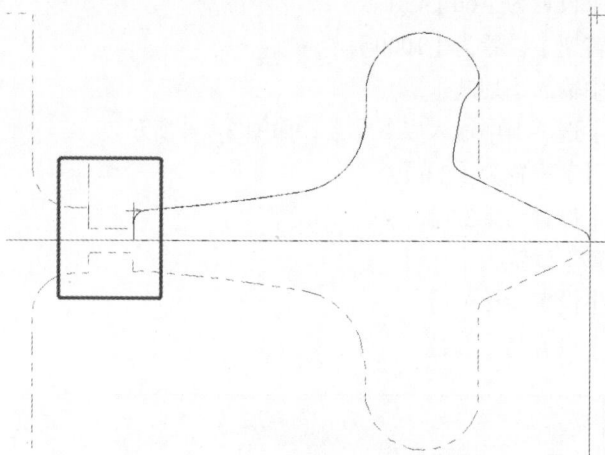

图 3-7-11　切断操作刀路

注意，留下材料的多少取决于机床，有些机床需要较多的材料，有些可以少一些。有些机床带有辅助装置，用来将零件从机床上安全地拿下来。

练习 2：验证刀路

本练习将使用 Mastercam 模拟器来验证所有的刀路。

1. 选择【机床群组-1】选项，选中所有操作。
2. 单击【验证已选择的操作】按钮，启动 Mastercam 模拟器。
3. 进行模拟，观察每个刀路将零件加工后的最终状态，如图 3-7-12 所示。如果模拟速度过快，则可以调低速度。

演示视频

项目 3-陀螺-3-7-练习 2：验证刀路

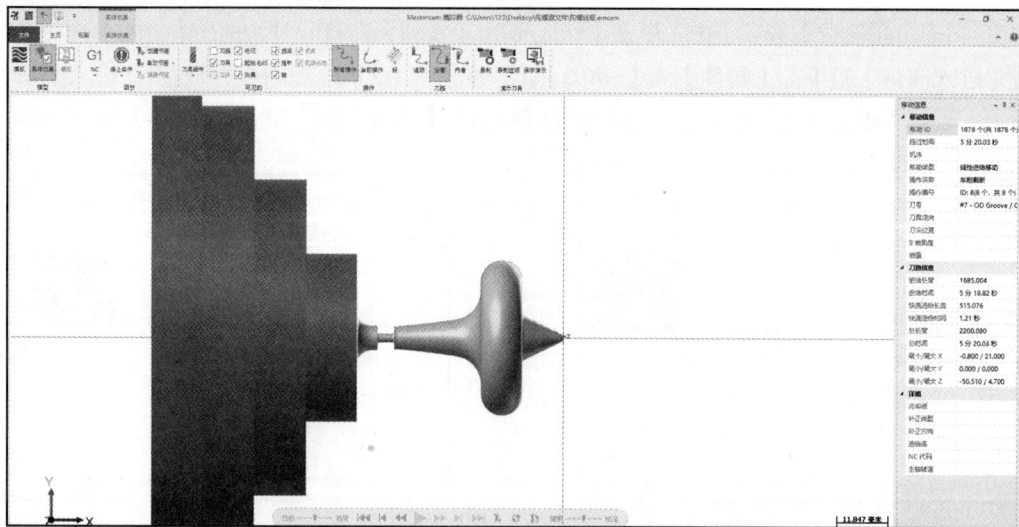

图 3-7-12　最终状态

4. 单击【后退】按钮，将模拟器重置到开始位置，如图 3-7-13 所示。

图 3-7-13   【后退】按钮

5. 从【停止条件】下拉列表中选择【更换操作时】命令，模拟器将在每次操作结束时停止，如图 3-7-14 所示。

6. 按【R】键进行模拟，模拟器在车端面操作结束时停止。

7. 继续按【R】键，逐步完成每项操作。

8. 关闭 Mastercam 模拟器，并将文件保存为"陀螺切断 – ×××.emcam"。

小提示

> 切断操作时，应留小小的一部分以保持零件连接到卡盘上。必须手动从剩余的毛坯上移除零件，可以来回弯曲，量变达到质变，直到它折断。

图 3-7-14   【更换操作时】命令

【自测练习】

你能回答这些问题吗？

1. 要从车床上拆下成品陀螺，应如何操作？

A. 用橡胶木槌将零件敲掉

B. 来回弯曲零件，直到它从毛坯上折断为止

C. 将连接零件的材料熔掉

D. 用开槽工具切断零件

2. 切断操作时，零件与毛坯的剩余量大小取决于所使用的机床。

A. 正确　　　　　　　　　　　　　　B. 错误

3. 零件切断操作需要进行粗加工和精加工两步设置。

A. 正确　　　　　　　　　　　　　　B. 错误

4. 有些机床配备了专门夹具，允许完全切断操作。

A. 正确　　　　　　　　　　　　　　B. 错误

5. 在 Mastercam 模拟器中要降低模拟速度，应该执行以下哪一项操作？

A. 编辑刀路参数

B. 选择不同的刀具

C. 调整模拟器中的速度

D. 以上均无

6. 在 Mastercam 模拟器中，所显示的刀具与编程的刀路不同时，使用停止条件可以暂停模拟。

A. 正确　　　　　　　　　　　　　　B. 错误

核能供热

定义：将核反应堆中链式裂变反应所释放的核能作为热源直接向用户供热。

众所周知，核反应堆在核裂变过程中会释放巨大的能量，核电站可以用这些能量来发电。而核能供热，主要是从核电机组二回路抽取蒸汽作为热源，通过厂内换热首站、厂外供热企业换热站进行多级换热，最后经市政供热管网将热量传递至最终用户。核能供热和煤电厂供热一样，都是电厂余热的利用，供热方、采热方之间只有热量交换，不存在其他任何介质传输。核电站与供热用户间有多道回路进行隔离，回路间只有热量的传递，没有水的交换。从国内外核能供热实践看，核能供热的安全性、可靠性得到了证明。

山东海阳核电厂的"暖核一号"70 万平方米供热项目于 2019 年 11 月建成投运，被国家能源局命名为"国家能源核能供热商用示范工程"。"暖核一号"450 万平方米供热项目于 2021 年 11 月 9 日正式投运，海阳核电 1 号机组成为世界上最大的热电联产机组，海阳市成为全国首个"零碳"供热城市。核能供热实现了当地民众、地方政府、热力公司、核电企业以及生态环保的多方共赢。

任务 3-8 挑战：自主项目

现在读者已经基本掌握 Mastercam 的设计和车削编程，是时候设计和定制自己的项目了。对于这个自主项目，将使用 Mastercam 设计并加工螺丝、棋子、轴或喷嘴等零件，如图 3-8-1 所示。

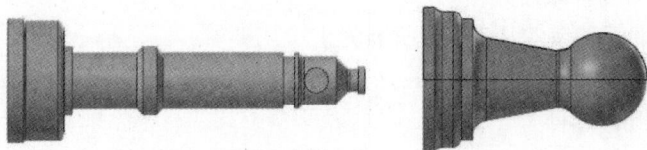

图 3-8-1 零件

为了成功完成这个自主项目，将使用到 Mastercam 的以下功能。

- 使用 Mastercam 的线框和实体模型设计工具来创建一个可被切削的实体模型。
- 使用不同类型的车削刀路方式进行程序的编制。
- 毛坯的设置与装夹。
- 使用 Mastercam 模拟器验证刀路。

作为本项目的一部分，还要准备一个时长不超过 5min 的演示文稿。演示文稿应清楚地概述为了完成项目所采取的操作步骤，包括考虑了哪些措施、学到了哪些用来完成这个项目的新技术、面临的问题以及如何解决这些问题。在从毛坯到成品设置的过程中是如何变得更加熟练的。

这个自主项目将根据以下方面进行评估，如表 3-8-1 所示。

- 创造力：以独特的方式探究和表达多种想法的过程及能力。
- 主动性：独立和积极完成项目的能力。
- 升级迭代：迭代是重复反馈过程的活动，随着学习时间的增加，开发产品的能力应不断提升。

- 持续学习：尝试对部分项目采用新技术、新方法的能力。
- 展示：清楚地阐明操作步骤和项目方案的能力。

表 3-8-1   自主项目评分标准

评定准则	最初	发展中	精通	可示范的
创造力	项目不是原创的，很少探究独特的或不同的想法	项目是原创的并展示了一些独特的想法	项目是原创的且展示了多个独特的想法	项目是独特的，并将一些独特或巧妙的方法进行了融合
主动性	受挫便去寻求帮助，而不试图独立完成挑战	受挫时，在寻求帮助之前尝试独立解决这些问题	在寻求帮助之前，尝试以积极的态度独立完成挑战	坚持以积极的态度独立完成挑战
升级迭代	在练习期间不会尝试改进设计	尝试对项目进行单次的改进，但以任何方式的改进都是失败的	尝试对项目进行单次的改进，并成功地改进了项目	尝试对项目进行多次改进，并且多次成功地改进了项目
持续学习	不尝试采用一些新的技术或方法，只依赖于熟悉的方法	试图将一种新的技术或方法应用于项目中，但没有成功	在项目中展示出一种之前没有掌握的新的技术或方法	在项目中展示了多种之前没有掌握的新的技术或方法
展示	演讲不完整，内容不易理解	演讲是完整的，但可能杂乱无章或无法吸引观众的注意力	演讲是完整的、有条理的，能吸引观众的注意力	演讲是完整的，且有条理，并能以一种独特或引人入胜的方式吸引观众

【任务练习】

练习：编程技巧

在创建车削加工的刀路时，应考虑以下几点。

- 设置毛坯。尽管 Mastercam 可以不设置毛坯，但是设置毛坯是一种很好的做法。设置毛坯可以帮助用户直观地看到已切削的部分或是否仍有加工余量。
- 进给量和切削速度。在开始创建车削刀路之前，必须清楚地知道所用的车床和工件材料适合什么进给量和切削速度。
- 确保工件在夹具（例如卡爪）上有足够的装夹长度。如果装夹长度太短，则可能刚性不足，在加工时可能会导致零件倾斜或弯曲。在检测毛坯本身时，必须有足够的长度来确保夹紧零件。
- 刀具必须与卡盘中心一致。确保在车刀对中心前完成创建平滑的刀尖圆弧半径。
- 车端面。在 Mastercam 中创建车端面刀路时，刀具会通过端面中心进行补偿，车端面越过中心一小部分会提升加工质量，会最小化零件中心的毛刺，从而获得光滑的端面。
- 倾斜刀具来切割零件。实施切割操作时，可以使用有倾斜角度的切断刀，刀具远离零件时可以最大限度地减少毛刺的产生。

小提示   "做中学，学中做"就是要自己动手，在实践中观察和思考，以悟得新知；同时将习得的知识与具体的案例相联系，学以致用，活学活用。

赛证练习

数车（世赛）项目样题

大国重器

盾构机

世界上的首台盾构机由法裔英国工程师布鲁诺尔于 1823 年发明制造，灵感来源于在木船上钻洞的船蛆。1825 年，他设计的矩形手据式盾构机首次应用于伦敦泰晤士河隧道施工。1876 年，世界上的首台机械化盾构机同样在英国诞生。20 世纪以后，世界盾构机制造中心逐步转移到了德国、美国及日本。德国的海瑞克及维尔特、美国的罗宾斯和日本的三菱重工等公司生产的世界级品牌盾构机，几乎占据了当时全球盾构机市场的全部份额。

我国盾构机研究及制造工作起步较晚。据不完全统计，21 世纪初，我国近 85% 的盾构机依赖进口。为改变这一被动局面，实现工业强国计划，2002 年，国家科技部将盾构机技术研究列入 863 计划，正式拉开了我国有计划、大规模开发及制造现代化盾构机的序幕。经过多年的发展，我国盾构机产业实现了跨越式发展。2008 年，我国第一台有完全自主知识产权的复合式盾构机在河南下线。目前，我国已完全自主掌握了盾构机的全部核心研发技术，成为世界上最大的全断面盾构机生产国，涌现出了如中铁装备、铁建重工、中交天和等多家大型盾构机生产制造企业，年产能力近千台套，稳占 90% 的国内市场份额和三分之二的国际市场份额。

项目4

仿真加工实战——航空翼肋

【项目导入】

本项目以航空翼肋为载体，主要介绍 Mastercam 三维实体造型的流程及方法、机床群组属性设置，以及粗、精加工设置等内容。本项目将完成航空翼肋的三维实体建模和数控仿真加工流程。

工作任务单

项目 4

【素质目标】

1. 通过航空翼肋的建模（建模是编程的基础），让学生明白"良好的开端是成功的一半"。

2. 通过航空翼肋的工艺编排，让学生明白"尊重规律、分清主次"。

3. 通过航空翼肋的精加工，帮助学生理解"精益求精"的理念。

大国重器

大型客机 C919

2023 年 5 月 28 日，C919 国产大型客机圆满完成了首次商业飞行。这是中国民航史上极为重要的"第一次"。

制造一架 C919 大型客机到底有多复杂？通常，一架飞机的零部件数量是以百万个来计算的。其制造流程可以简单地划分为工艺准备、零件制造、部件装配、总装调试等。具体有多少道工艺，我们可以以 C919 的适航审定工作为例来说明：为取得适航证，C919 共完成了 489 个表明符合性试飞科目，共 3254 个表明符合性试飞试验点；267 个审定试飞科目，共 1153 个审定试飞试验点；495 项审定基础条款，合计 6151 份符合性报告。大飞机产业链包括设计研发、先进制造（新材料、零部件、机体制造、机载系统、总装集成）、运营维修等，涵盖了几十个产业、上千个相关工业部门。

大型客机制造并不是把所有能够组装的零部件组装在一起就可以了。通常，大型客机制造包括飞机机体零构件制造、部件装配和整机总装等过程。C919 的成功，标志着我国民用航空工业甚至整个工业体系已进入世界前列。

任务 4-1　创建航空翼肋实体模型

【任务情境】

该任务将使用 Mastercam 的计算机辅助设计（CAD）功能来创建航空翼肋实体模型，如图 4-1-1 所示。使用到的功能有线框、转换、实体等。

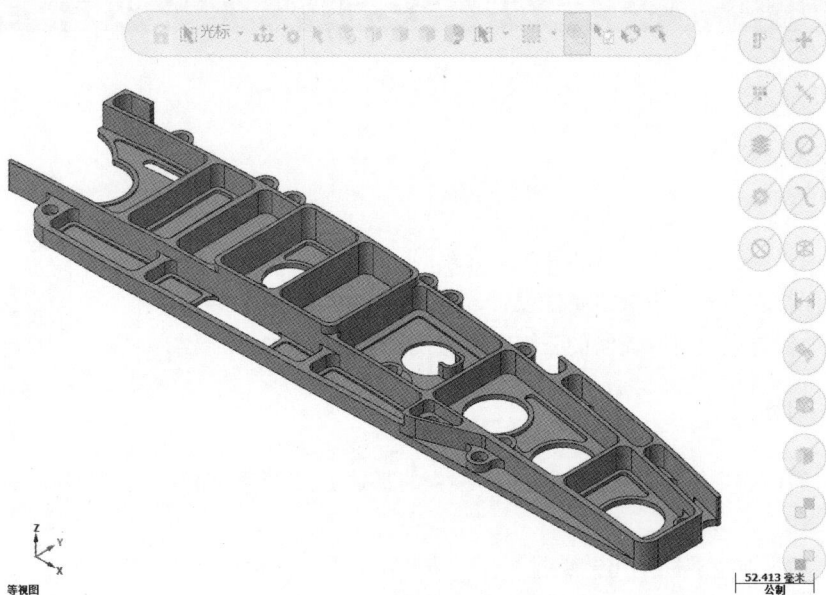

图 4-1-1　航空翼肋实体模型

【学习目标】

1. 熟练掌握线框和实体功能。
2. 掌握由实体生成工程图的方法。

【任务练习】

练习 1：Mastercam 2023 系统配置

打开 Mastercam 2023 并将系统配置设置为公制（mm）。

1. 启动 Mastercam 2023。

① 在桌面上双击 Mastercam 2023 的快捷图标，如图 4-1-2 所示。

演示视频

项目 4-航空翼肋-4-1-练习
1：Mastercam 2023 系统配置

② 在 Windows 的【开始】菜单中选择【Mastercam 2023】命令，如图 4-1-3 所示。

图 4-1-2 Mastercam 2023 的快捷图标

图 4-1-3 【开始】菜单

2. 设置默认配置单位为公制。

① 打开【文件】选项卡。

② 单击【配置】选项打开【系统配置】对话框。

③ 从【当前的】下拉列表中选择 C:\users\administrator\documents...\mcamxm.config<公制><启动>选项，如图 4-1-4 所示。

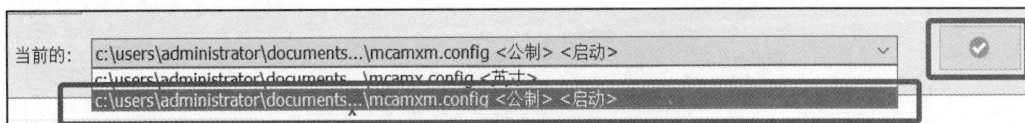

图 4-1-4 【当前的】下拉列表

④ 单击【确定】按钮。

练习 2：航空翼肋实体造型

本练习将根据给定的航空翼肋线框（如图 4-1-5 所示），创建航空翼肋实体。

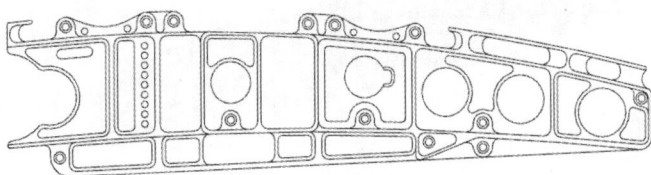

图 4-1-5 航空翼肋线框图

演示视频

项目 4-航空翼肋-4-1-练习
2：航空翼肋实体造型

1. 在【层别】管理器中建立【航空翼肋线框】图层和【航空翼肋实体】图层，如图 4-1-6 所示。

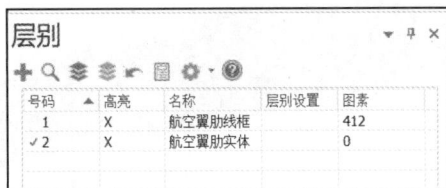

图 4-1-6 【层别】管理器

2. 在【实体】工具栏中，单击【拉伸】按钮。

3. 在【线框串连】对话框中将【模式】设置为【线框】，将【选择方式】设置为【串连】。

4. 按照图 4-1-7 选择虚框边界串连。

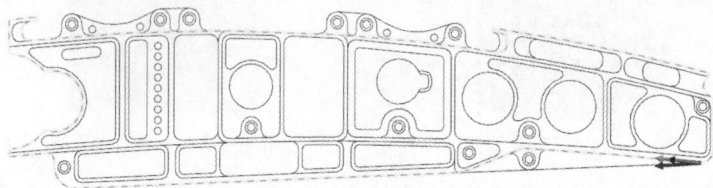

图 4-1-7　拉伸串连边界选取

5. 在【实体拉伸】对话框中，将【类型】设置为【创建主体】，将【距离】设置为【22.22】，完成实体的创建，如图 4-1-8 所示。

图 4-1-8　实体

6. 在状态栏中将图形模式切换为【半透明】模式，如图 4-1-9 所示。

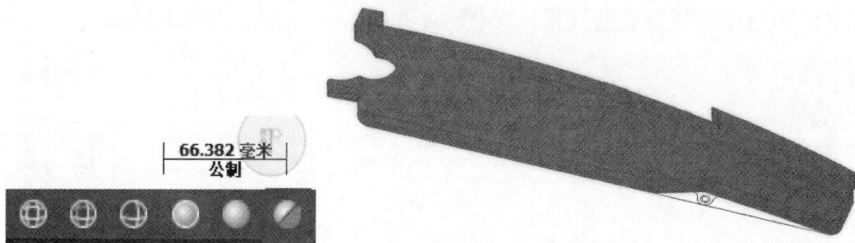

66.382毫米
公制

图 4-1-9　半透明模式

7. 单击【实体】工具栏中的【拉伸】按钮，选择图 4-1-10 所示的框体。

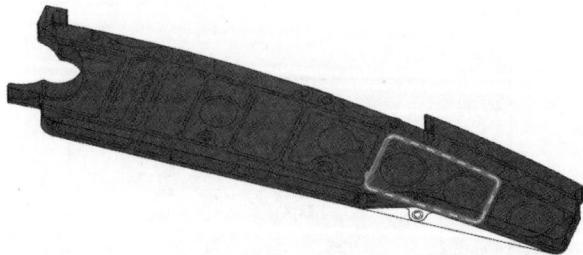

图 4-1-10　选择框体

8. 在【实体拉伸】对话框中，将【类型】设置为【切割主体】，将【距离】设置为【全部贯通】，如图 4-1-11 所示，单击【确定】按钮后的结果如图 4-1-12 所示。

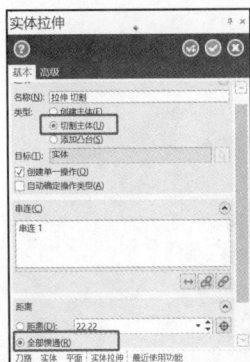

图 4-1-11　【实体拉伸】对话框　　　　　图 4-1-12　切割结果

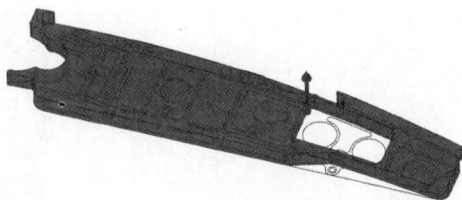

9. 实体拉伸第 7 步中的串连图形。在【实体拉伸】对话框中，将【类型】设置为【添加凸台】，将【距离】设置为【3.81】，如图 4-1-13 所示，单击【确定】按钮后结果如图 4-1-14 所示。

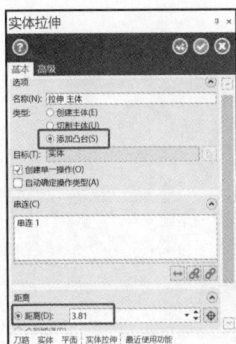

图 4-1-13　【实体拉伸】对话框　　　　　图 4-1-14　添加凸台结果

10. 在【转换】工具栏中单击【平移】按钮，选取图 4-1-15 所示的图形，平移参数的设置如图 4-1-16 所示。

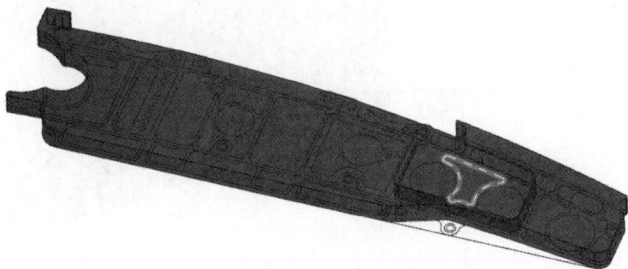

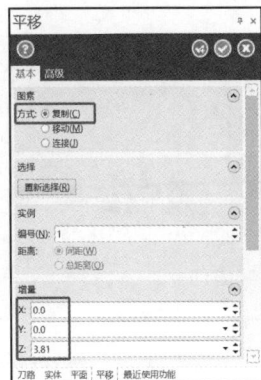

图 4-1-15　选取图形　　　　　　　　　图 4-1-16　平移参数的设置

11. 在【实体】工具栏中单击【拉伸】按钮，选择【平移】轮廓，在【实体拉伸】对话框中，

将【类型】设置为【切割主体】，将【距离】设置为【2.54】，具体参数设置如图 4-1-17 所示。切割实体完成后的结果如图 4-1-18 所示。

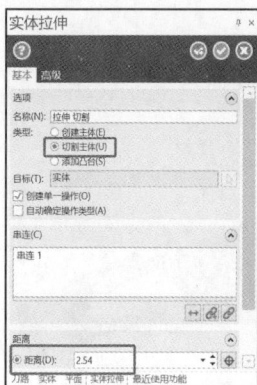

图 4-1-17　参数设置

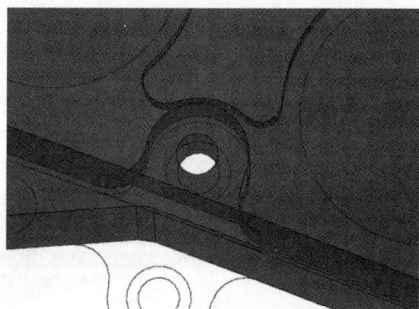

图 4-1-18　切割实体后的结果

12. 实体拉伸图 4-1-19 所示的串连图形。在【实体拉伸】对话框中，将【类型】设置为【添加凸台】，将【距离】设置为【12.7】，具体参数设置如图 4-1-20 所示。完成后的结果如图 4-1-21 所示。

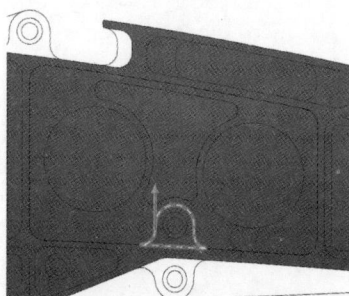

图 4-1-19　串连图形的选取　　图 4-1-20　【实体拉伸】对话框　　图 4-1-21　添加凸台结果

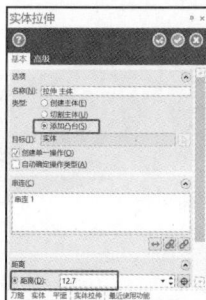

13. 实体拉伸图 4-1-22 所示的串连图形。【实体拉伸】对话框中的参数设置如图 4-1-23 所示。切割实体后的结果如图 4-1-24 所示。

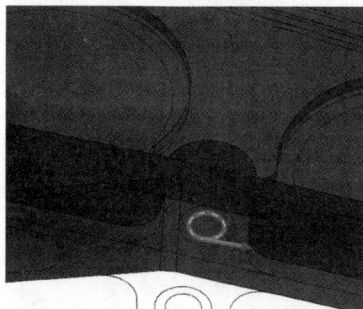

图 4-1-22　切割串连图形的选取　　图 4-1-23　【实体拉伸】对话框　　图 4-1-24　切割实体后的结果

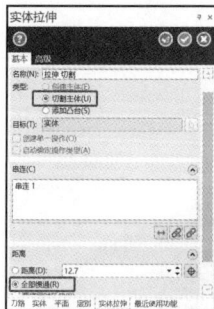

14. 在【转换】工具栏中单击【平移】按钮，选取图 4-1-25 所示的串连图形，在【平移】对话框中，将【方式】设置为【复制】，将增量【Z】设置为【12.7】，如图 4-1-26 所示。

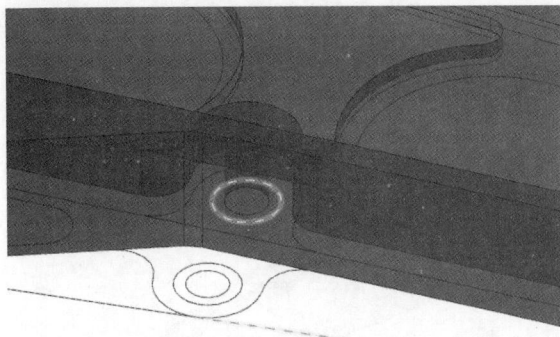

图 4-1-25　平移串连图形的选取

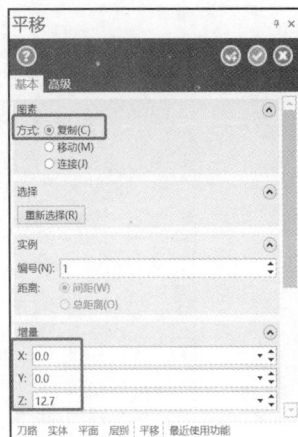

图 4-1-26　平移参数的设置

15. 实体拉伸第 14 步的图形。在【实体拉伸】对话框中，具体参数设置如图 4-1-27 所示，完成后的结果如图 4-1-28 所示。

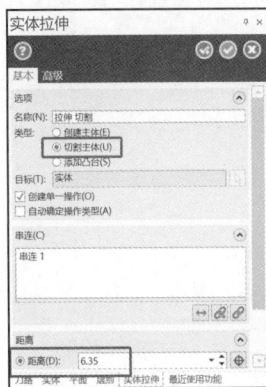

图 4-1-27　【实体拉伸】对话框

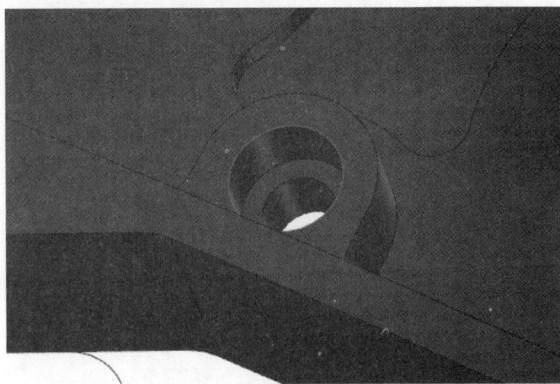

图 4-1-28　切割实体后的结果

16. 实体拉伸图 4-1-29 所示的两个圆，在【实体拉伸】对话框中，将【类型】设置为【切割主体】，将【距离】设置为【全部贯通】。

完成后的结果如图 4-1-30 所示。

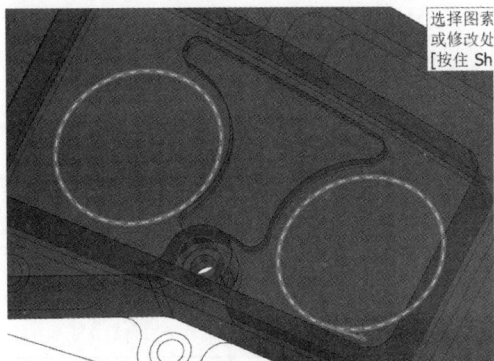

图 4-1-29　切割选择两个圆

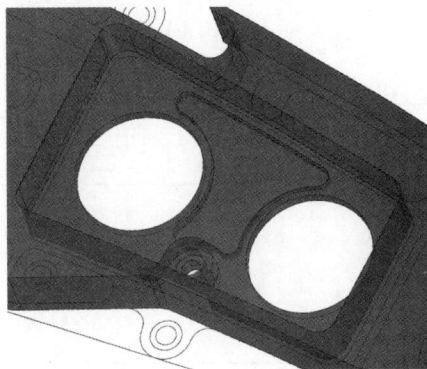

图 4-1-30　切割实体后的结果

实体建模是三维模型常见的表达方式，常见实体包括基本实体、创建实体。应用最为广泛的是通过拉伸方式构建实体，用类似于搭积木的方式并配合布尔运算完成实体的构建。本练习只讲授了航空翼肋零件部分的实体造型，其他部分可以参考完成，这里不再赘述。航空翼肋实体造型如图 4-1-31 所示。

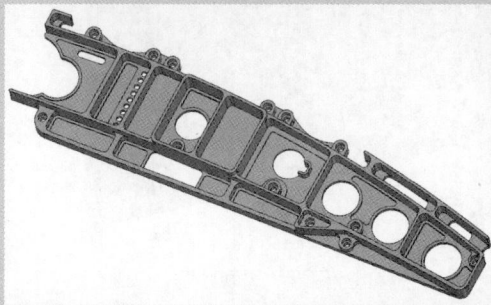

图 4-1-31　航空翼肋实体造型

完成该项目的第一步是建模，该步骤对完成航空翼肋项目至关重要，正所谓良好的开端是成功的一半。

练习 3：生成航空翼肋实体俯视图线框

本练习将创建工程图，用来生成俯视图线框。

1. 建立【工程图】图层，并将层别切换到【工程图】，如图 4-1-32 所示。

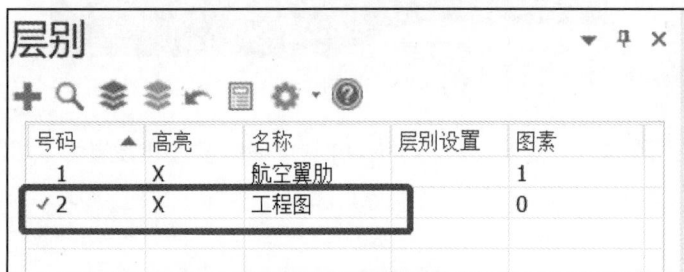

图 4-1-32　切换层别

演示视频

项目 4-航空翼肋-4-1-练习
3：生成航空翼肋实体俯视
图线框

2. 单击【实体】工具栏中的【工程图】按钮，如图 4-1-33 所示。生成的工程图如图 4-1-34 所示，删除其他视图，只留下俯视图。

图 4-1-33　【工程图】按钮

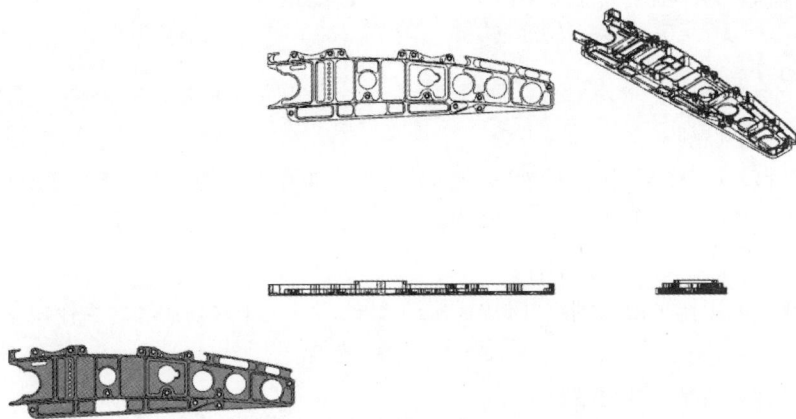

图 4-1-34　工程图

3. 在绘图区中全选俯视图线框后，单击【工具】工具栏中的【动态】按钮，如图 4-1-35 所示，在线框中显示动态指针，如图 4-1-36 所示，然后将线框中的动态指针调整到与实体底面重合，如图 4-1-37 所示。

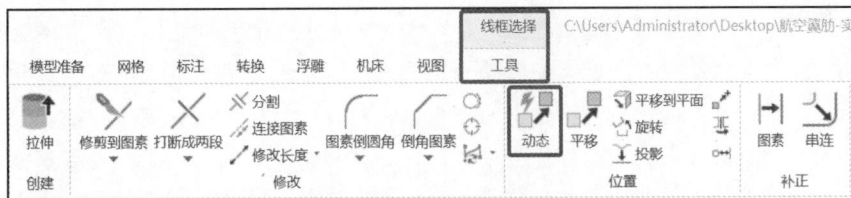

图 4-1-35　【动态】按钮

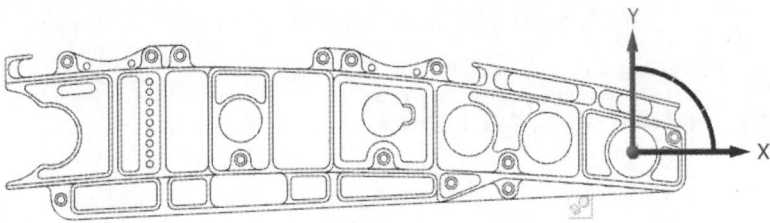

图 4-1-36　动态指针

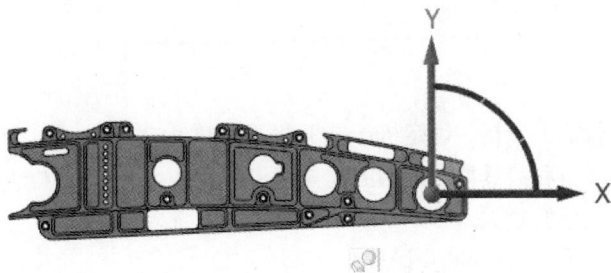

图 4-1-37　调整动态指针

4. 将文件保存为"航空翼肋（实体）－×××.emcam"。

【自测练习】

你能回答这些问题吗？

1. 动态指针建立工作平面的操作实质上是建立一个工作平面管理器列表中默认的平面之外的工作平面。

A. 正确   B. 错误

2. 确定或完成工作平面的创建可利用动态指针的对齐、平移、旋转等操作命令。

A. 正确   B. 错误

3. 实体拉伸包括哪 3 种类型？

A. 创建实体   B. 切割实体

C. 添加凸台   D. 薄片加厚

4. 系统配置中的公/英制变化对图形并无影响。

A. 正确   B. 错误

> **学习党的二十大报告**
>
> **加快发展方式绿色转型**
>
> 党的二十大报告提出了"加快发展方式绿色转型"，作为大学生要树立绿色制造理念。绿色发展是当前及未来经济社会发展的重要趋势。要牢固树立绿水青山就是金山银山的理念，将绿色、低碳、环保的思想融入学习和未来的工作中。在学习过程中，不仅要掌握传统的制造技术，更要积极学习和掌握绿色制造技术，如节能减排技术、资源循环利用技术等，以适应绿色转型的需求。在生活中也应积极践行绿色生活方式，通过节能减排、减少浪费等行为示范，影响和带动周围的人共同参与绿色转型。

任务 4-2 机床群组属性设置

【任务情境】

该任务将对任务 4-1 创建的航空翼肋模型进行加工工艺编排，包括机床群组的建立、毛坯的设置和刀具的选择。

【学习目标】

1. 对航空翼肋进行加工分析，确定机床群组和刀具群组的结构。
2. 熟练掌握机床群组和刀具群组结构的建立。
3. 熟悉航空翼肋毛坯的建立。
4. 了解不同刀路加工所需要的刀具类型。

【任务练习】

练习 1: 航空翼肋加工分析

翼肋: 飞机机翼的重要构成部分之一, 是机翼的横向受力骨架, 一般与翼型的形状一致, 用来支持飞机机翼的蒙皮, 维持机翼的剖面形状, 主要分布在中央翼盒、垂直尾翼、水平尾翼等处。翼肋长度一般为 1~3m, 宽度为 400~600mm, 毛坯为方铝, 加工时的金属去除量在 85%以上。图 4-2-1 和图 4-2-2 所示为飞机的垂直尾翼、水平尾翼和中央翼盒。

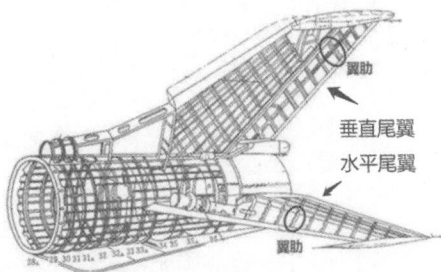

图 4-2-1 垂直尾翼和水平尾翼

图 4-2-2 中央翼盒

航空翼肋零件的形状复杂, 对加工精度的要求较高, 在加工过程中, 常会出现难以装夹和塑性变形的情况, 造成加工精度降低, 产品品质差, 生产效率低下。

Mastercam 的动态铣削刀路充分利用刀具切削刃长度, 切削深度可以达到 2~3 倍的刀具直径, 加工时可以不用 z 向进行分刀。此刀路的主要特点是: 粗加工的效率很高, 能最大限度地提高材料去除率, 并降低刀具磨损; 保证刀具负载的恒定, 可防止加工时断刀; 由于排屑流畅, 大部分热量被切屑带走, 工件加工中的温升很小, 同时刀具的热量积累也比较小。

加工时应严格遵守加工十六字原则, 即基准先行、先粗后精、先主后次、先面后孔。此零件加工为 2D 铣削加工, 刀路群组由粗加工、精加工、倒角、钻孔 4 部分组成。粗加工使用 Mastercam 的【动态铣削】功能, 可以快速加工航空翼肋的封闭型腔、开放凸台及剩余的残料区域。

> **小提示** 机械加工中的十六字原则主要体现为尊重规律、分清主次, 正如《大学》中所说的"物有本末, 事有终始, 知所先后, 则近道矣"。

> **小提示** 每个操作人员都必须树牢规矩意识, 任何作业都有流程和规章制度, 这些流程和规章制度是经过无数实践总结提炼出来的。只有认真严格地照章办事, 安全工作才不会有疏漏与偏差。

练习 2: 刀路群组建立方法

1. 在【机床】工具栏的【机床类型】工具组中选择【铣床】→【默认】选项,【刀路】管理器中将显示出【机床群组-1】树状图。

2. 右击【机床群组-1】，在弹出的鼠标右键菜单中（见图 4-2-3），选择【群组】→【新建机床群组】命令，可以建立同级机床群组，如图 4-2-4 所示；选择【新建刀路群组】命令可以建立下级刀路，如图 4-2-5 所示。

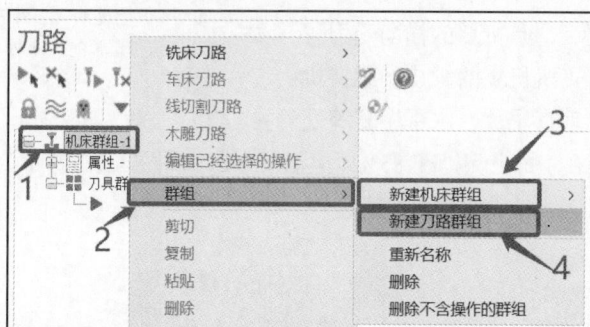

图 4-2-3　【机床群组-1】鼠标右键菜单

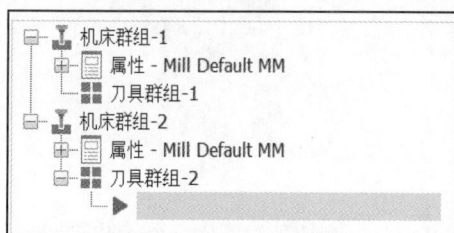

演示视频

项目 4-航空翼肋-4-2-练习
2：刀路群组建立方法

图 4-2-4　新建机床群组

图 4-2-5　新建刀具群组

按照此种方法可以根据需要创建出树形结构的刀路群组，如图 4-2-6 所示。

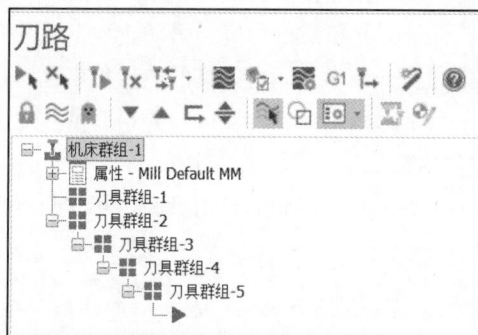

图 4-2-6　树形结构的刀路群组

练习 3：毛坯设置

1. 打开之前所保存的"航空翼肋（实体）- ×××.emcam"文件，在【机床】工具栏的【机床类型】工具组中选择【铣床】→【默认】选项，将【机床群组-1】重命名为"航空翼肋"。按下【Alt+O】组合键，打开【刀路】管理器，在树状图中选择

演示视频

项目 4-航空翼肋-4-2-练习
3：毛坯设置

【航空翼肋】→【属性】→【毛坯设置】选项，弹出图 4-2-7 所示的【机床群组设置】对话框。

图 4-2-7　【机床群组设置】对话框

2. 在【机床群组设置】对话框中单击【边界框】按钮，将弹出【边界框】对话框，将【选择】设置为【手动】，并单击后面的 按钮，在绘图区中选择航空翼肋实体，如图 4-2-8 所示。将【形状】设置为【立方体】，将毛坯尺寸设置为 624.0mm×160.0mm×29.0mm，如图 4-2-9 所示。

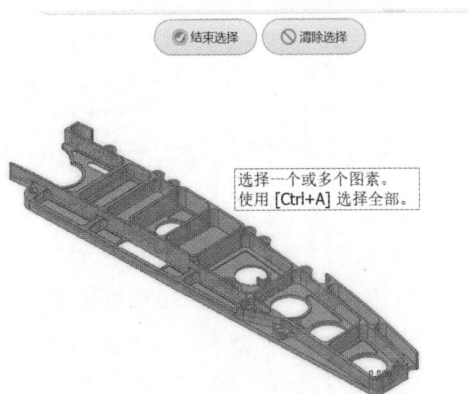

图 4-2-8　边界框的选取

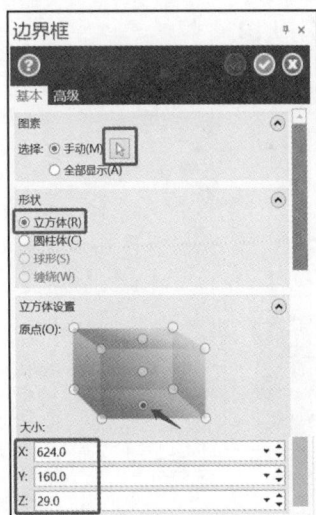

图 4-2-9　毛坯边界参数设置

3. 将文件保存为"航空翼肋（毛坯）–×××.emcam"。

练习 4：刀具的选择

航空翼肋加工所用到的刀具有 M12 平铣刀、M10 平铣刀、M6 平铣刀、M50 面铣刀、M6 定位钻、M3 定位钻、M6.8 钻头。具体参数及主要刀路应用如表 4-2-1 所示。

表 4-2-1　　　　　　　　　　　　　刀具参数及主要刀路应用

序号	刀具	刀具参数/mm				主要刀路应用
		刀齿直径	总长度	刀齿长度	刀尖角度	
1	M12 平铣刀	12	75	25	0°	2D 动态铣削
2	M10 平铣刀	10	75	25	0°	螺旋镗孔
3	M6 平铣刀	6	75	25	0°	挖槽、外形、深孔啄钻
4	M50 面铣刀	50	50	15	0°	平面铣
5	M6 定位钻	6	50	25	90°	2D 倒角
6	M3 定位钻	3	50	25	90°	2D 倒角
7	M6.8 钻头	6.8	120	60	118°	深孔啄钻

【自测练习】

你能回答这些问题吗？

1. 用户可以通过【显示】复选框决定是否在屏幕上显示工件。

A. 正确　　　　　　　　　　　　B. 错误

2. 在 Mastercam 的几大模块中，最主要的功能模块是哪个？

A. Mill　　　　　　　　　　　　B. Design

C. LaThe　　　　　　　　　　　D. RouTer

大国工匠

顾诵芬

通过学习航空翼肋零件的加工流程，可以深刻体会到航空零件制造的复杂性和对高精度的要求。设计一架飞机不仅需要精湛的技术和精密的工艺，更需要深厚的专业知识和创新思维。

顾诵芬是中国航空领域的杰出人物，既是飞机空气动力学专家，也是中国科学院和中国工程院的双院院士。

顾诵芬在 1991 年当选为中国科学院院士，1994 年再次当选为中国工程院院士，成为中国航空界唯一一位两院院士。作为新中国培养起来的具有极高声望的飞机总设计师，他在气动力设计技术应用研究和发展方向上发挥了重要作用。顾诵芬荣获了 1985 年国家科学技术进步奖特等奖、2001 年国家科学技术进步奖一等奖，并在 2020 年度获得国家科技进步特等奖。这些荣誉不仅是对他个人工作的肯定，更是对中国航空事业发展的见证。如今，年近九旬的顾诵芬依然每天坚持到单位工作，时刻关心着航空事业的发展。他说："回顾我的一生，虽然谈不上丰功伟绩，但至少没有虚度光阴，为国家做了一些事情。"对于年轻一代，他寄语："航空事业的发展离不开你们，你们是祖国的未来。希望你们心中有国家，永远把国家利益放在首位，铭记历史，珍惜今天的生活。多读书，勤思考，努力学习，认真对待每一件事。"

顾诵芬

任务 4-3　粗加工刀路设置

【任务情境】

该任务主要针对航空翼肋模型中的平面、外轮廓、凹槽及外部支撑进行粗、精加工设置与仿真验证，使用到的刀路有动态铣削刀路、挖槽刀路等。

【学习目标】

1. 根据航空翼肋零件结构完成各部分的粗加工。
2. 熟练掌握动态铣削加工、挖槽加工的参数设置。

【任务练习】

练习 1：平面、外轮廓粗加工设置

1. 右击【刀具群组-1】，在弹出的鼠标右键菜单中选择【群组】→【重新名称】命令，将【刀具群组-1】重命名为【粗加工】，在该群组中进行航空翼肋的粗加工，航空翼肋的加工刀路如图 4-3-1 所示。

演示视频

项目 4-航空翼肋-4-3-练习
1：平面、外轮廓粗加工设置

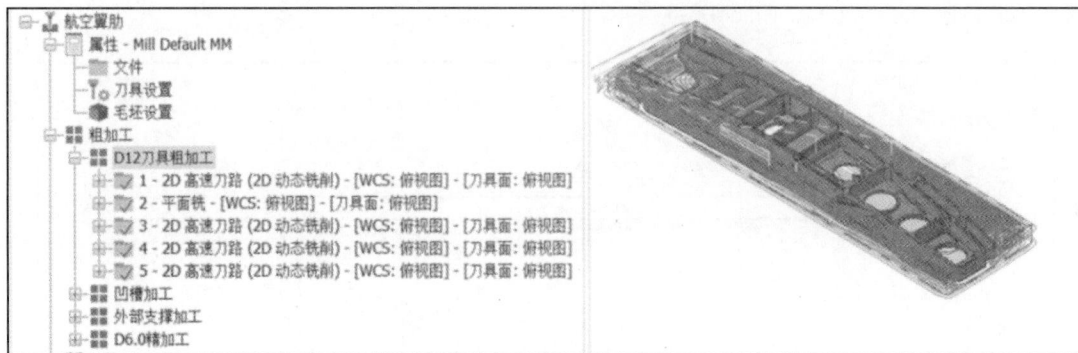

图 4-3-1　航空翼肋的加工刀路

2. 右击【粗加工】，在弹出的鼠标右键菜单中选择【群组】→【新建刀路群组】命令，建立一个名为【D12 刀具粗加工】的刀路群组，如图 4-3-2 所示。

图 4-3-2　【D12 刀具粗加工】刀路群组

3. 第 1 步刀路：在【2D】中选择【动态铣削】选项，串连图形的选取如图 4-3-3 所示，

在【串连选项】对话框中将【加工区域策略】设置为【开放】，并设置【避让范围】，如图 4-3-4
所示。

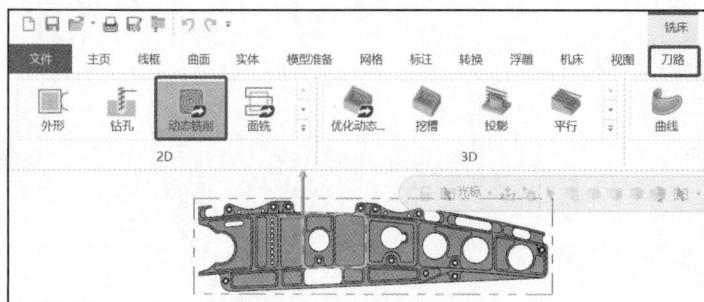

图 4-3-3　串连图形的选取

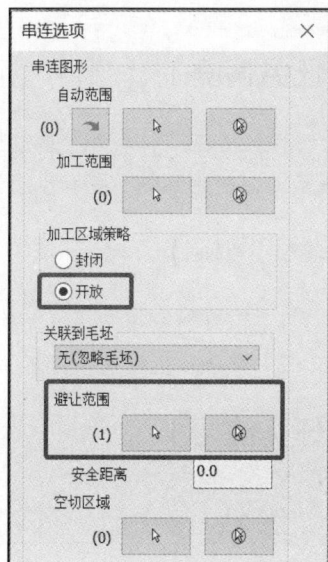

图 4-3-4　【串连选项】对话框

4. 选择【刀具】选项，分别单击【选择刀库刀具】和【刀具过滤】按钮，在弹出的【刀具过滤列表设置】界面中进行【全关】操作，选择直径为 12 mm、切削刃长度为 25 mm 的平铣刀并设置合理的转速与进给速率，如图 4-3-5 所示。

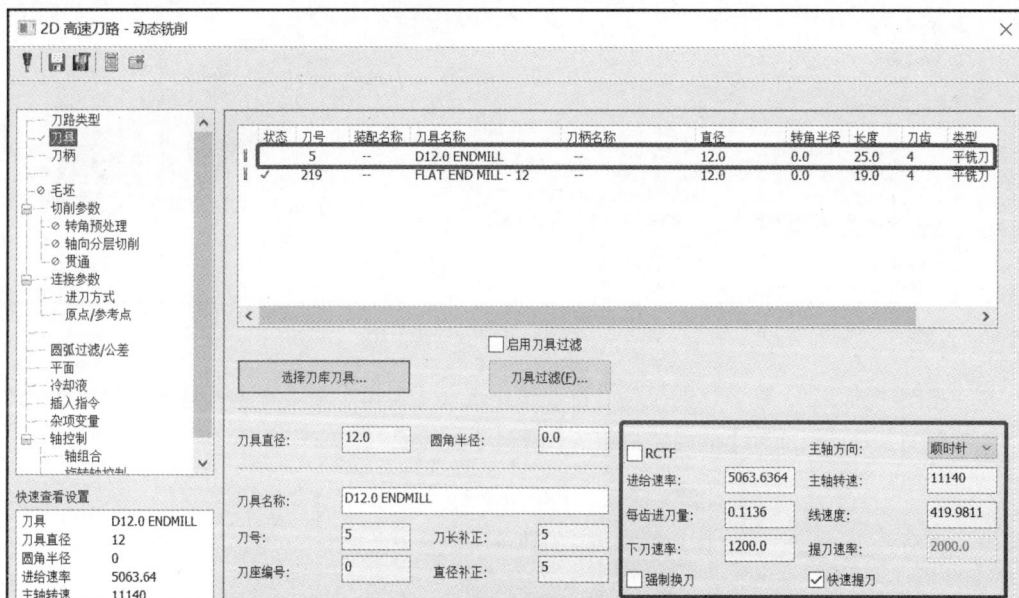

图 4-3-5　刀具和加工参数设置

5. 将【刀柄】设置为【默认】，切削参数、轴向分层切削参数、进刀方式设置、连接参数设置分别如图 4-3-6～图 4-3-9 所示。最后的动态铣削刀路如图 4-3-10 所示。

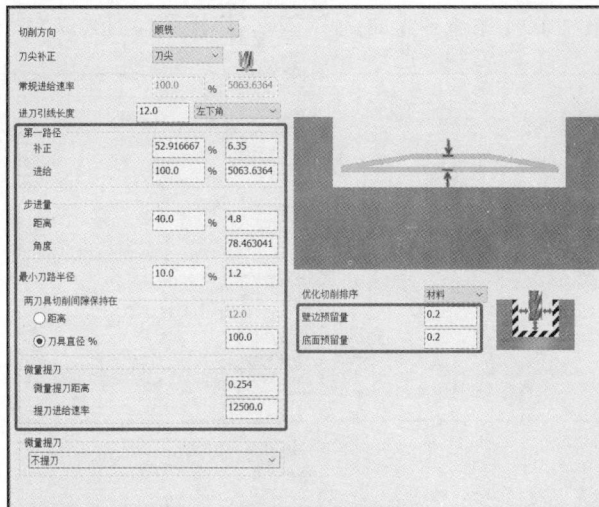

图 4-3-6 切削参数设置

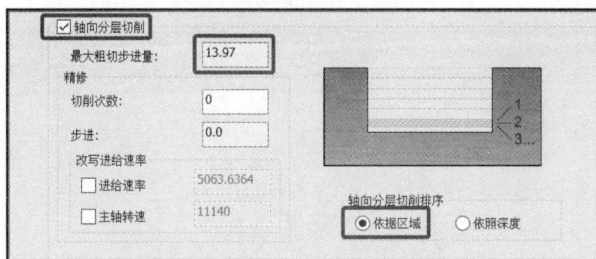

图 4-3-7 轴向分层切削参数设置

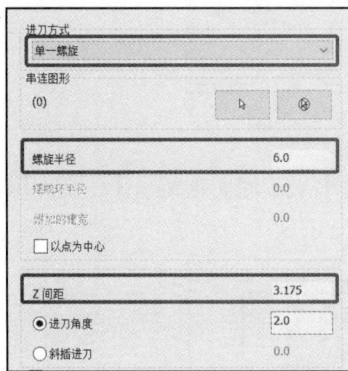

图 4-3-8 进刀方式设置

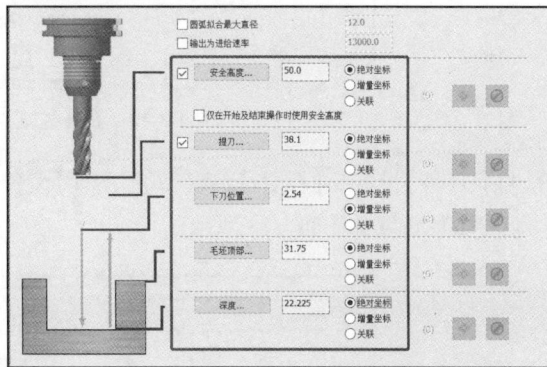

图 4-3-9 连接参数设置

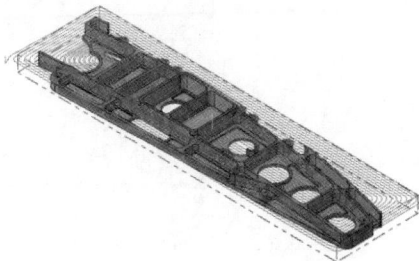

图 4-3-10 动态铣削刀路

6. 第2步刀路：在【2D】中选择【面铣】选项，串连图形的选取如图 4-3-11 所示。

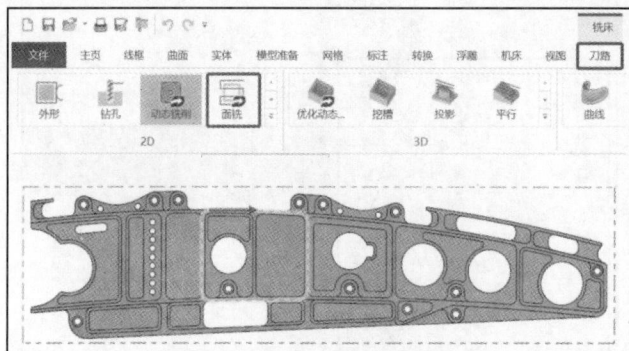

图 4-3-11　串连图形的选取

7. 选择刀齿直径为 50mm、刀齿长度 15mm 的面铣刀并设置合理的转速与进给速率等，如图 4-3-12 所示。

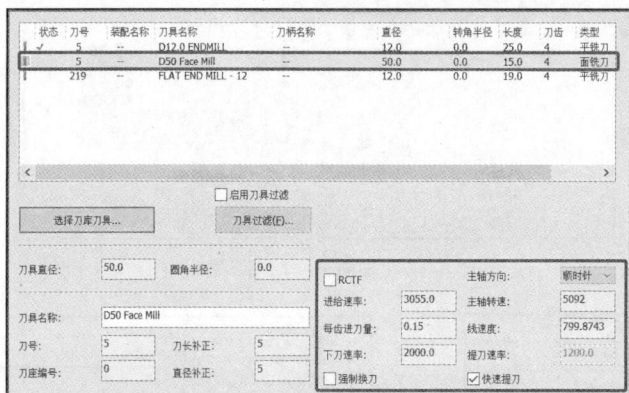

图 4-3-12　刀具和加工参数设置

8. 将【刀柄】设置为【默认】，将【切削方向】设置为【双向】，将【底面预留量】设置为【0.0】，其他切削参数的设置如图 4-3-13 所示。

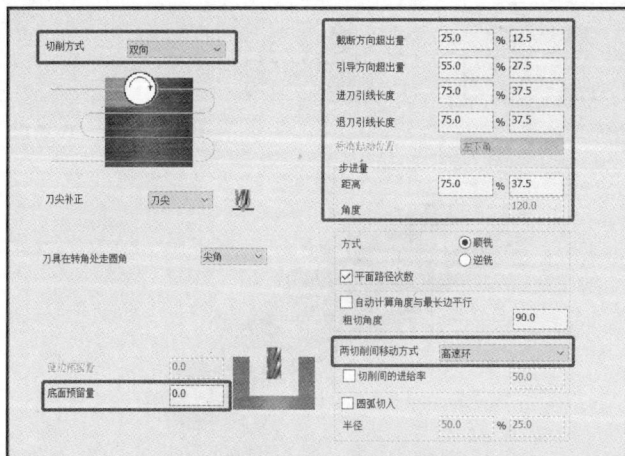

图 4-3-13　切削参数设置

9. 将【轴向分层切削】组中的【最大粗切步进量】设置为【6.0】，将【切削次数】设置为【1】，将【步进】设置为【0.1】，如图 4-3-14 所示。

10. 连接参数的设置如图 4-3-15 所示。最终的面铣刀路显示如图 4-3-16 所示。

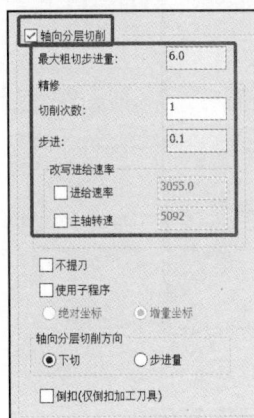

图 4-3-14　轴向分层切削参数设置

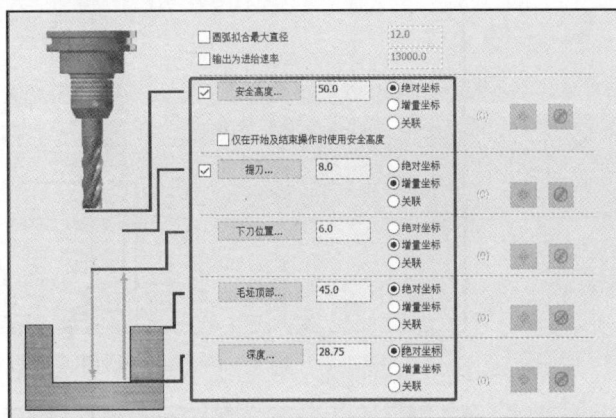

图 4-3-15　连接参数设置

11. 第 3 步刀路：选择【2D】中的【2D 动态铣削】选项，对航空翼肋外轮廓进行粗加工。在线框模式下选择图 4-3-17 所示的图素。

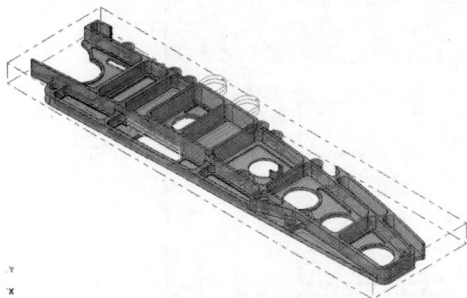

图 4-3-16　面铣刀路显示

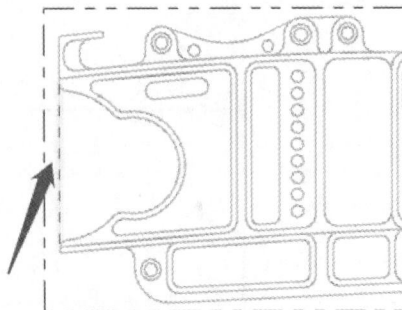

图 4-3-17　图素的选取

注意　如果选取的线框串连中缺少上图所示的线段，则可以通过单击【线端点】按钮来添加。

12. 在【串连选项】对话框中将【加工区域策略】设置为【开放】，将【避让范围】设置为图 4-3-18 所示的轮廓。

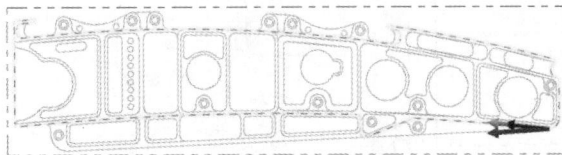

图 4-3-18　【避让范围】选取

13. 选择直径为 12mm 的平铣刀，动态铣削参数具体设置如图 4-3-19 ~ 图 4-3-22 所示。最终

的动态铣削刀路结果如图 4-3-23 所示。

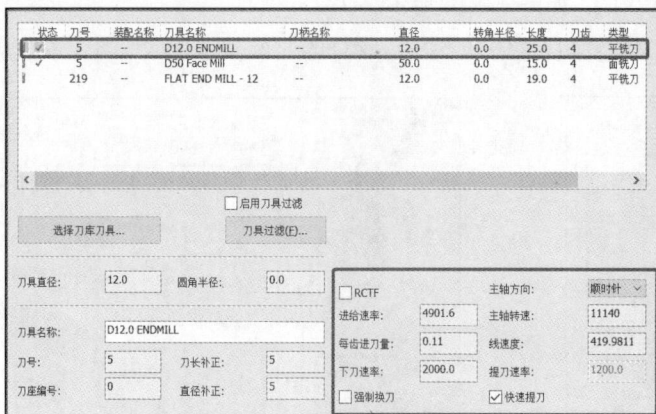

图 4-3-19　刀具和加工参数设置

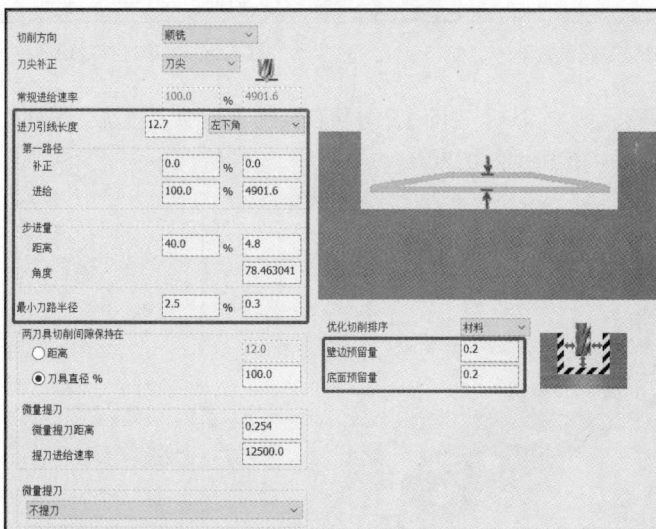

图 4-3-20　切削参数设置

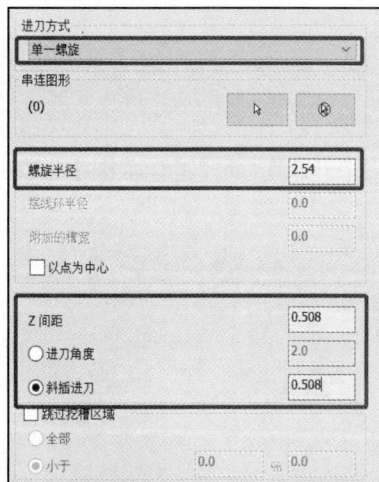

图 4-3-21　进刀方式设置

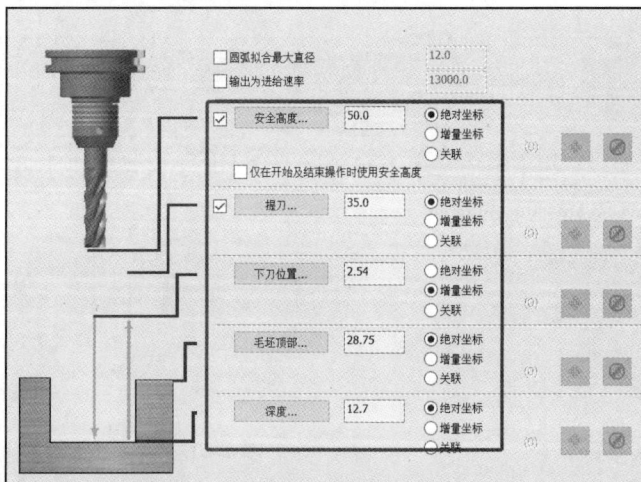

图 4-3-22　连接参数设置

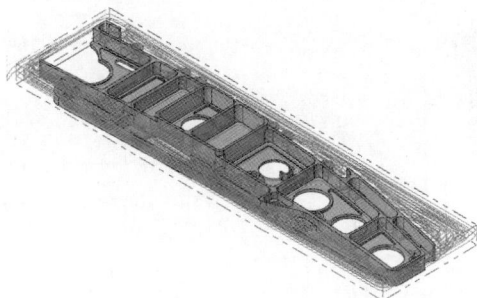

图 4-3-23 动态铣削刀路结果

14. 第 4 步刀路：继续选择【动态铣削】选项，刀具选择直径为 12mm 的平铣刀，将【串连选项】对话框中的【加工区域策略】设置为【开放】，如图 4-3-24 避让范围的选取如图 4-3-25 所示。切削参数、连接参数设置如图 4-3-26 和图 4-3-27 所示。最终的动态铣削刀路如图 4-3-28 所示。

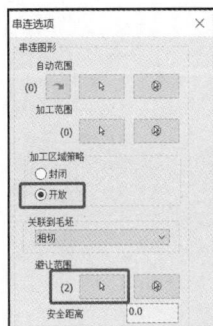

图 4-3-24 【串连选项】对话框

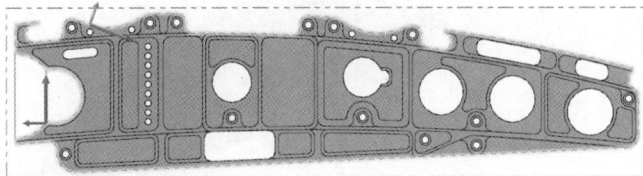

图 4-3-25 避让范围的选取

> **注意** 避让范围的选取，可以根据需要切换【实体串连】或者【线框串连】。如果选取的线框串连中缺少上图所示的线段，则可以通过单击【线端点】按钮来添加。

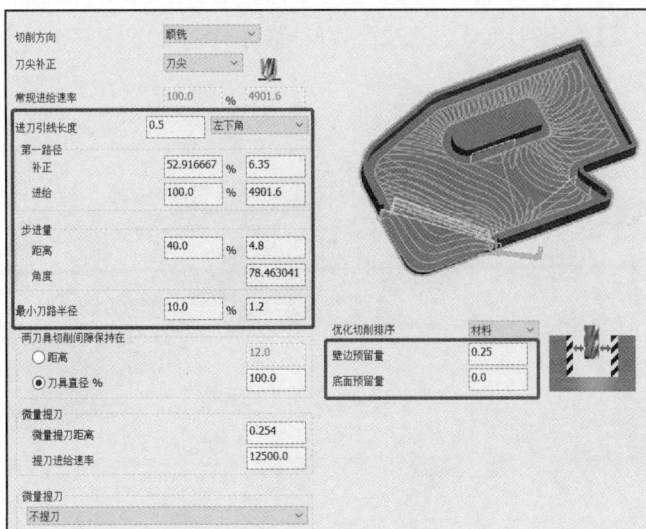

图 4-3-26 切削参数设置

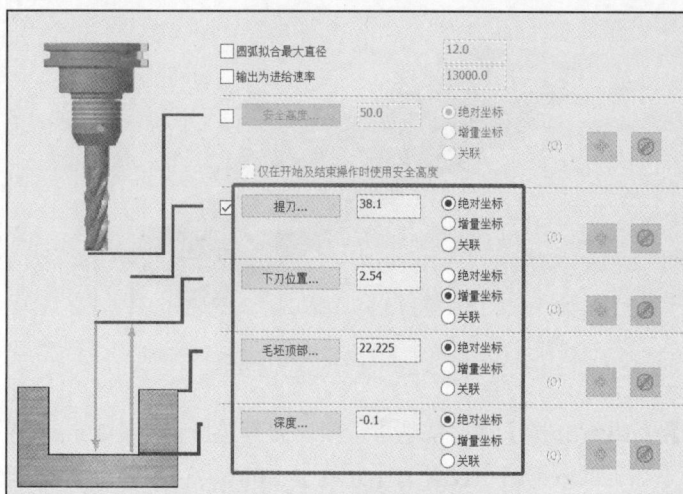

图 4-3-27　连接参数设置

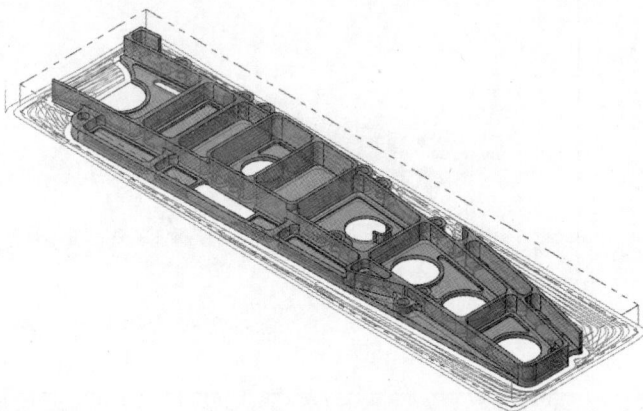

图 4-3-28　动态铣削刀路

15. 第 5 步刀路：选择【动态铣削】选项，选择直径为 50mm 的面铣刀，串连图形的选取如图 4-3-29 所示，切削参数、进刀方式、连接参数设置如图 4-3-30 ~ 图 4-3-32 所示。最终的刀路如图 4-3-33 所示。

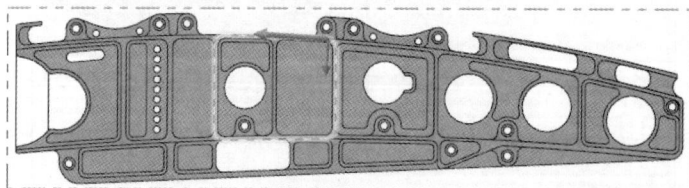

图 4-3-29　串连图形的选取

> **注意**
>
> 此处避让范围的选取，可以将【线框串连】切换到【实体串连】模式，然后将选择方式设置为【环】，并选取上图所示的串连图形。

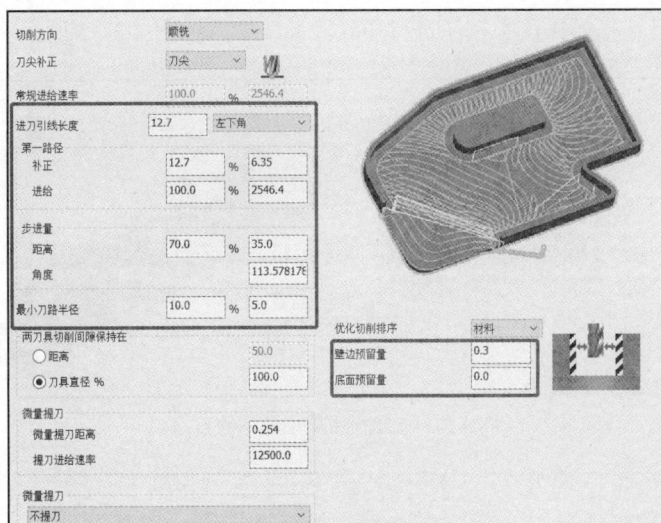

图 4-3-30 切削参数设置

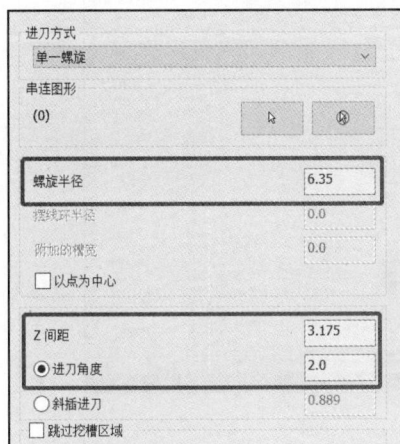

图 4-3-31 进刀方式设置

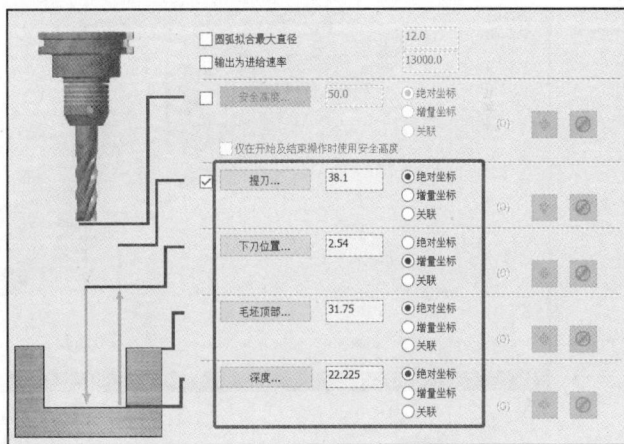

图 4-3-32 连接参数设置

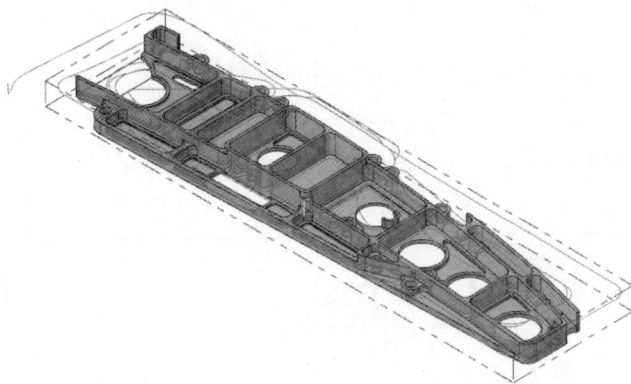

图 4-3-33 最终的刀路

16. 选择【D12 刀具粗加工】选项，工作区域中显示的刀路如图 4-3-34 所示。在【刀路】管

理器中单击【验证已选择的操作】按钮进行仿真验证，结果如图 4-3-35 所示。

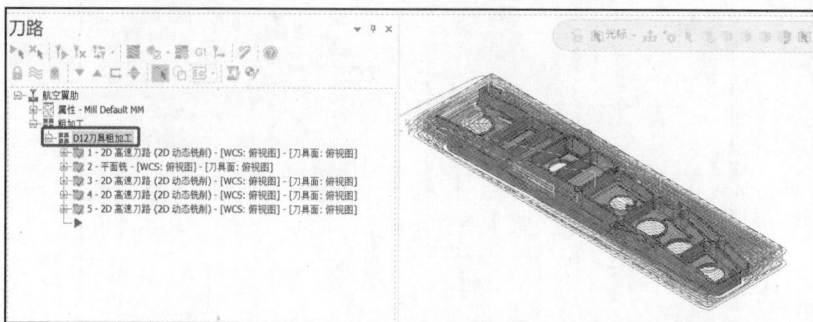

图 4-3-34　工作区域中显示的刀路

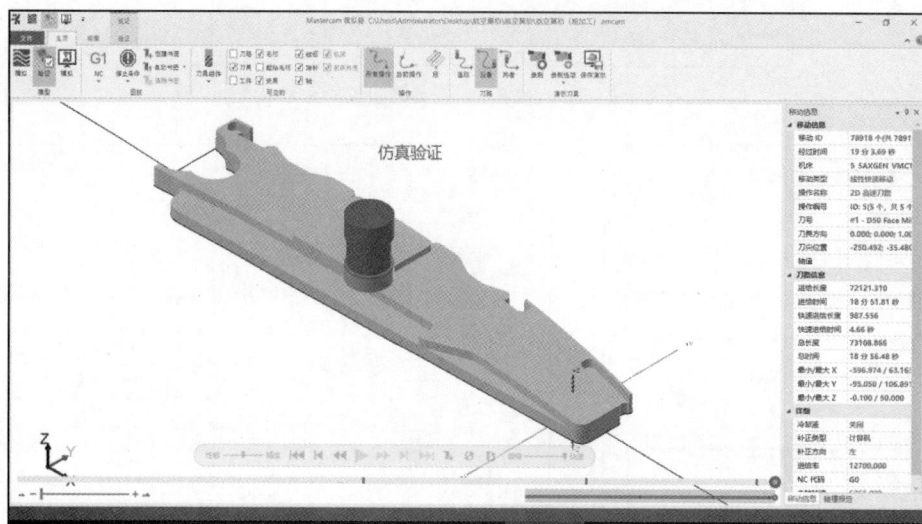

图 4-3-35　仿真验证结果

练习 2：凹槽加工设置

1. 新建刀路群组，如图 4-3-36 所示。然后将其重命名为【凹槽加工】，如图 4-3-37 所示。

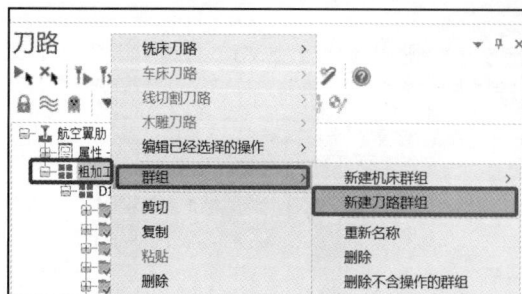

图 4-3-36　新建刀路群组

演示视频

项目 4-航空翼肋-4-3-练习
2：凹槽加工设置

2. 第 6 步刀路（步骤接练习 1 顺延）：选择【动态铣削】选项，选择直径为 12 mm 的平铣刀，在【串连选项】对话框中将【加工区域策略】设置为【封闭】，如图 4-3-38 所示，加工范围、避让范围的选取如图 4-3-39 和图 4-3-40 所示。

图 4-3-37　【凹槽加工】刀路群组

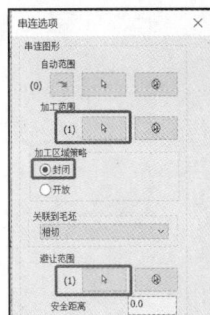

图 4-3-38　【串连选项】对话框

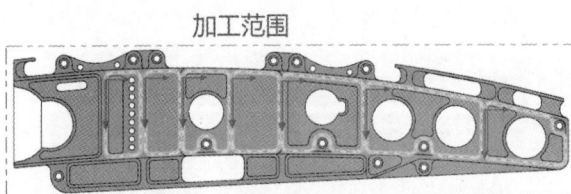

图 4-3-39　加工范围的选取

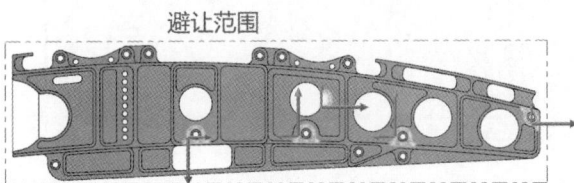

图 4-3-40　避让范围的选取

3. 动态铣削参数的设置如图 4-3-41 ~ 图 4-3-44 所示。最终的动态铣削刀路如图 4-3-45 所示。

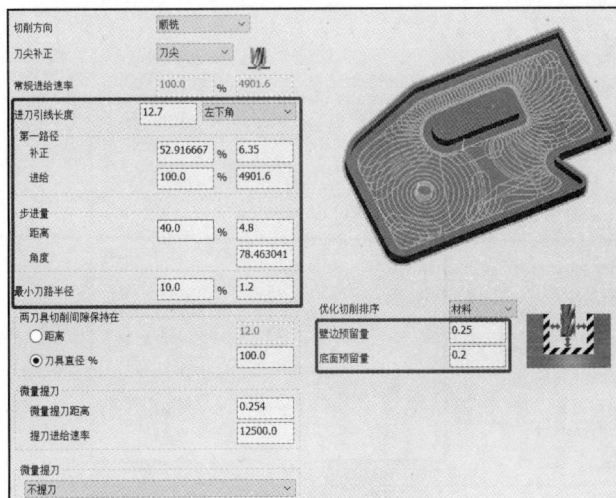

图 4-3-41　切削参数设置

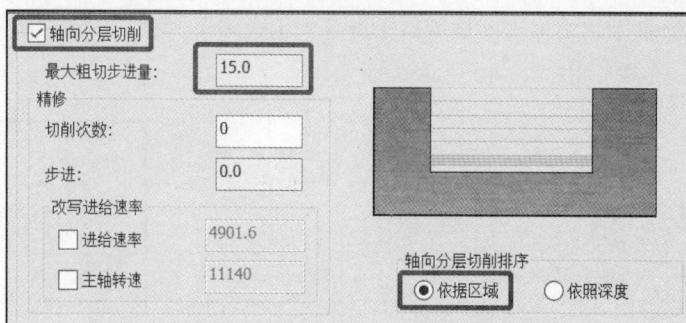

图 4-3-42　轴向分层切削参数设置

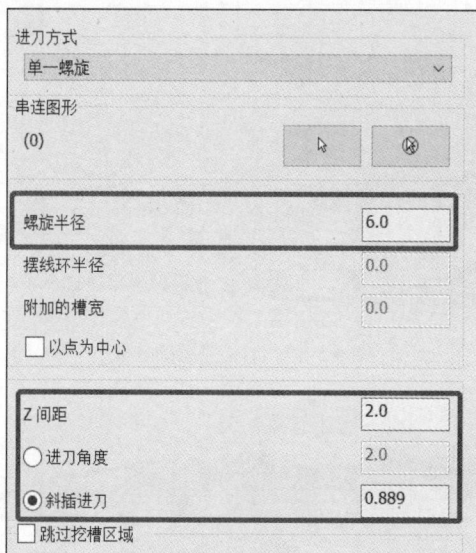

图 4-3-43　进刀方式设置

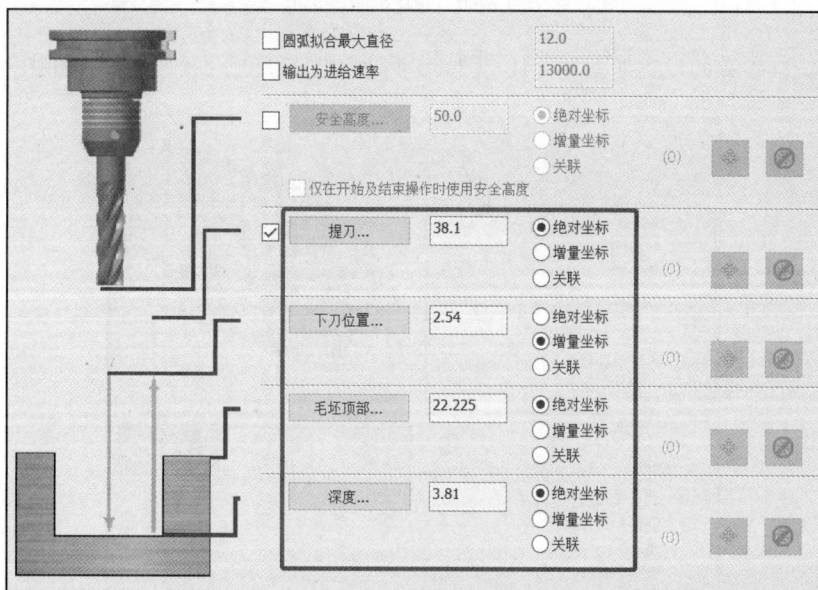

图 4-3-44　连接参数设置

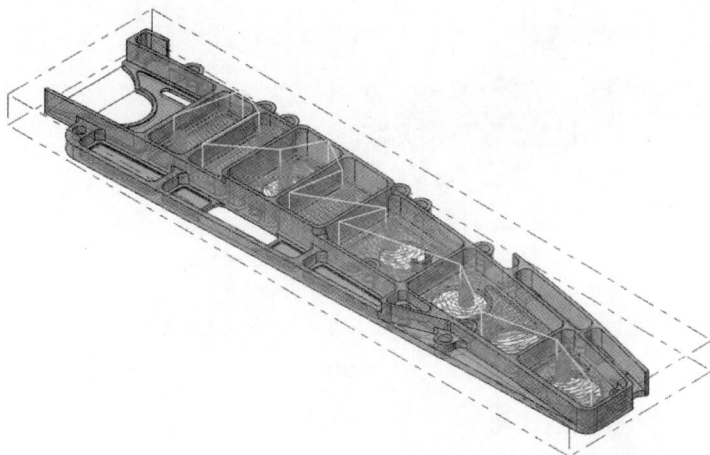

图 4-3-45　动态铣削刀路

4. 第 7 步刀路：选择【动态铣削】选项，选择直径为 12mm 的平铣刀，将【串连选项】对话框中的【加工区域策略】设置为【封闭】，加工范围的选取如图 4-3-46 所示，切削参数、轴向分层切削、进刀方式的设置与上一步中的一致。

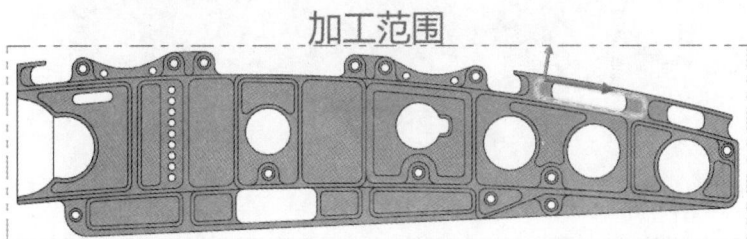

图 4-3-46　加工范围的选取

连接参数设置如图 4-3-47 所示。最终的 2D 动态铣削刀路如图 4-3-48 所示。

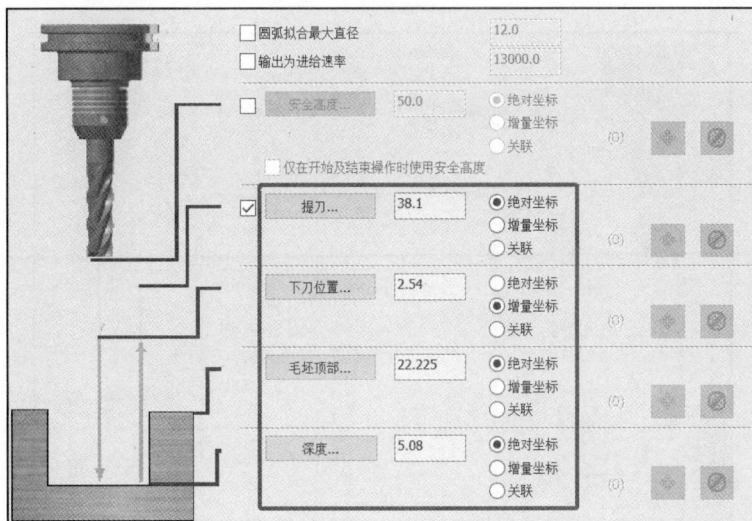

图 4-3-47　连接参数设置

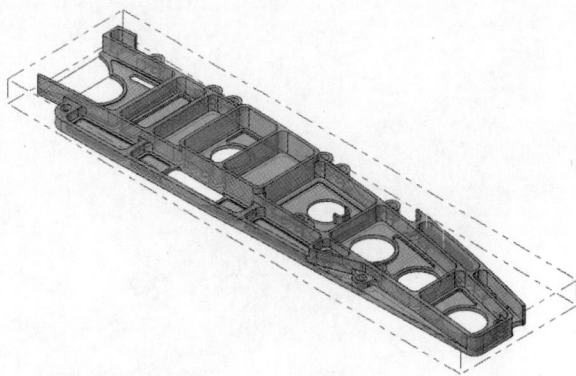

图 4-3-48 2D 动态铣削刀路

5. 第 8 步刀路：选择【动态铣削】选项，选择直径为 12mm 的平铣刀，将【加工区域策略】设置为【封闭】，加工范围的选取如图 4-3-49 所示，切削参数、轴向分层切削、进刀方式的设置与"第 7 步刀路"中的设置一致。

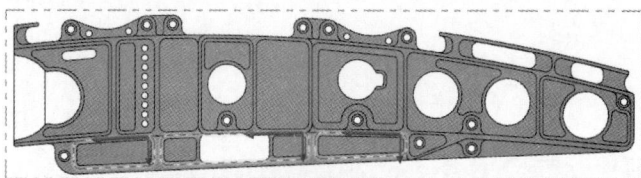

加工范围

图 4-3-49 加工范围的选取

注意　此步刀路中，在加工范围的选取中，可以将 3 个线框通过【转换】→【平移】按钮平移到零件的上表面。

连接参数设置如图 4-3-50 所示。最终的动态铣削刀路如图 4-3-51 所示。

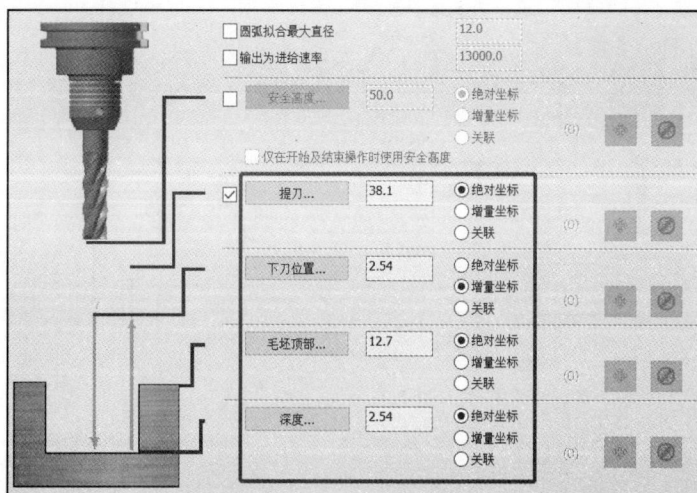

图 4-3-50 连接参数设置

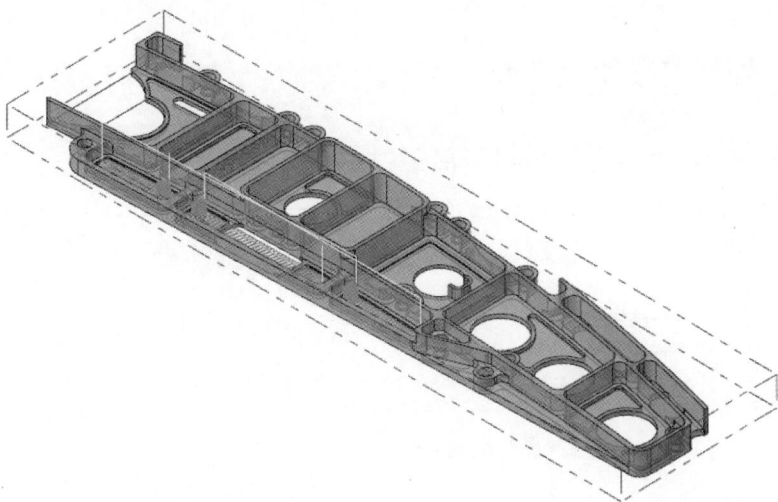

图 4-3-51　最终的动态铣削刀路

6. 按住【Ctrl】键，分别单击【D12 刀具粗加工】、【凹槽加工】选项，工作区中的刀路选取如图 4-3-52 所示。在【刀路】管理器中单击【验证已选择的操作】按钮进行仿真验证，结果如图 4-3-53 所示。

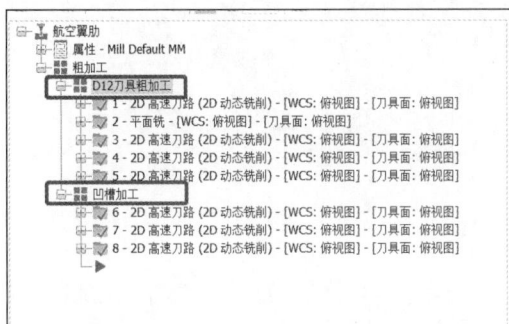

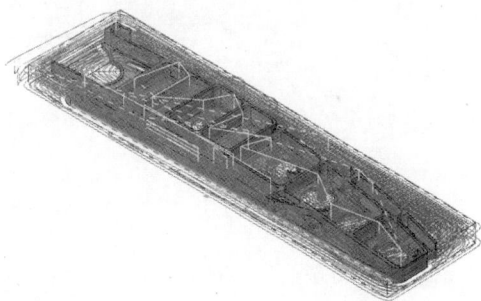

图 4-3-52　刀路群组的选取

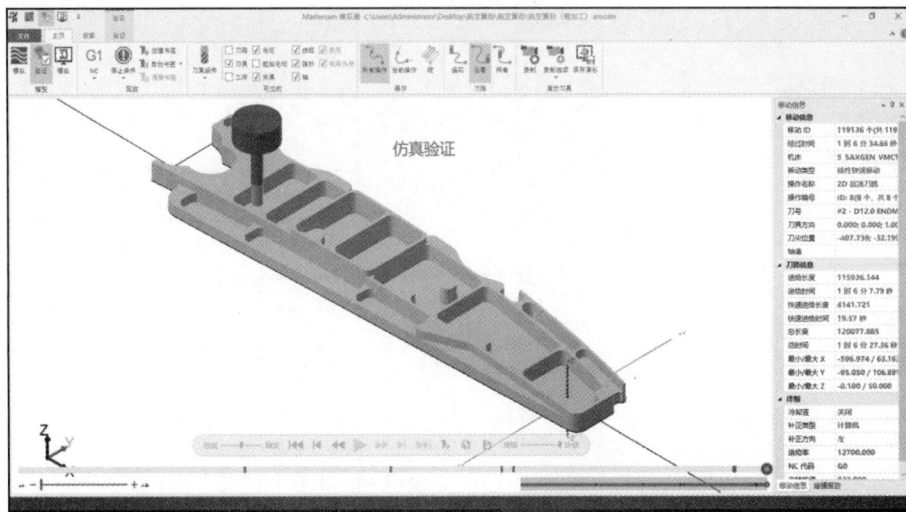

图 4-3-53　仿真验证结果

练习 3：外部支撑加工设置

1. 新建刀路群组，将其重命名为【外部支撑加工】，如图 4-3-54 所示。

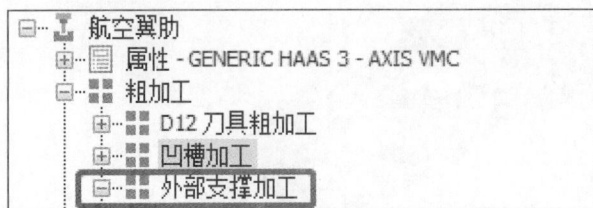

图 4-3-54　【外部支撑加工】刀路群组

演示视频

项目 4-航空翼肋-4-3-练习
3：外部支撑加工设置

2. 第 9 步刀路：选择【动态铣削】选项，选择直径为 12mm
的平铣刀，在【串连选项】对话框中将【加工区域策略】设置为【封闭】，加工范围及空切区域的
选取如图 4-3-55 所示。选取串连图形过程中需要注意方向。

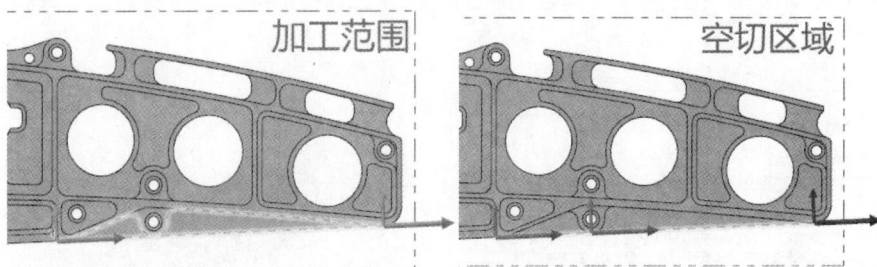

图 4-3-55　加工范围及空切区域的选取

3. 动态铣削刀路的参数设置如图 4-3-56 ~ 图 4-3-59 所示。最终的 2D 动态铣削刀路如图 4-3-60
所示。

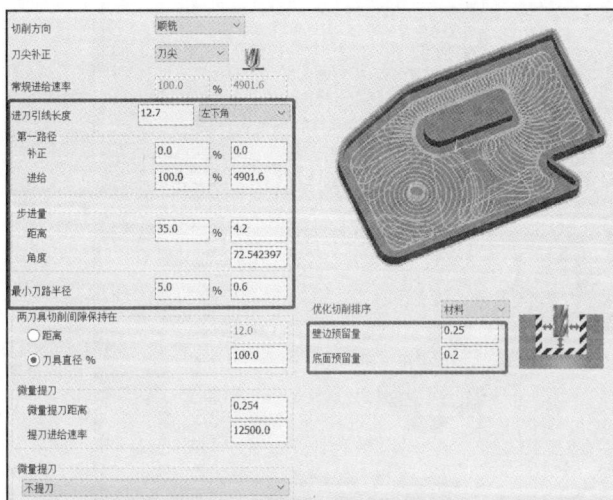

图 4-3-56　切削参数设置

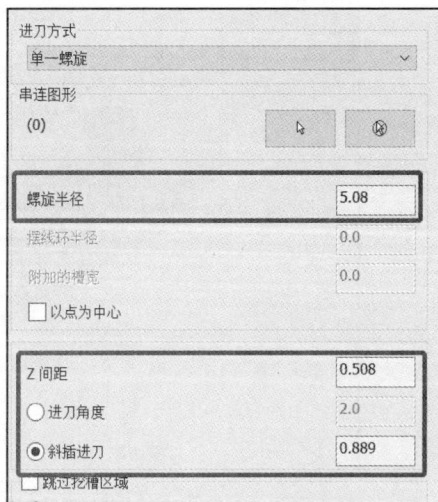

图 4-3-57　进刀方式设置

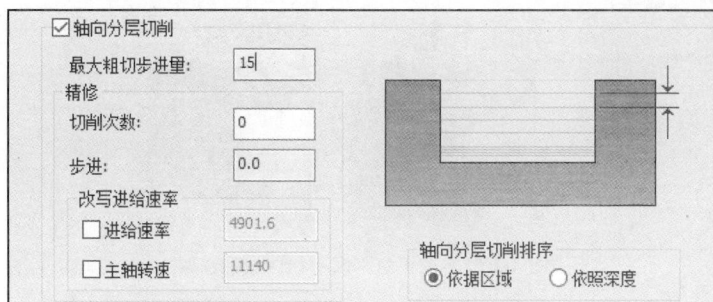

图 4-3-58　轴向分层切削参数设置

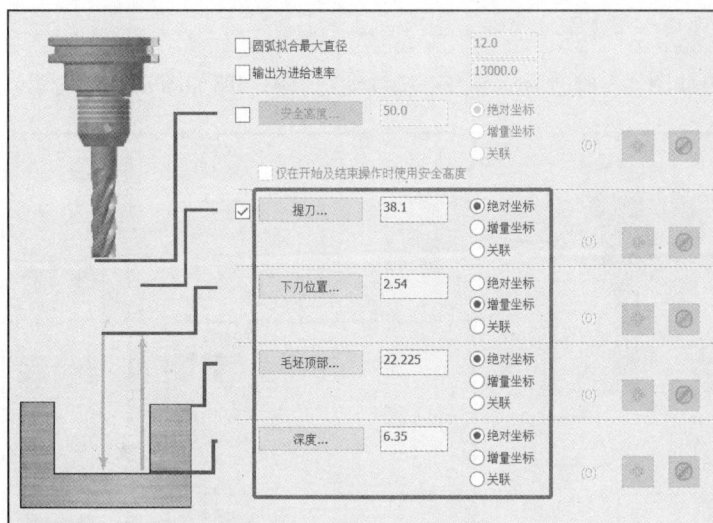

图 4-3-59　连接参数设置

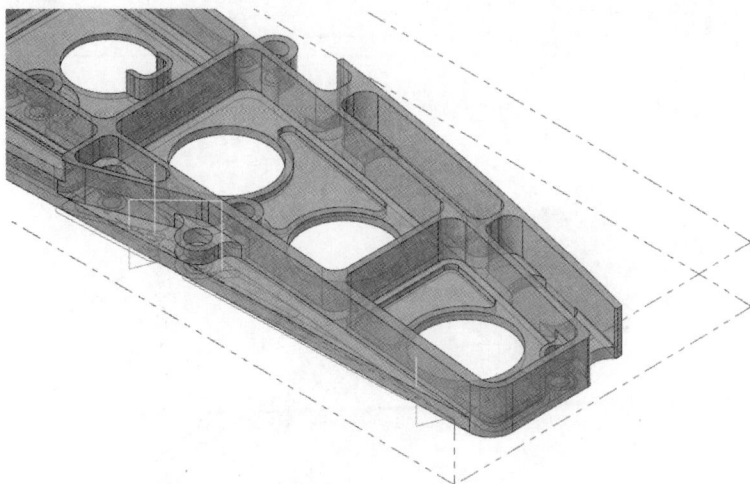

图 4-3-60　2D 动态铣削刀路

4. 第 10 步刀路：选择【动态铣削】选项，选择直径为 12mm 的平铣刀，在【串连选项】对话框中将【加工区域策略】设置为【封闭】，加工范围及空切区域的选取如图 4-3-61 所示，切削参数、轴向分层切削参数、进刀方式的设置与上一步中的一致。

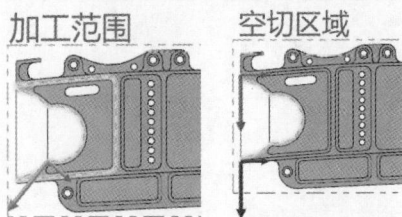

图 4-3-61　加工范围及空切区域的选取

注意　此处加工范围的选取采用【实体串连】中的【环】选择方式，空切区域的选取采用【实体串连】中的【边缘】选择方式。

连接参数设置如图 4-3-62 所示。最终的 2D 动态铣削刀路如图 4-3-63 所示。

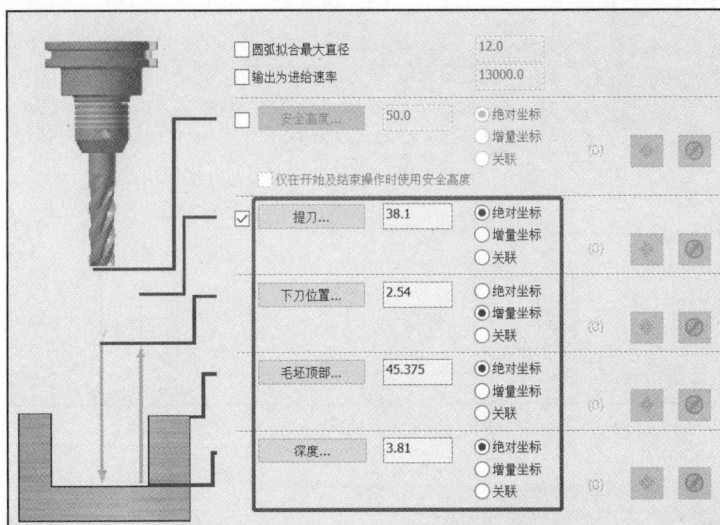

图 4-3-62　连接参数设置

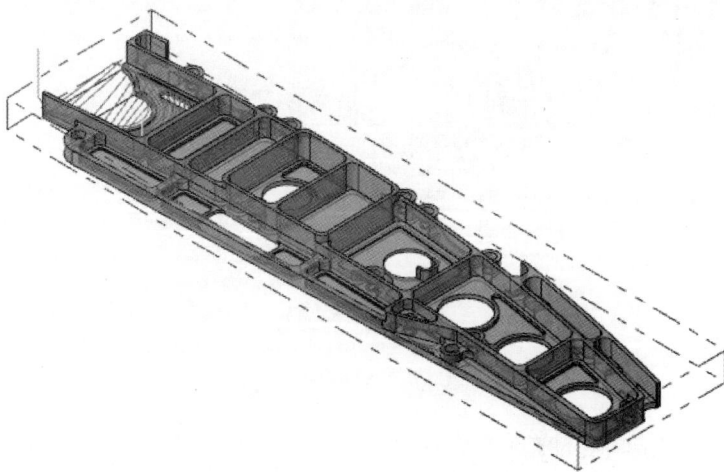

图 4-3-63　最终的 2D 动态铣削刀路

5. 第 11 步刀路：选择【动态铣削】选项，选择直径为 12mm 的平铣刀，在【串连选项】对话框中将【加工区域策略】设置为【封闭】，加工范围的选取如图 4-3-64 所示。

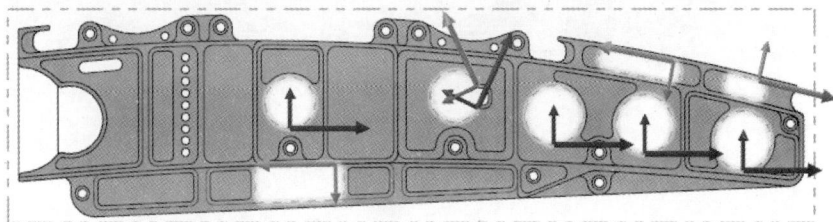

图 4-3-64　动态铣削加工范围的选取

切削参数设置如图 4-3-65 所示。

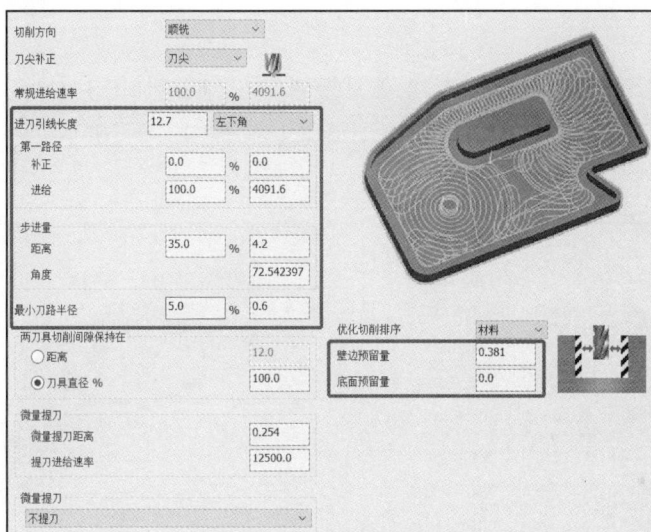

图 4-3-65　切削参数设置

连接参数设置如图 4-3-66 所示。最终的 2D 动态铣削刀路如图 4-3-67 所示。

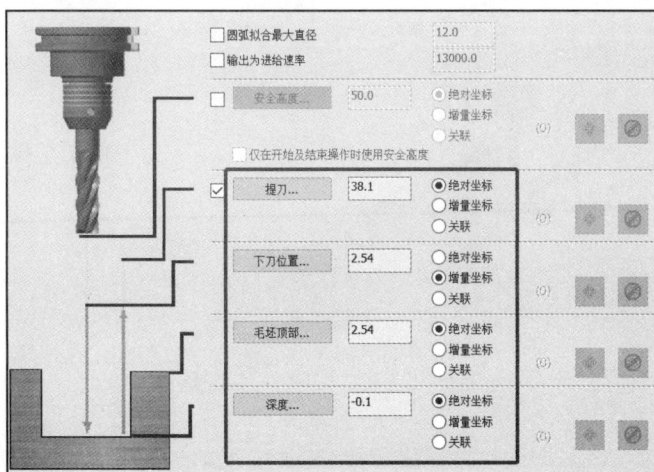

图 4-3-66　连接参数设置

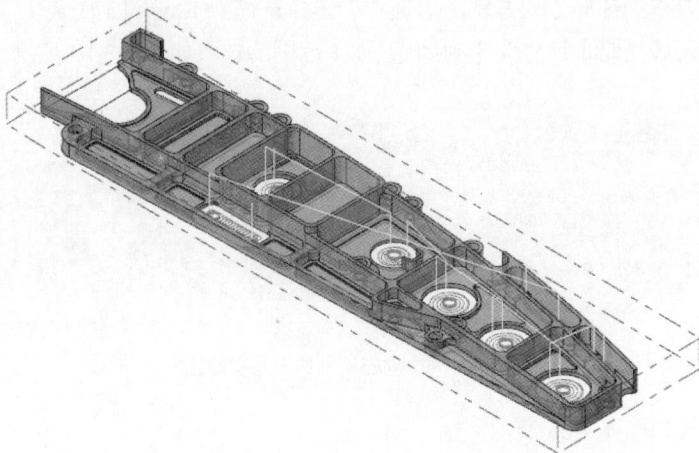

图 4-3-67   2D 动态铣削刀路

6. 按住【Ctrl】键，分别单击【D12 刀具粗加工】、【凹槽加工】、【外部支撑加工】选项，如图 4-3-68 所示。在【刀路】管理器中单击【验证已选择的操作】按钮进行仿真验证，结果如图 4-3-69 所示。

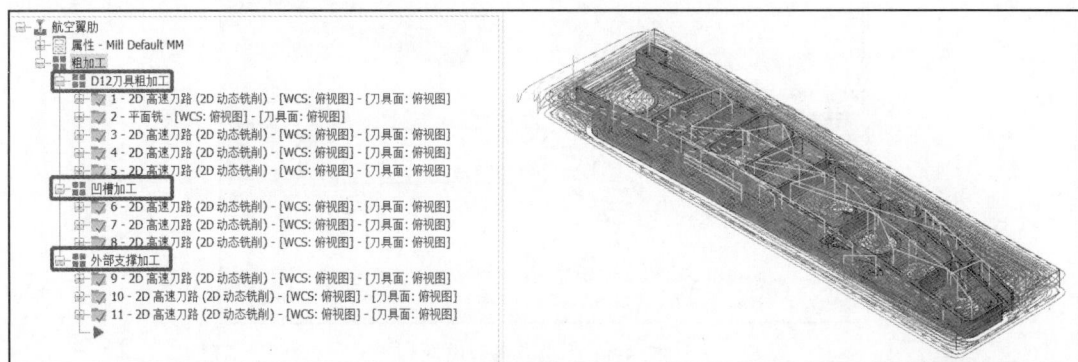

图 4-3-68   刀路群组的选取

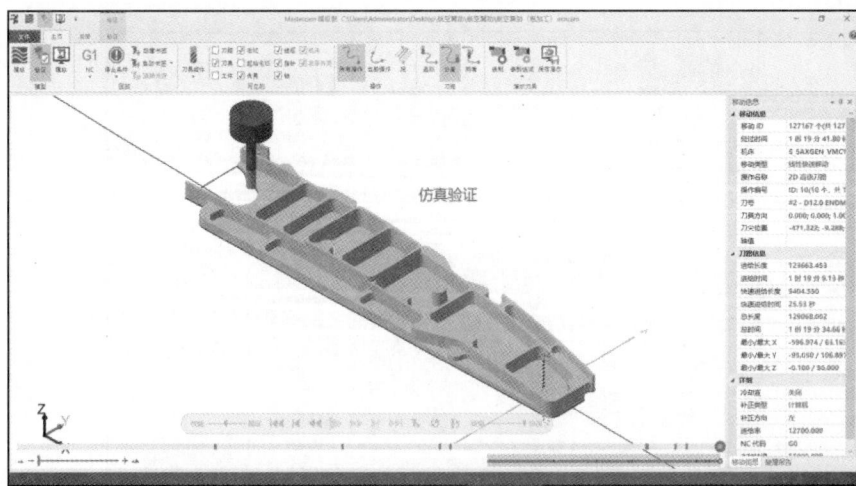

图 4-3-69   仿真验证结果

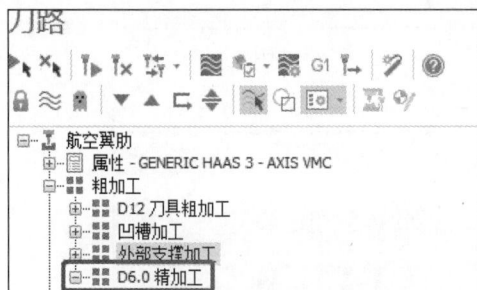

练习 4：精加工凹槽

1. 新建刀路群组，将其重命名为【D6.0 精加工】，如图 4-3-70 所示。

2. 第 12 步刀路：选择【挖槽】选项，如图 4-3-71 所示，在【实体串连】对话框中单击【外部共享边缘】按钮，如图 4-3-72 所示，系统将自动捕捉边缘，串连图形的选取如图 4-3-73 所示。

图 4-3-70　【D6.0 精加工】刀路群组

图 4-3-71　【挖槽】选项

图 4-3-72　【外部共享边缘】按钮

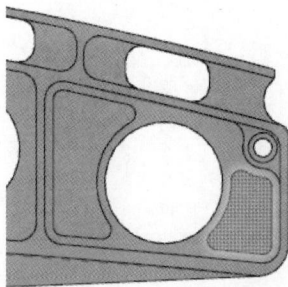

图 4-3-73　串连图形的选取

按照图 4-3-74 所示的方向依次选择串联图形。

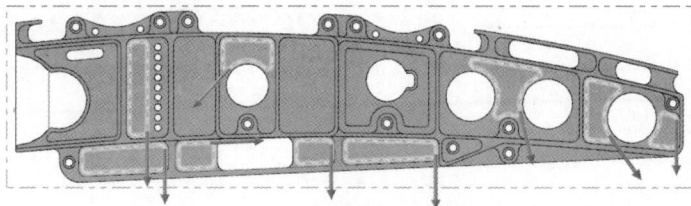

图 4-3-74　依次选择串连图形

3. 【串连管理】对话框中显示了选择的 9 个串连图形，如图 4-3-75 所示。

4. 选择直径为 6.0 mm 的平铣刀，刀路参数设置如图 4-3-76 ~ 图 4-3-82 所示。最终的 2D 挖槽刀路如图 4-3-83 所示。

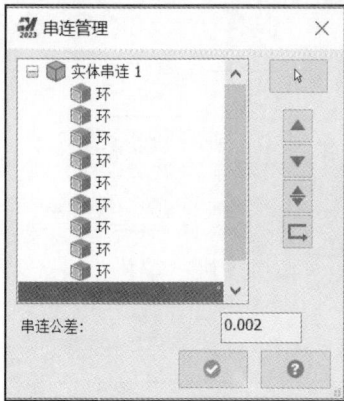

图 4-3-75 【串连管理】对话框

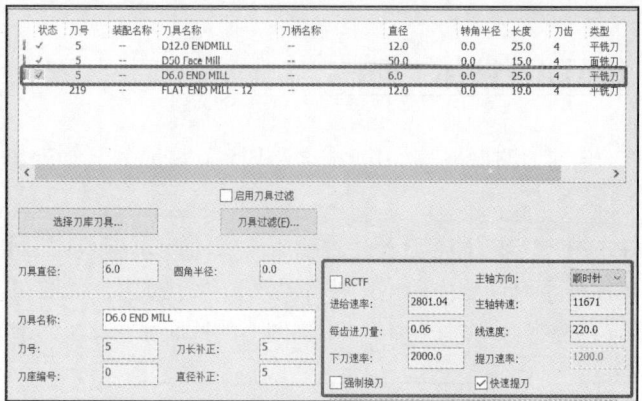

图 4-3-76 刀具和加工参数设置

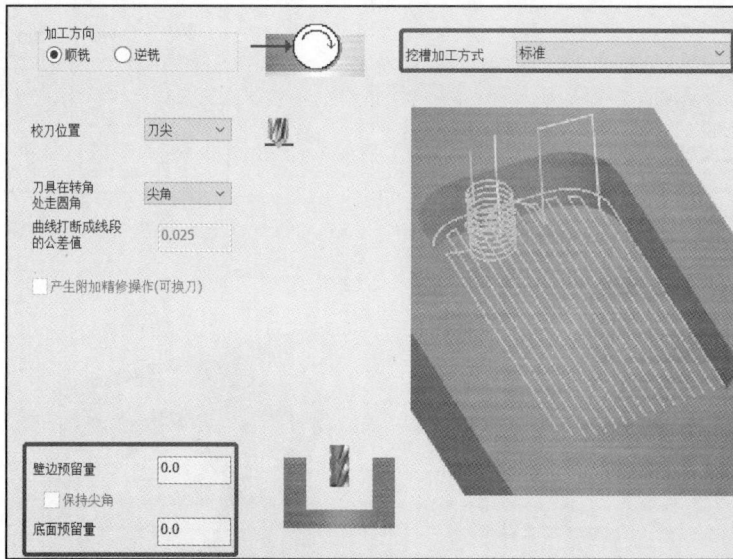

图 4-3-77 切削参数设置

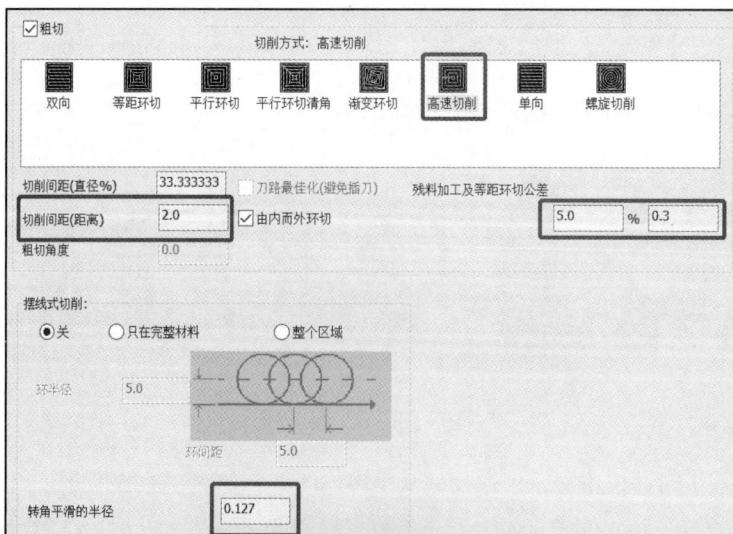

图 4-3-78 粗切参数设置

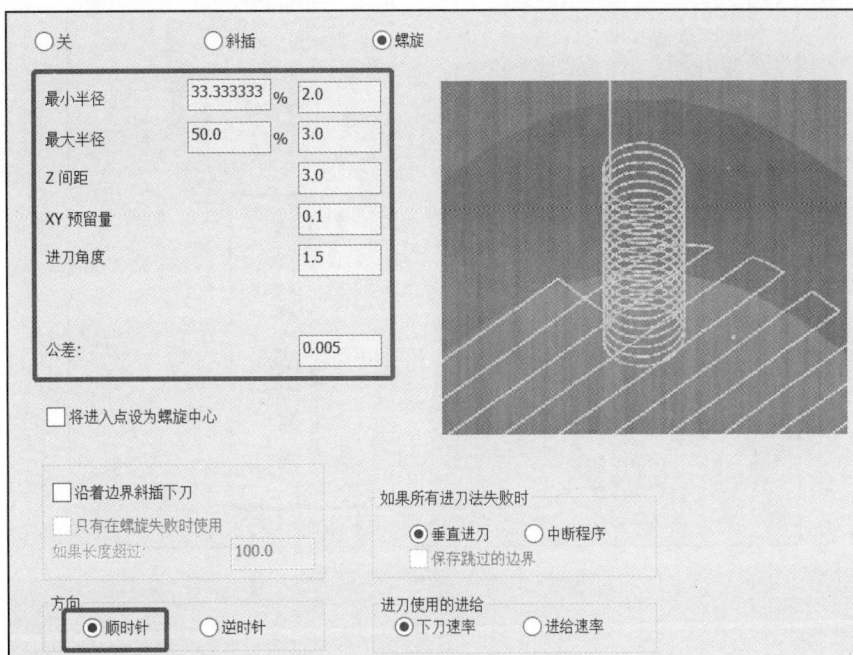

最小半径	33.333333 % 2.0
最大半径	50.0 % 3.0
Z 间距	3.0
XY 预留量	0.1
进刀角度	1.5
公差:	0.005

关　　斜插　　●螺旋

□将进入点设为螺旋中心

□沿着边界斜插下刀
□只有在螺旋失败时使用
如果长度超过　100.0

如果所有进刀法失败时
●垂直进刀　○中断程序
□保存跳过的边界

方向
●顺时针　○逆时针

进刀使用的进给
●下刀速率　○进给速率

图 4-3-79　进刀方式设置

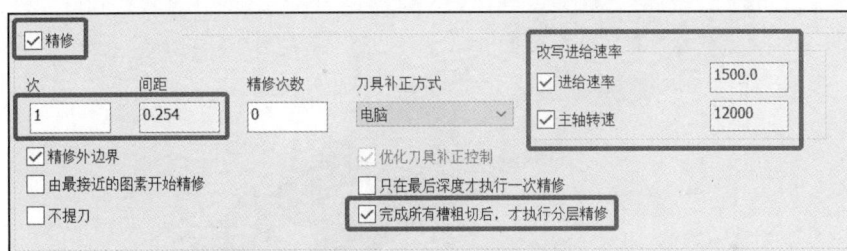

☑精修
次　1　　间距　0.254　　精修次数　0　　刀具补正方式　电脑

改写进给速率
☑进给速率　1500.0
☑主轴转速　12000

☑精修外边界
□由最接近的图素开始精修
□不提刀

☑优化刀具补正控制
□只在最后深度才执行一次精修
☑完成所有槽粗切后，才执行分层精修

图 4-3-80　精修参数设置

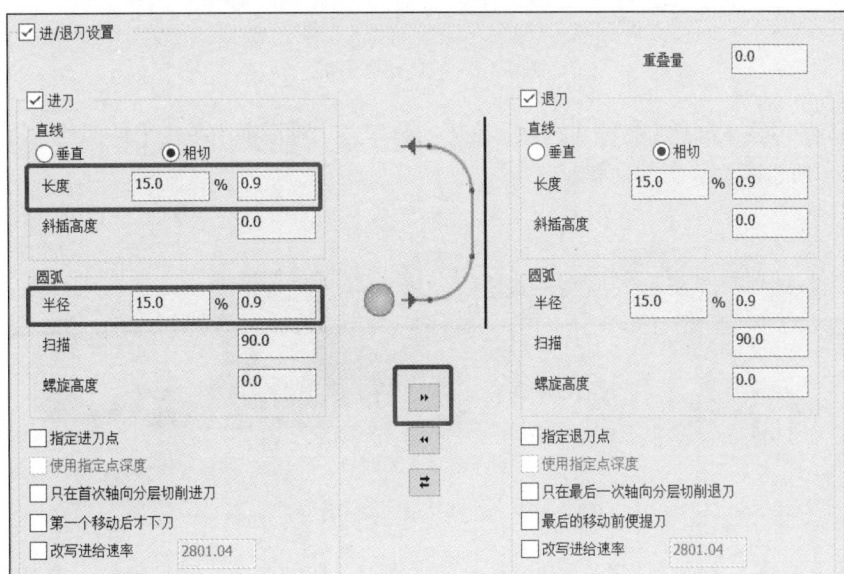

☑进/退刀设置　　　　　重叠量　0.0

☑进刀
直线　○垂直　●相切
长度　15.0 % 0.9
斜插高度　0.0
圆弧
半径　15.0 % 0.9
扫描　90.0
螺旋高度　0.0
□指定进刀点
□使用指定点深度
□只在首次轴向分层切削进刀
□第一个移动后才下刀
□改写进给速率　2801.04

☑退刀
直线　○垂直　●相切
长度　15.0 % 0.9
斜插高度　0.0
圆弧
半径　15.0 % 0.9
扫描　90.0
螺旋高度　0.0
□指定退刀点
□使用指定点深度
□只在最后一次轴向分层切削退刀
□最后的移动前便提刀
□改写进给速率　2801.04

图 4-3-81　进/退刀参数设置

239

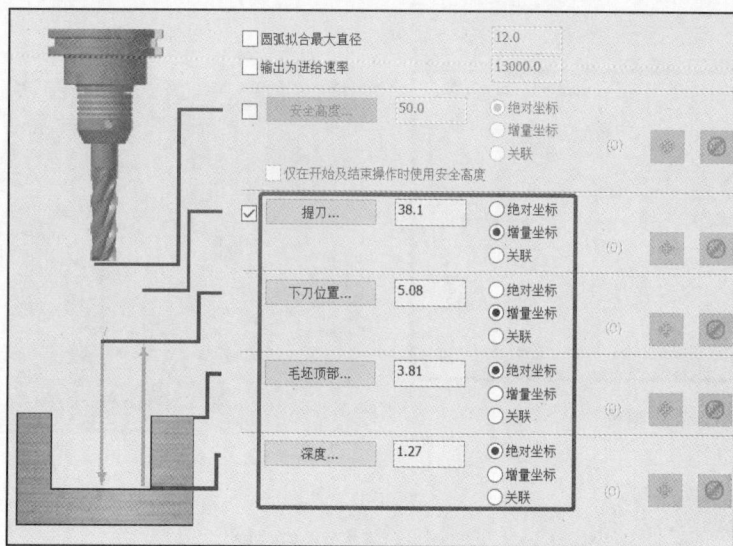

图 4-3-82　连接参数设置

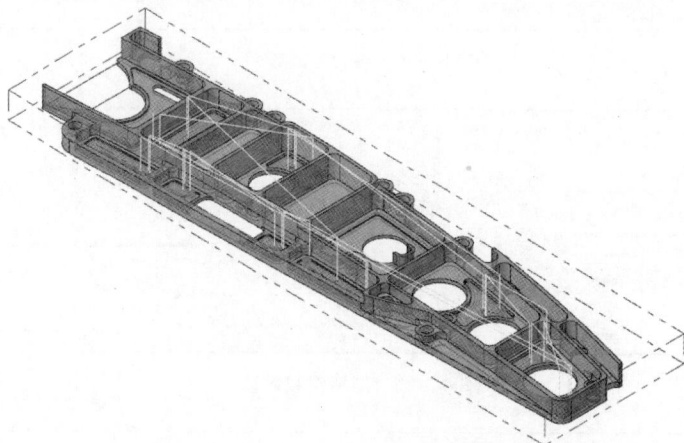

图 4-3-83　2D 挖槽刀路

5. 第 13 步刀路：选择【挖槽】选项，在【实体串连】对话框中单击【外部共享边缘】按钮，选择图 4-3-84 所示的边缘。

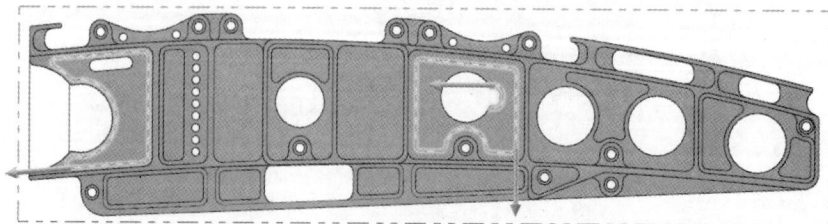

图 4-3-84　外部共享边缘串连选取

6. 选择【挖槽】选项，选择直径为 6mm 的平铣刀，切削参数、粗切参数、进刀方式、精修参数、进/退刀的设置与第 4 步一致。

连接参数设置如图 4-3-85 所示。最终的挖槽刀路如图 4-3-86 所示。

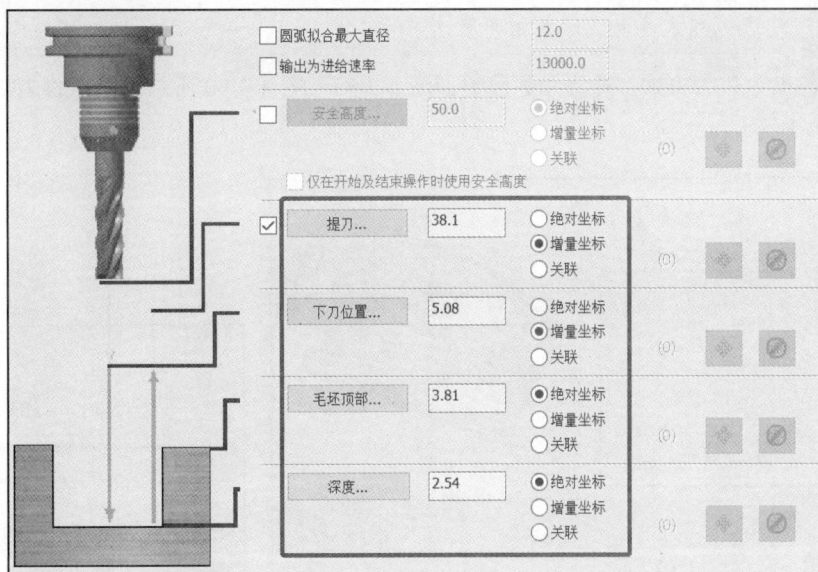

图 4-3-85　连接参数设置

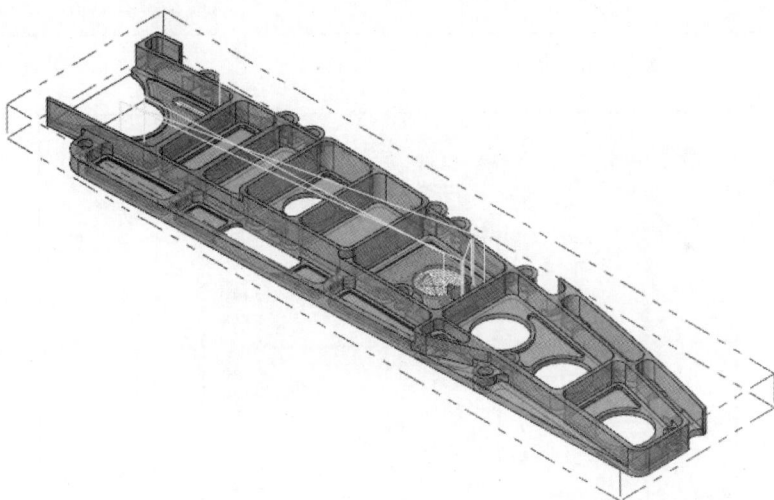

图 4-3-86　最终的挖槽刀路

7. 第 14 步刀路：选择【动态铣削】选项，选择直径为 6mm 的平铣刀，在【串连选项】对话框中将【加工区域策略】设置为【封闭】，加工范围及空切区域的选取如图 4-3-87 所示。

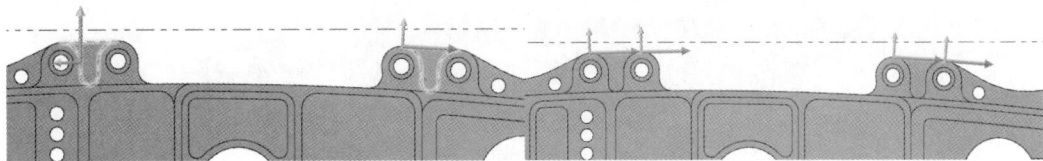

图 4-3-87　加工范围及空切区域的选取

此处，加工范围选取时的选择方式可以设置为【环】，空切区域选取时的选择方式可以设置为【边缘】。

8. 切削参数、进刀方式、连接参数设置如图 4-3-88～图 4-3-90 所示。最终的 2D 动态铣削刀路如图 4-3-91 所示。

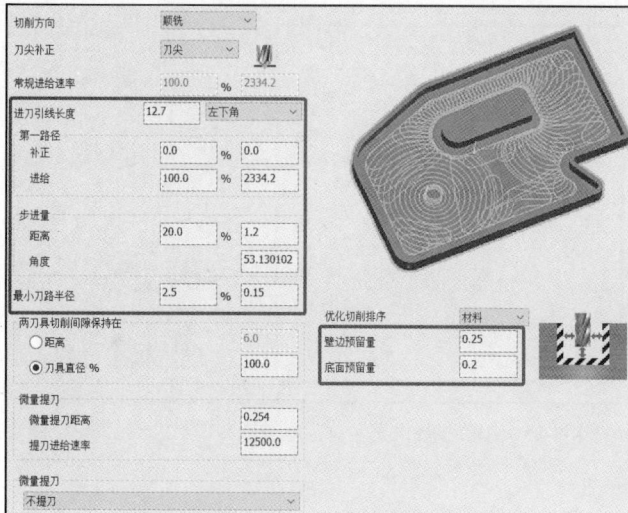

图 4-3-88　切削参数设置

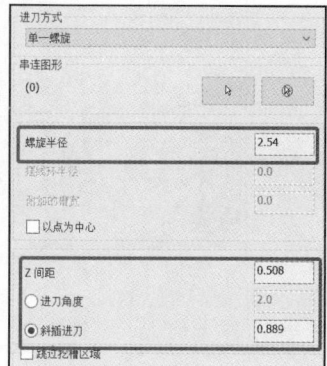

图 4-3-89　进刀方式设置

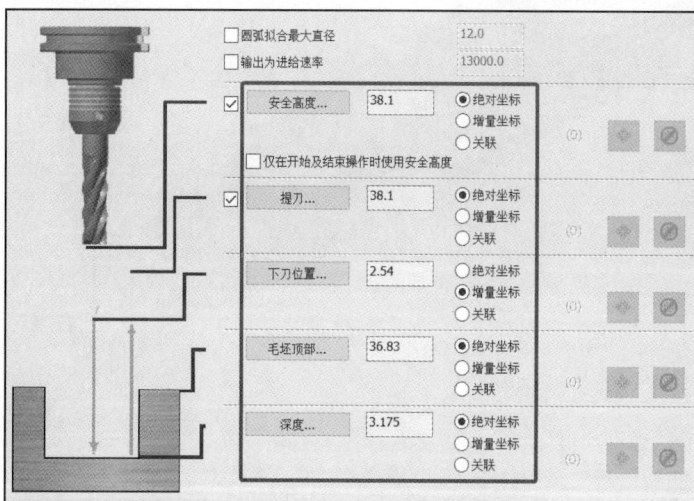

图 4-3-90　连接参数设置

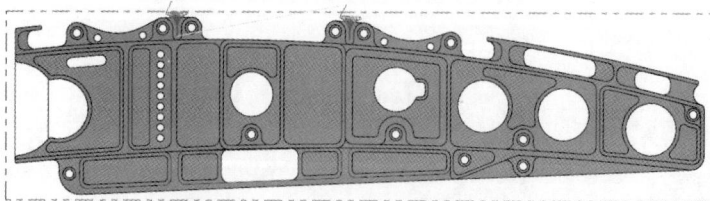

图 4-3-91　2D 动态铣削刀路

9. 第 15 步刀路：选择【动态铣削】选项，选择直径为 6mm 的平铣刀，在【串连选项】对话框中将【加工区域策略】设置为【封闭】，加工范围的选取如图 4-3-92 所示。

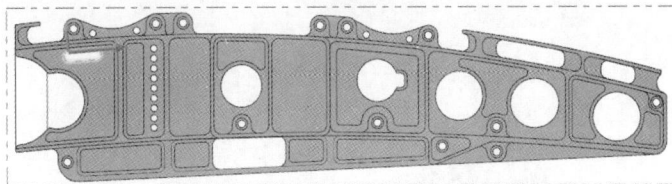

图 4-3-92　动态铣削加工范围的选取

10. 切削参数、进刀方式、连接参数设置如图 4-3-93 ~ 图 4-3-95 所示。最终的 2D 动态铣削刀路如图 4-3-96 所示。

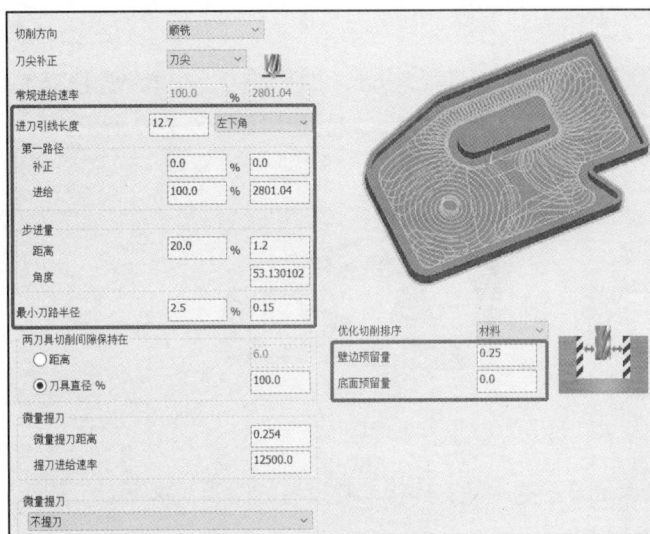

图 4-3-93　切削参数设置

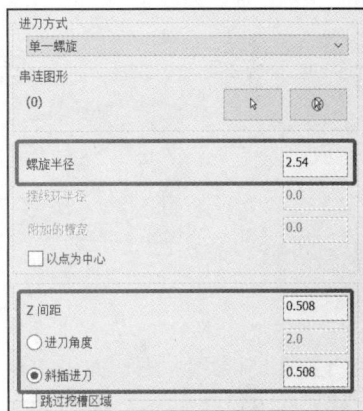

图 4-3-94　进刀方式设置

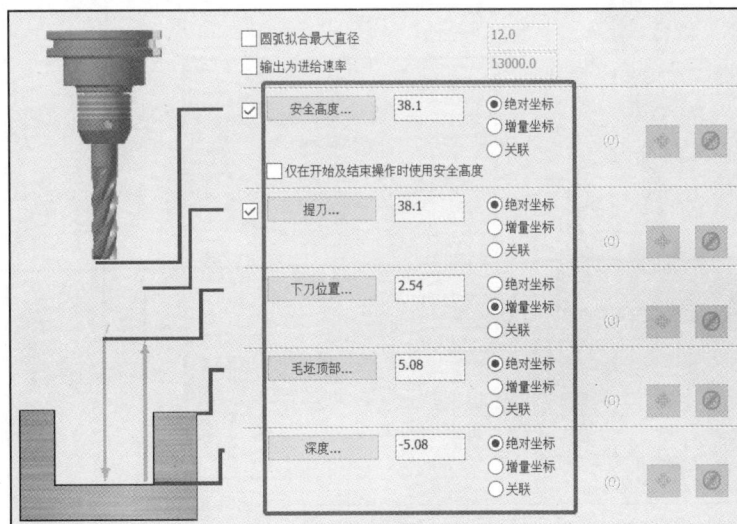

图 4-3-95　连接参数设置

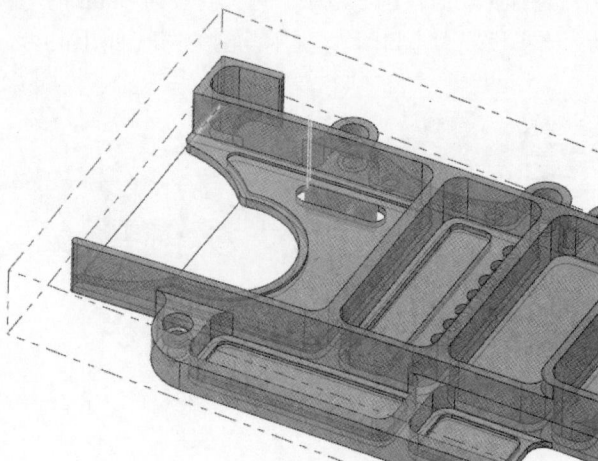

图 4-3-96   2D 动态铣削刀路

11. 第 16 步刀路：选择【动态铣削】选项，选择直径为 6mm 的平铣刀，在【串连选项】对话框中将【加工区域策略】设置为【封闭】，加工范围及空切区域的选取如图 4-3-97 所示。

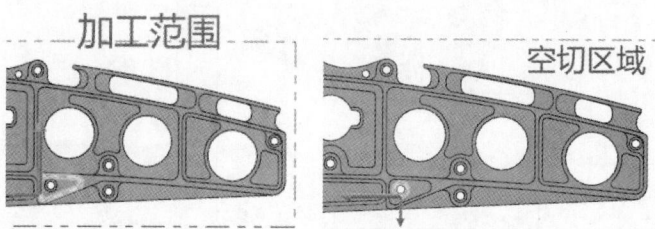

图 4-3-97   加工范围及空切区域的选取

12. 切削参数、进刀方式的设置与第 8 步中的一致，连接参数设置如图 4-3-98 所示。最终的 2D 动态铣削刀路如图 4-3-99 所示。

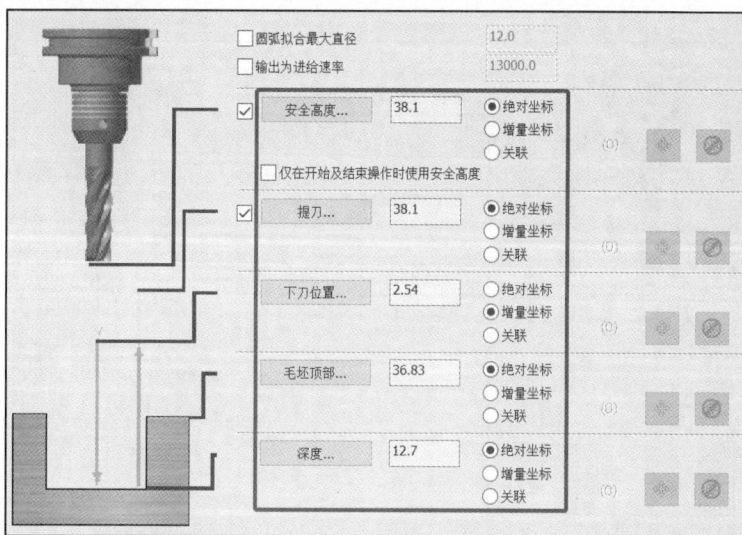

图 4-3-98   连接参数设置

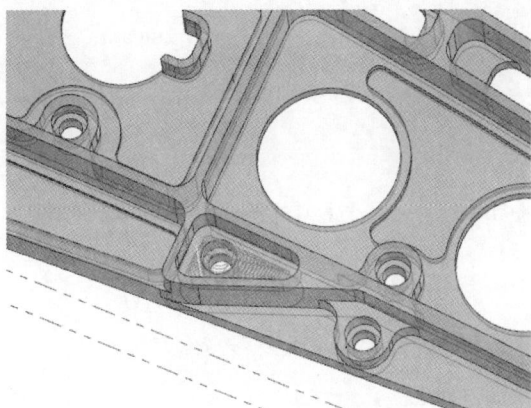

图 4-3-99　2D 动态铣削刀路

13. 在【刀路】管理器中单击【粗加工】选项，工作区域中显示的刀路如图 4-3-100 所示，在【刀路】管理器中单击【验证已选择的操作】按钮进行仿真验证，结果如图 4-3-101 所示。

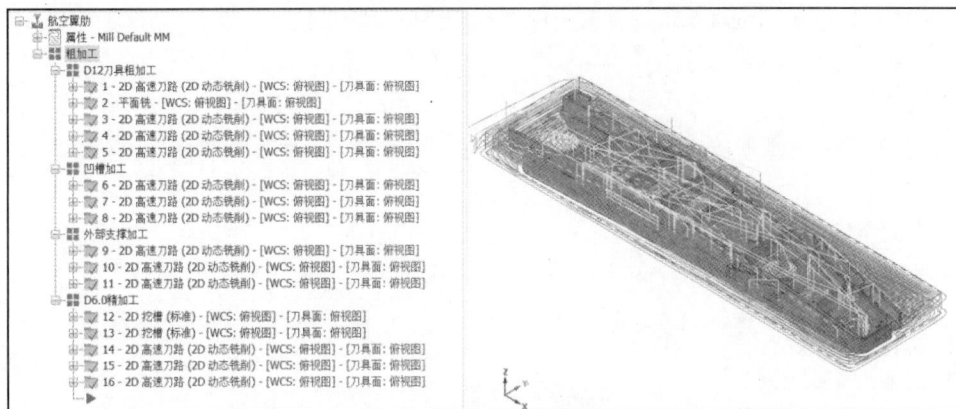

图 4-3-100　工作区域中显示的刀路

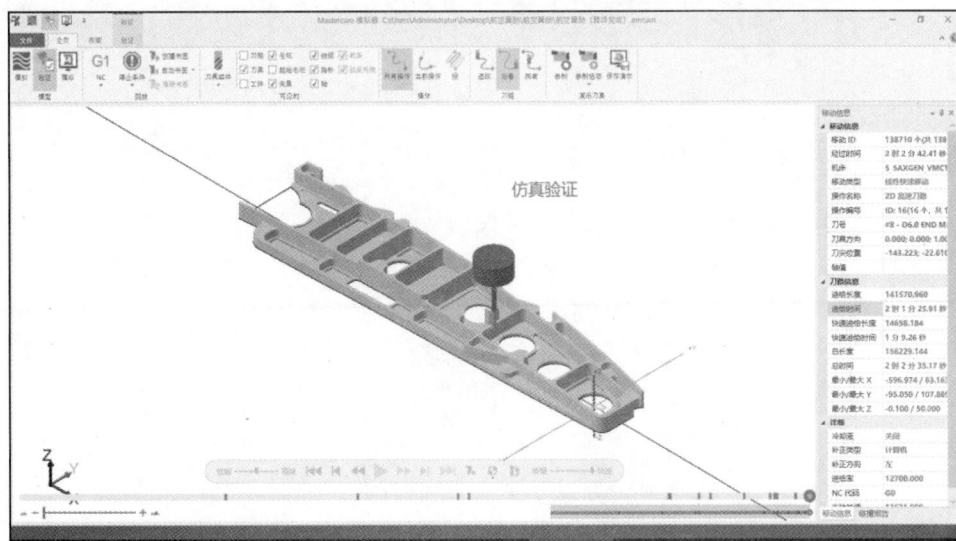

图 4-3-101　仿真验证结果

245

14. 将文件保存为"航空翼肋（粗加工）- ×××.emcam"。

【自测练习】

你能回答这些问题吗？

1. 下列哪个选项不属于 Mastercam 的刀具参数？

A. 主轴转速　　　　　　　　　　　B. 轴向进给率

C. 退刀速度　　　　　　　　　　　D. 退刀高度

2. 外形铣削模组是沿工件的外形轮廓切除材料产生刀具路径，二维外形铣削刀路的切削深度一般是固定不变的。

A. 正确　　　　　　　　　　　　　B. 错误

3. 在挖槽铣削加工外形串连的定义中，可以是封闭串连，也可以是不封闭串连，但是每个串连都必须是共面串连且平行于构图面。

A. 正确　　　　　　　　　　　　　B. 错误

4. 对不封闭的轮廓进行挖槽加工时只能选择的挖槽方法是什么？

A. 开放式轮廓加工　　　　　　　　B. 标准挖槽

C. 铣平面　　　　　　　　　　　　D. 使用岛屿深度挖槽

5. 零件材料一般是毛坯，故顶面不是很平整，加工的第一步要将顶面铣平，采用的加工方式是什么？

A. 平面铣削　　　　　　　　　　　B. 外形铣削

C. 挖槽加工　　　　　　　　　　　D. 钻孔加工

科技词条

绿色制造

定义：在满足产品功能、质量和成本要求的前提下，系统应考虑产品在整个生命周期中，不产生环境污染或环境污染最小化，符合环境保护要求，对生态环境无害或危害极少，节约资源和能源，使资源利用率最高，使能源消耗最低。

在党的十八届五中全会上，习近平总书记提出创新、协调、绿色、开放、共享"五大发展理念"，将绿色发展作为关系我国发展全局的一个重要理念。经过不懈努力，我国制造业不仅为生态环境改善和能源资源节约作出了积极贡献，更闯出了一条破解资源环境瓶颈约束的绿色发展之路。

推进绿色发展，将促进发展模式从低成本要素投入、高生态环境代价的粗放模式向创新发展和绿色发展双轮驱动模式转变，能源资源利用从低效率、高排放向高效、绿色、安全转型，节能环保产业将实现快速发展，循环经济将进一步推进，产业集群绿色升级进程将进一步加快，绿色、智慧技术将加速扩散和应用，从而推动绿色制造业和绿色服务业兴起，实现"既要金山银山，又要绿水青山"。综合来看，绿色发展已成为我国走新型工业化道路、调整优化经济结构、转变经济发展方式的重要动力，成为推动我国走向富强的有力支撑。

任务 4-4　精加工设置

【任务情境】

在该任务中，我们将在上一任务加工的基础上继续对航空翼肋模型进行精加工设置，主要使用 2D 外形铣削刀路和挖槽刀路。

【学习目标】

1. 能够对航空翼肋零件进行精加工设置。
2. 熟练精加工参数设置。

演示视频

项目 4-航空翼肋-4-4-练习
1：D12 平铣刀精加工设置

【任务练习】

练习 1：D12 平铣刀精加工设置

该部分对航空翼肋零件进行精加工设置。精加工去除材料少、切削速度大、进给量和吃刀量小，能够保证最终尺寸精度和表面质量。

1. 右击【航空翼肋】，在打开的鼠标右键菜单中选择【群组】→【新建刀路群组】命令，将其重命名为【精加工】，如图 4-4-1 所示。

图 4-4-1　新建【精加工】刀路群组

2. 按照以上步骤在【精加工】刀路群组上单击鼠标右键，新建一个名称为【D12 刀具精加工】的刀路群组，如图 4-4-2 所示。

3. 由于零件中各区域的加工深度不同，故【D12 刀具精加工】刀路群组包含 11 个刀路，如图 4-4-3 所示。

图 4-4-2　【D12 刀具精加工】刀路群组　　图 4-4-3　【D12 刀具精加工】刀路群组中的刀路

4. 第 17～26 步刀路：均为外形铣削加工方式，在【刀路】工具栏中选择【外形】选项。其中，相同参数的设置如下：

① 刀具参数中，选择直径为 12mm 的平铣刀。将【主轴转速】设置为【11140】，将【线速度】设置为【420】，将【下刀速率】设置为【1200】。

② 切削参数中将【壁边预留量】设置为【0】，将【底面预留量】设置为【0】，将【外形铣削方式】设置为【2D】。

③ 连接参数中将【安全高度】设置为【50】、【绝对坐标】，将【提刀】设置为【35】、【绝对坐标】，将【下刀】设置为【3】、【增量坐标】，将【毛坯顶部】设置为【36.83】、【绝对坐标】。

2D 外形铣削加工参数的设置及各刀路加工区域的选取如表 4-4-1 所示。

表 4-4-1　　　　　　　　2D 外形铣削加工参数的设置及各刀路加工区域的选取

刀路编号	加工区域选择	切削参数		【进/退刀】设置			连接参数
		补正方向	内圆角半径/mm	长度/mm	半径/mm	调整轮廓起始/结束位置	深度/mm
17		左	0.127	4	6	关闭	22.22（绝对坐标）
18		左	0.127	6	6	关闭	12.7（绝对坐标）
19		右	0.127	6	6	关闭	-0.1（绝对坐标）
20		右	0.127	6	3	1	12.7（绝对坐标）
	径向分层切削：粗切次数为 2，间距为 6，精修次为 0，间距为 0.05，精修次数为 0						
21		右	0.127	0	6	关闭	6.35（绝对坐标）
	径向分层切削：粗切次数为 2，间距为 8，精修次为 0，间距为 0.05，精修次数为 0						
22		左	0.127	6	3	关闭	2.54（绝对坐标）
23		右	0.127	0	3	关闭	3.81（绝对坐标）
24		左	0.07	0.5	1	关闭	0（绝对坐标）
25		关闭	0.127	关闭	关闭	7	0（增量坐标）

248

续表

刀路编号	加工区域选择	切削参数		【进/退刀】设置			连接参数
		补正方向	内圆角半径/mm	长度/mm	半径/mm	调整轮廓起始/结束位置	深度/mm
26		左	0.07	斜插3	0.5	关闭	0（绝对坐标）

> **注意**　　加工范围的选取需要根据所要加工的位置将串连模式调整为【线框串连】或者【实体串连】，注意串连方向。第 18 步刀路中，串连选择时可以通过【转换】→【平移】按钮来平移出所需要的串连。

5. 生成的 17～26 步 2D 外形刀路如图 4-4-4 所示。

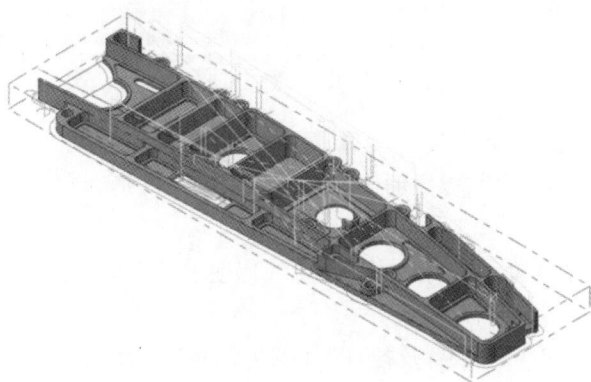

图 4-4-4　2D 外形刀路

6. 对所有已设置完成的刀路进行仿真验证，结果如图 4-4-5 所示。

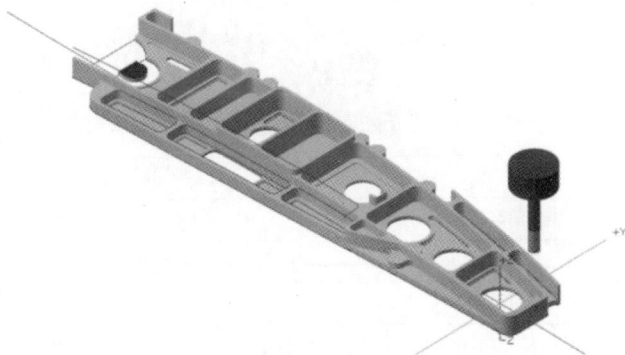

图 4-4-5　仿真验证结果

> **小提示**　　精加工过程中，切削残料残留少，可最大限度地排除切削力、切削热和振动等的不利影响，因此能有效地去除上道工序留下的表面变质层；加工后，表面基本上不带残余拉应力，粗糙度也大大降低，极大地提高了加工表面质量。

练习 2：D6 平铣刀精加工设置

1. 在【精加工】刀路群组上单击鼠标右键，新建一个名为【D6 精加工】的刀路群组，如图 4-4-6 所示。

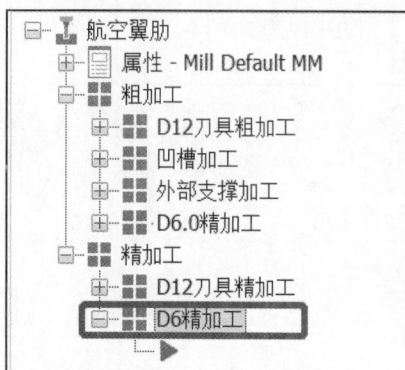

演示视频

项目 4-航空翼肋-4-4-练习
2：D6 平铣刀精加工设置

图 4-4-6 【D6 精加工】刀路群组

2. 该刀路群组一共有 6 步刀路，包含外形和挖槽两种加工方式。

在第 27~32 步刀路中，相同参数的设置如下：

① 选择直径为 6mm 的平铣刀。

② 将【主轴转速】设置为【11400】，将【线速度】设置为【220】，将【下刀速率】设置为【1200】。

外形铣削和挖槽加工参数的设置及各刀路加工区域的选取如表 4-4-2 所示。

表 4-4-2　　　　外形铣削和挖槽加工参数的设置及各刀路加工区域的选取

刀路编号	加工方式		加工参数设置			
27	外形	串连图形				
		切削参数	补正方向	左	外形铣削方式	2D
			内圆角半径/mm	0.127	外部拐角修剪半径/mm	0
			壁边预留量/mm	0	底面预留量/mm	0
		进/退刀设置	直线		相切	
			长度/mm	（50%）3	半径/mm	（16.7%）1
		连接参数	安全高度/mm	—		
			提刀/mm	6.35（增量坐标）	下刀位置/mm	5.08（增量坐标）
			毛坯顶部/mm	36.83（绝对坐标）	深度/mm	−0.1（绝对坐标）

续表

刀路编号	加工方式	加工参数设置				
28	外形	串连图形				
		切削参数	补正方向	左	外形铣削方式	2D
			内圆角半径/mm	0.127	外部拐角修剪半径/mm	0
			壁边预留量/mm	0	底面预留量/mm	0
		进/退刀设置	直线	相切		
			长度/mm	（50%）3	半径/mm	（16.7%）1
		径向分层切削	径向分层切削	√		
			粗切	次	2	间距/mm	2.0
			精修	次	0	间距/mm	0.05
				精修次数	0	不提刀	√
		连接参数	安全高度/mm	—		
			提刀/mm	6.35（增量坐标）	下刀位置/mm	5.08（增量坐标）
			毛坯顶部/mm	36.83（绝对坐标）	深度/mm	3.175（绝对坐标）
29	外形	串连图形				
		切削参数	补正方向	左	外形铣削方式	2D
			内圆角半径/mm	0.127	外部拐角修剪半径/mm	0
			壁边预留量/mm	0	底面预留量/mm	0
		进/退刀设置	直线	相切		
			长度/mm	（50%）3	半径/mm	（50%）3
		连接参数	安全高度/mm	—		
			提刀/mm	6.35（增量坐标）	下刀位置/mm	5.08（增量坐标）
			毛坯顶部/mm	36.83（绝对坐标）	深度/mm	12.7（绝对坐标）
30	挖槽	串连图形				
		切削参数	加工方向	顺铣	挖槽加工方式	标准
			校刀位置	刀尖	刀具在转角处走圆角	尖角
			壁边预留量/mm	0	底面预留量/mm	0

刀路编号	加工方式	加工参数设置			
30	挖槽	粗切	切削方式	双向	
			切削间距/mm	（90%）5.4	残料加工及等距环切公差/mm （5%）0.3
		进刀方式	关		
		精修	精修	√	
			次	1	间距/mm 0.5
			精修外部边界	√	完成所有槽粗切后，才执行分层精修 √
		进/退刀设置	直线	相切	
			长度/mm	（50%）3	半径/mm （25%）1.5
		连接参数	安全高度/mm	—	
			提刀/mm	38.1（增量坐标）	下刀位置/mm 5.08（增量坐标）
			毛坯顶部/mm	45.375（绝对坐标）	深度/mm 12.7（绝对坐标）
31	挖槽	串连图形			
		切削参数	加工方向	顺铣	挖槽加工方式 标准
			校刀位置	刀尖	刀具在转角处走圆角 全部
			壁边预留量/mm	0	底面预留量/mm 0
		粗切	切削方式	双向	
			切削间距/mm	（90%）5.4	残料加工及等距环切公差/mm （10%）0.6
		进刀方式	关		
		精修	精修	√	
			次	1	间距/mm 0.25
			精修外部边界	√	完成所有槽粗切后，才执行分层精修 √
		进/退刀设置	直线	相切	
			长度/mm	（15%）0.9	半径/mm （15%）0.9
		连接参数	安全高度/mm	—	
			提刀/mm	38.1（增量坐标）	下刀位置/mm 5.08（增量坐标）
			毛坯顶部/mm	45.375（绝对坐标）	深度/mm 0（增量坐标）

刀路编号	加工方式	加工参数设置			
32	挖槽	串连图形			
		切削参数	加工方向	顺铣	挖槽加工方式	开放式挖槽

刀路编号	加工方式	加工参数设置			
32	挖槽	**串连图形**			
		切削参数	加工方向	顺铣	挖槽加工方式	开放式挖槽
			校刀位置	刀尖	刀具在转角处走圆角	尖角
			重叠量	90%（5.4）	使用开放轮廓切削方式	√
			壁边预留量/mm	0	底面预留量/mm	0
		粗切	切削方式	开放式		
			切削间距/mm	90%（5.4）	残料加工及等距环切公差/mm	5%（0.3）
		进刀方式	关			
		精修	精修	√		
			次	1	间距	5
			精修外部边界	√	完成所有槽粗切后，才执行分层精修	√
		进/退刀设置	直线	相切		
			长度/mm	（50%）3	半径/mm	（25%）1.5
		连接参数	安全高度/mm	—		
			提刀/mm	38.1（增量坐标）	下刀位置/mm	5.08（增量坐标）
			毛坯顶部/mm	45.375（绝对坐标）	深度/mm	0（增量坐标）

3. 生成的刀路如图 4-4-7 所示。

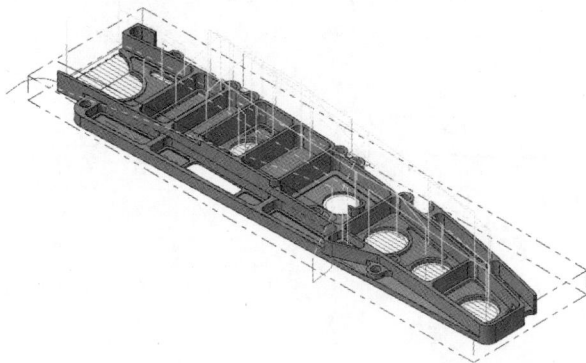

图 4-4-7　刀路

4. 对所有已设置完成的刀路进行仿真验证，结果如图 4-4-8 所示。

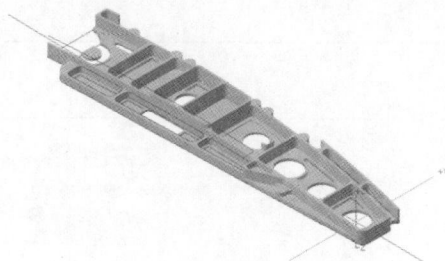

图 4-4-8　仿真验证结果

5. 将文件保存为"航空翼肋（精加工）－×××.emcam"。

【自测练习】

你能回答这些问题吗？

1. 粗加工后，如果要保证尺寸精度和表面质量，则需进行精加工。那么勾选什么复选框，系统可执行挖槽精加工？

A. 精修　　　　　　　　　　B. 切削参数　　　　　　　　　C. 连接参数

2. 粗加工时，一般以提高生产效率为主，半精加工和精加工则用于保证加工质量，因此无须兼顾切削效率、经济性和加工成本。

A. 正确　　　　　　　　　　B. 错误

大国工匠

马小光

马小光，中国兵器工业集团首席技师、国家级技能大师工作室带头人，曾荣获全国劳动模范、全国技术能手、全国五一劳动奖章等多项荣誉称号。马小光胸怀强军报国理想，扎根生产一线 20 余年，攻克了多个核心零部件加工难点，完成了 300 余项关键产品试制和攻关任务。他在工装模具、液压传动、行走系统等多个生产环节首创大量先进加工方法，大幅提升了装备质量和生产效率，在系列装甲装备研制生产和为部队提供可靠耐用装备方面发挥了重要作用。

学校毕业后马小光从事电极钳工工作。他深知电极制作精度对模具质量的重要性，不断练习画线、锉削、打磨等基本功，成为车间唯一的电极制作工。2002 年，他自学数控机床编程与操作，仅用两周时间完成原本需要两个月的模具加工任务，坚定了他对数控技术的追求。此后，他逐渐成长为数控加工领域的顶尖人才，并在 2009 年夺得"第三届全国职工数控技能大赛"冠军。

在北京奥运会期间，马小光解决了特效焰火发射装置的复合角度加工难题。他还成功解决了"一体式行星架"和"连体履带板"内侧倒角等工艺难题，实现了经济高效的自动化加工。此外，他还解决了底甲板、平衡器、履带板等大批复杂热成形模具的制造难题，采用行星框架螺旋高速切削法和数控车分层高速车削法，显著提高了生产效率。

20 多年来，马小光践行"把一切献给党"的人民兵工精神，执着追求、精益求精，已成为众多青年员工学习的榜样，激励一批又一批青年人才投身国防现代化建设事业。

任务 4-5　钻孔加工设置

【任务情境】

钻孔是航空翼肋模型加工的最后一道工序，该任务主要围绕钻孔加工的刀路群组的建立、刀具选择及加工参数的设置来展开。

【学习目标】

1. 能够对航空翼肋进行钻孔加工设置。
2. 熟练钻孔加工的参数设置。

演示视频

项目 4-航空翼肋-4-5-练习：
钻孔加工

【任务练习】

练习：钻孔加工

要把零件连接起来，需要各种不同尺寸的螺钉孔、销钉孔或铆钉孔；为了把传动部件固定起来，需要各种安装孔；机器零件本身各有各种各样的孔（如油孔、工艺孔、减重孔等）。加工孔以使孔达到要求的操作称为孔加工。孔加工模组是机械加工中使用较多的一个工序，包括钻孔、镗孔、攻丝、铰孔等。

1. 右击【航空翼肋】，新建刀路群组，将其重命名为【钻孔加工】，如图 4-5-1 所示。

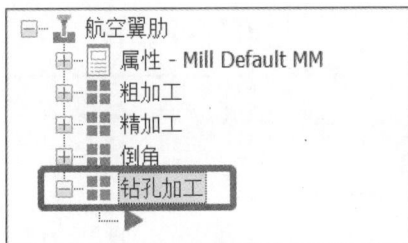

图 4-5-1　【钻孔加工】刀路群组

2. 第 33 步刀路：在【刀路】工具栏中选择【钻孔】选项，钻孔串连图形的选取如图 4-5-2 所示，刀具选择直径为 6.8mm 的钻头，具体加工参数设置如图 4-5-3 ~ 图 4-5-5 所示。

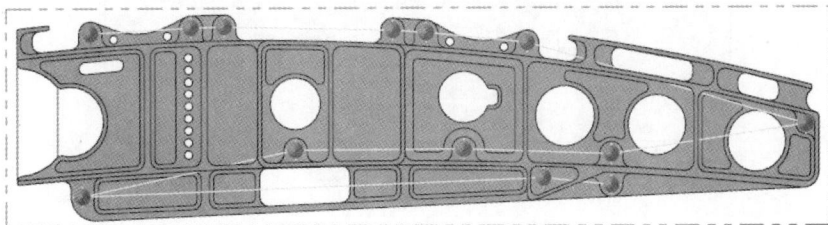

图 4-5-2　钻孔串连图形的选取

状态	刀号	装配名称	刀具名称	刀柄名称	直径	转角半径	长度	刀齿	类型
✓	5	--	D6.0 CHAMFER	--	6.0	0.0	25.0	2	定位钻
✓	5	--	D12.0 ENDMILL	--	12.0	0.0	25.0	4	平铣刀
✓	5	--	D10 END MILL	--	10.0	0.0	25.0	4	平铣刀
✓	5	--	D50 Face Mill	--	50.0	0.0	15.0	4	面铣刀
✓	5	--	D3 CHAMFER	--	3.0	0.0	25.0	4	定位钻
✓	5	--	D6.0 END MILL	--	6.0	0.0	25.0	4	平铣刀
✓	5	--	D6.8 DRILL	--	6.8	0.0	60.0	2	钻头/钻
	219	--	FLAT END MILL - 12	--	12.0	0.0	19.0	4	平铣刀

☐ 启用刀具过滤

选择刀库刀具...　　　　刀具过滤(F)...

刀具直径：6.8　　圆角半径：0.0

主轴方向：顺时针

进给速率 421.2　　主轴转速 2106

刀具名称：D6.8 DRILL　　每齿进刀量 0.1　　线速度 44.9915

刀号：5　　刀长补正：5　　下刀速率 600.0　　提刀速率 1200.0

刀座编号：0　　直径补正：5　　☐ 强制换刀　　☐ 快速提刀

说明

☐ 批处理模式

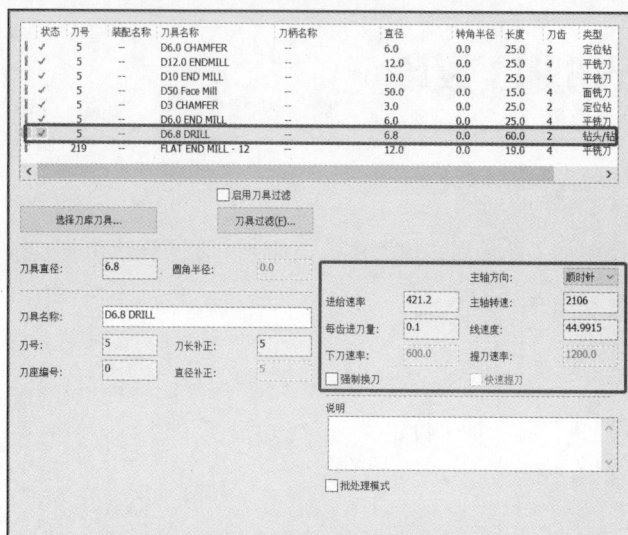

图 4-5-3　刀具和加工参数设置

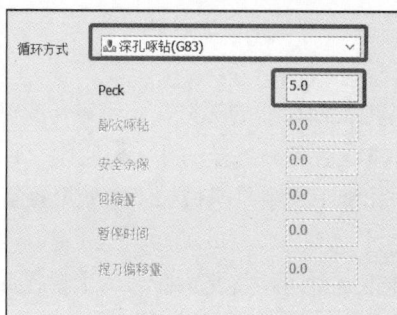

循环方式　🔧 深孔啄钻(G83)

Peck　5.0

阶次啄钻　0.0

安全余隙　0.0

回缩量　0.0

暂停时间　0.0

提刀偏移量　0.0

图 4-5-4　切削参数设置

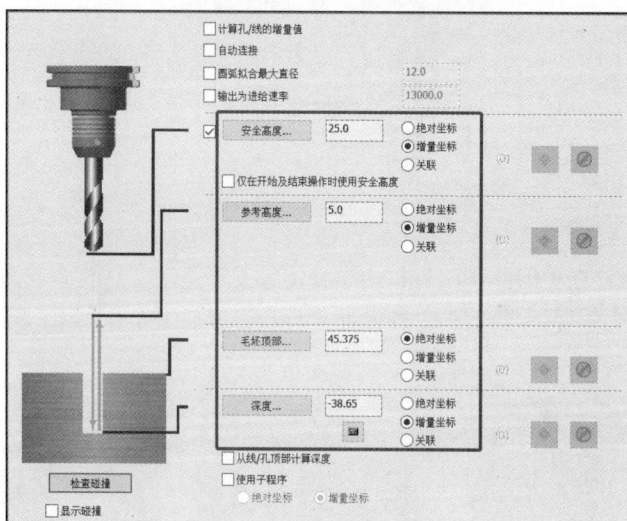

☐ 计算孔/线的增量值
☐ 自动连接
☐ 圆弧拟合最大直径　12.0
☐ 输出为进给速率　13000.0

☑ 安全高度... 25.0　○绝对坐标 ●增量坐标 ○关联

☐ 仅在开始及结束操作时使用安全高度

参考高度... 5.0　○绝对坐标 ●增量坐标 ○关联

毛坯顶部... 45.375　●绝对坐标 ○增量坐标 ○关联

深度... -38.65　●绝对坐标 ○增量坐标 ○关联

☐ 从线/孔顶部计算深度
☐ 使用子程序
　○绝对坐标 ●增量坐标

检查碰撞

☐ 显示碰撞

图 4-5-5　连接参数设置

　　3. 第 34 步刀路：在【刀路】工具栏中选择【螺旋铣孔】选项，选择直径为 10 mm 的平铣刀，加工参数设置如图 4-5-6 ~ 图 4-5-9 所示。

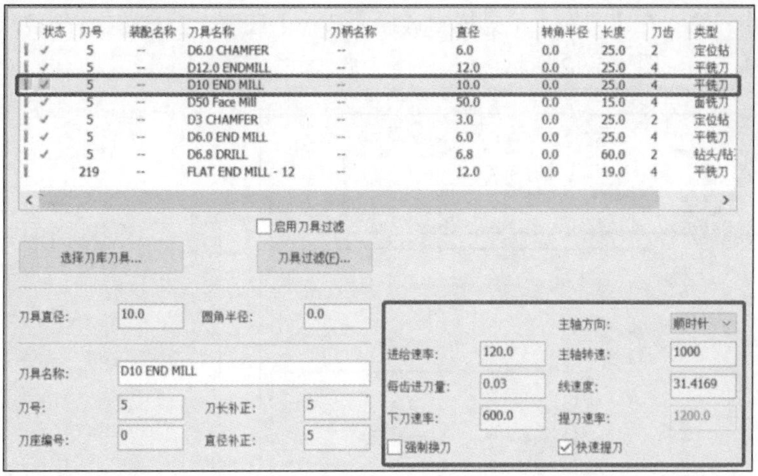

图 4-5-6　刀具和加工参数设置

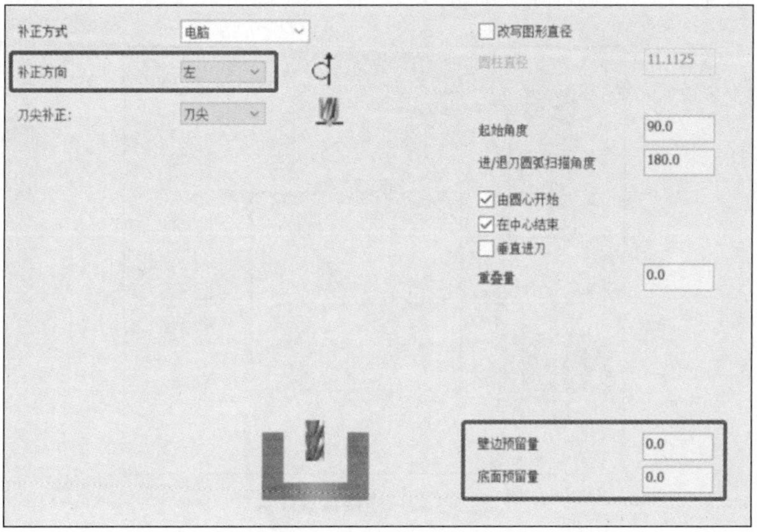

图 4-5-7　切削参数设置

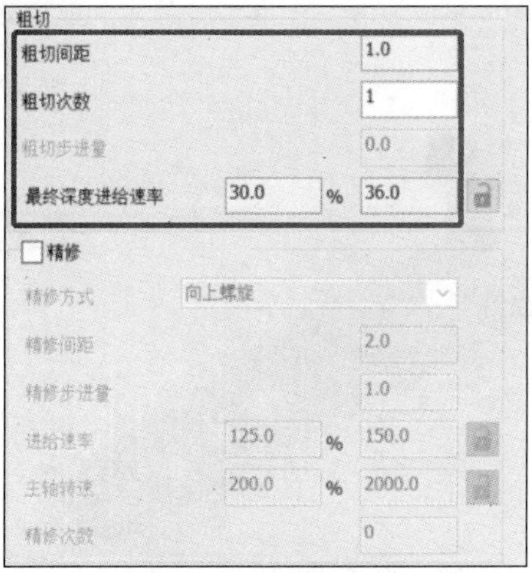

图 4-5-8　粗切参数设置

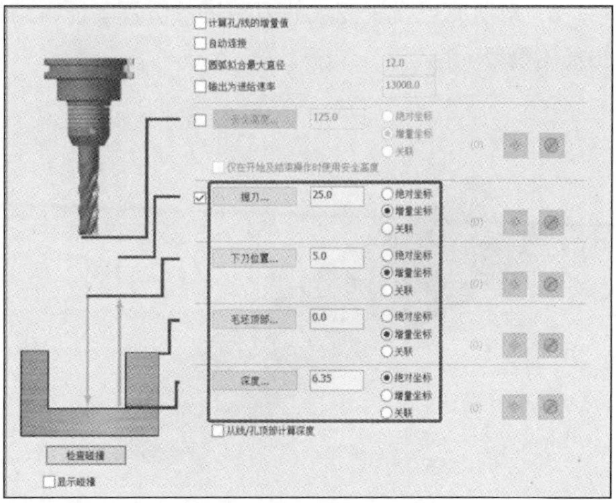

图 4-5-9　连接参数设置

4. 第 35 步刀路：在【刀路】工具栏中选择【钻孔】选项，刀具选择直径为 6.8mm 的钻头，参数设置如图 4-5-10 ~ 图 4-5-12 所示。

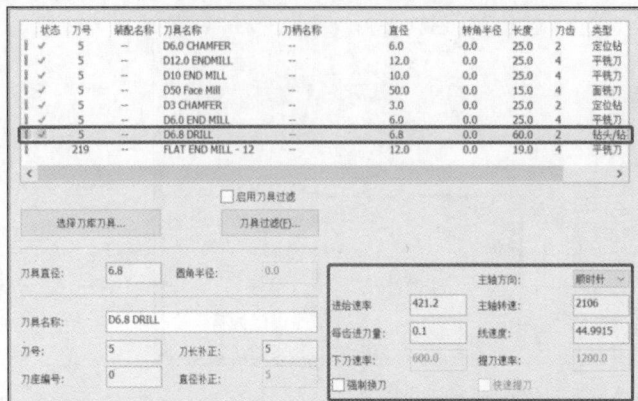

图 4-5-10　刀具和加工参数设置

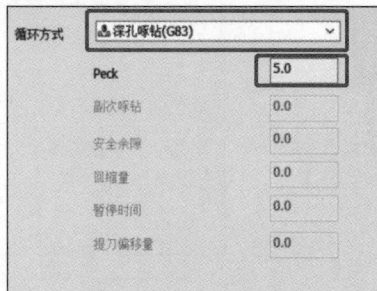

图 4-5-11　切削参数设置

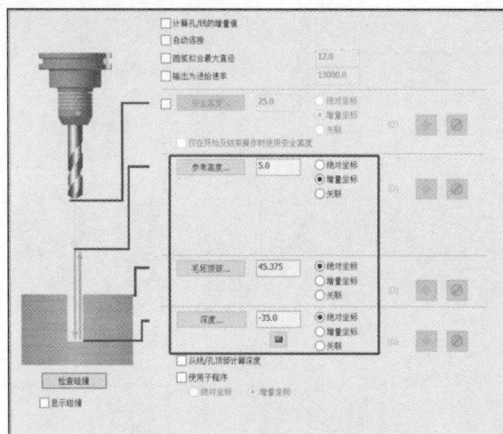

图 4-5-12　连接参数设置

5. 生成的刀路如图 4-5-13 所示。

6. 对所有已设置完成的刀路进行仿真验证，结果如图 4-5-14 所示。图 4-5-15 所示为航空翼肋实体模型。

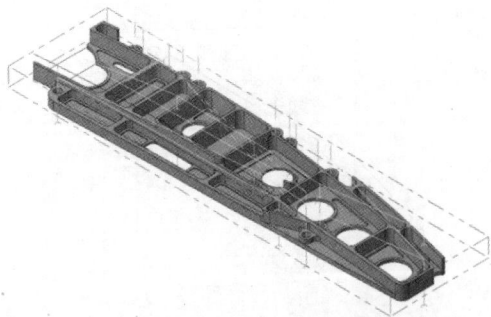

图 4-5-13　刀路

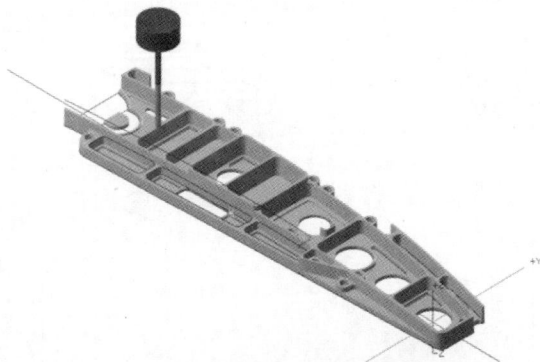

图 4-5-14　仿真验证结果

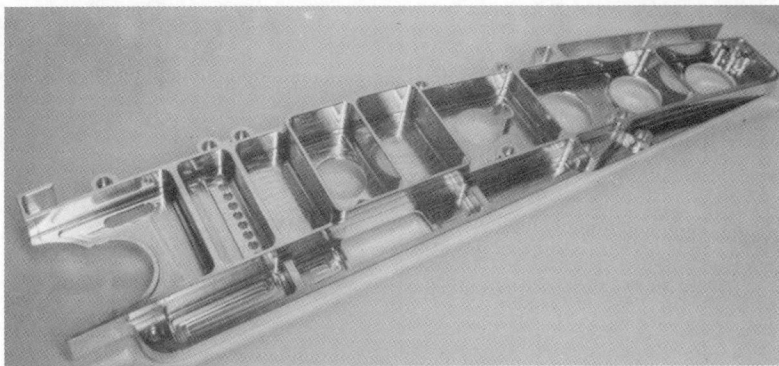

图 4-5-15 航空翼肋实体模型

7. 将文件保存为"航空翼肋-×××.emcam"。

【自测练习】

你能回答这些问题吗？

1. 在钻孔刀路中，【选取钻孔的点】的方式只有手工选取和自动选取两类。

A. 正确   B. 错误

2. 一般钻孔深度是有效钻深加上钻尖长度。在 Mastercam 中可打开哪个对话框进行补偿深度的设置？

A. 钻头尖部补偿   B. 偏移图素方式   C. 偏移图素方向

大国重器

水陆两用飞机

水陆两用飞机既有水上飞机的功能，能够在水面上停泊、栖息，在水面上起降，也有陆基飞机的功能，能够利用可收放式起落架在陆地跑道上起降。水陆两用飞机兼具水上飞机和陆基飞机的优点，主要执行海上巡查、反潜、应急救援和森林灭火等特种任务。

我国自行设计研制的"鲲龙-600"，是目前世界上在研最大的水陆两用飞机，它与大型运输机运-20 和大型客机 C919 并称为中国大型客机"三剑客"。其机身下半部分是船体，机身上部具有飞机气动布局，机翼两侧下方吊有两个浮筒，采用前三点可收放式起落架，保证既能水上起飞，又能陆地起飞。"鲲龙-600"可在水源与火场之间多次往返投水灭火，既可在水面汲水，也可在陆地机场注水，最多可载水 12t，单次投水救火面积可达 4000余平方米。"鲲龙-600"是一艘会飞的船，速度是救捞船舶的 10 倍以上，同时又是一架会游泳的飞机，拥有高抗浪船体设计，可在水面停泊实施救援。它具有汲水快、续航长、高抗浪的特性，能够满足森林灭火和水上救援的迫切需要。

任务 4-6　倒角加工设置

【任务情境】

该任务将对航空翼肋模型中的倒角进行仿真加工，主要使用 2D 外形铣削刀路，重点是 2D 外形铣削刀具的选用及参数的设置。

【学习目标】

1. 对航空翼肋零件进行倒角加工设置。
2. 熟练倒角加工参数设置。

演示视频

项目 4-航空翼肋-4-6-练习：
倒角加工设置

【任务练习】

练习：倒角加工设置

该部分对航空翼肋零件进行倒角加工设置。倒角指的是把工件的棱角切削成一定斜面后进行加工，可去除零件上因机加工产生的毛刺，以便进行零件装配，一般在零件端部倒角。

> **小提示**　从倒角的定义中可看出倒角是去除零件上因机加工产生的毛刺，使具有较锐利棱角或边缘物件的棱角变得缓和的工艺，可以有效地预防划伤。操作人员要不断增强安全意识，自觉遵守安全生产规定。

1. 右击【航空翼肋】，新建刀路群组，将其重命名为【倒角】，如图 4-6-1 所示。

图 4-6-1　【倒角】刀路群组

2. 该刀路群组一共有 11 步刀路，均为外形铣削加工方式，在【刀路】工具栏中选择【外形】选项。

在第 36 ~ 46 步刀路中，相同参数的设置如下：

① 刀具参数中，将【主轴转速】设置为【11671】，将【线速度】设置为【220】，将【下刀速率】设置为【600】。

② 切削参数中，将【外形铣削方式】设置为【2D 倒角】，将【内圆角半径】设置为【0.07】，将【外部拐角修剪半径】设置为【0】，将【壁边预留量】设置为【0】，将【底面预留量】设置为

【0】，将【倒角宽度】设置为【0.25】。

外形铣削加工参数的设置及各刀路串连图形的选取如表 4-6-1 所示。

表 4-6-1   外形铣削加工参数的设置及各刀路串连图形的选取

刀路编号	加工方式	加工参数设置			
36	外形	串连图形			
		刀具	M6		
		切削参数	补正方向	左	外形铣削方式	2D 倒角
			倒角宽度/mm	0.25	底部偏移/mm	0.6
			内圆角半径/mm	0.07	外部拐角修剪半径/mm	0
			壁边预留量/mm	0	底面预留量/mm	0
		进/退刀设置	直线		相切	
			长度/mm	（0%）0	半径/mm	（15%）0.9
		连接参数	安全高度/mm	—		
			提刀/mm	6.35（增量坐标）	下刀位置/mm	5.08（增量坐标）
			毛坯顶部/mm	36.83（绝对坐标）	深度/mm	0.0254（增量坐标）
37	外形	串连图形			
		刀具	M6		
		切削参数	补正方向	左	外形铣削方式	2D 倒角
			倒角宽度/mm	0.25	底部偏移/mm	0.5
			内圆角半径/mm	0.07	外部拐角修剪半径/mm	0
			壁边预留量/mm	0	底面预留量/mm	0
		进/退刀设置	直线		相切	
			长度/mm	（0%）0	半径/mm	（15%）0.9
		连接参数	安全高度/mm	—		
			提刀/mm	6.35（增量坐标）	下刀位置/mm	5.08（增量坐标）
			毛坯顶部/mm	36.83（绝对坐标）	深度/mm	0（增量坐标）

刀路编号	加工方式	加工参数设置			
38	外形	串连图形			
		刀具	M6		
		切削参数	补正方向	左	外形铣削方式	2D 倒角
			倒角宽度/mm	0.25	底部偏移/mm	2.5
			内圆角半径/mm	0.07	外部拐角修剪半径/mm	0
			壁边预留量/mm	0	底面预留量/mm	0
		进/退刀设置	直线		相切	
			长度/mm	（0%）0	半径/mm	（15%）0.9
			调整轮廓起始位置/mm	（133%）8 缩短	调整轮廓结束位置/mm	（133%）8 缩短
		连接参数	安全高度/mm	—		
			提刀/mm	6.35（增量坐标）	下刀位置/mm	5.08（增量坐标）
			毛坯顶部/mm	45.375（绝对坐标）	深度/mm	0.0254（增量坐标）
39	外形	串连图形			
		刀具	M6		
		切削参数	补正方向	左	外形铣削方式	2D 倒角
			倒角宽度/mm	0.25	底部偏移/mm	0.8
			内圆角半径/mm	0.07	外部拐角修剪半径/mm	0
			壁边预留量/mm	0	底面预留量/mm	0
		进/退刀设置	直线		相切	
			长度/mm	（0%）0	半径/mm	（15%）0.9
			调整轮廓起始位置/mm	（133%）8 缩短	调整轮廓结束位置/mm	（133%）8 缩短
		连接参数	安全高度/mm	—		
			提刀/mm	6.35（增量坐标）	下刀位置/mm	5.08（增量坐标）
			毛坯顶部/mm	45.375（绝对坐标）	深度/mm	0.0254（增量坐标）

续表

刀路编号	加工方式	加工参数设置				
40	外形	串连图形				
		刀具	M6			
		切削参数	补正方向	左	外形铣削方式	2D 倒角
			倒角宽度/mm	0.25	底部偏移/mm	1.2
			内圆角半径/mm	0.07	外部拐角修剪半径/mm	0
			壁边预留量/mm	0	底面预留量/mm	0
		进/退刀设置	直线		—	
			长度/mm	—	半径/mm	—
			调整轮廓起始位置/mm	（75%）4.5 缩短	调整轮廓结束位置/mm	（75%）4.5 缩短
		连接参数	安全高度/mm		—	
			提刀/mm	6.35（增量坐标）	下刀位置/mm	5.08（增量坐标）
			毛坯顶部/mm	36.83（绝对坐标）	深度/mm	0（增量坐标）
41	外形	串连图形				
		刀具	M6			
		切削参数	补正方向	左	外形铣削方式	2D 倒角
			倒角宽度/mm	0.25	底部偏移/mm	0.5
			内圆角半径/mm	0.07	外部拐角修剪半径/mm	0
			壁边预留量/mm	0	底面预留量/mm	0
		进/退刀设置	直线		相切	
			长度/mm	0	半径/mm	0
			调整轮廓起始位置/mm	（83%）5 缩短	调整轮廓结束位置/mm	（83%）5 缩短
		连接参数	安全高度/mm		—	
			提刀/mm	6.35（增量坐标）	下刀位置/mm	5.08（增量坐标）
			毛坯顶部/mm	36.83（绝对坐标）	深度/mm	0（增量坐标）

刀路编号	加工方式	加工参数设置				
42	外形	串连图形				
		刀具	M6			
		切削参数	补正方向	左	外形铣削方式	2D 倒角
			倒角宽度/mm	0.25	底部偏移/mm	0.5
			内圆角半径/mm	0.07	外部拐角修剪半径/mm	0
			壁边预留量/mm	0	底面预留量/mm	0
		进/退刀设置	直线	—		
			长度/mm	—	半径/mm	—
			调整轮廓起始位置/mm	—	调整轮廓结束位置/mm	—
		连接参数	安全高度/mm	—		
			提刀/mm	6.35（增量坐标）	下刀位置/mm	5.08（增量坐标）
			毛坯顶部/mm	45.375（绝对坐标）	深度/mm	0（增量坐标）
43	外形	串连图形				
		刀具	M6			
		切削参数	补正方向	左	外形铣削方式	2D 倒角
			倒角宽度/mm	0.25	底部偏移/mm	1.2
			内圆角半径/mm	0.07	外部拐角修剪半径/mm	0
			壁边预留量/mm	0	底面预留量/mm	0
		进/退刀设置	直线	—		
			长度/mm	0	半径/mm	（3%）0.18
			调整轮廓起始位置/mm	—	调整轮廓结束位置/mm	—
		连接参数	安全高度/mm	35		
			提刀/mm	6.35（增量坐标）	下刀位置/mm	5.08（增量坐标）
			毛坯顶部/mm	36.83（绝对坐标）	深度/mm	0（增量坐标）

续表

刀路编号	加工方式	加工参数设置				
44	外形	串连图形				
		刀具	M3			
		切削参数	补正方向	左	外形铣削方式	2D 倒角
			倒角宽度/mm	0.25	底部偏移/mm	0.5
			内圆角半径/mm	0.07	外部拐角修剪半径/mm	0
			壁边预留量/mm	0	底面预留量/mm	0
		进/退刀设置	直线	—		
			长度/mm	—	半径/mm	—
			调整轮廓起始位置/mm	（133%）4缩短	调整轮廓结束位置/mm	（133%）4缩短
		连接参数	安全高度/mm	—		
			提刀/mm	6.35（增量坐标）	下刀位置/mm	5.08（增量坐标）
			毛坯顶部/mm	45.375（绝对坐标）	深度/mm	0.0254（增量坐标）
45	外形	串连图形				
		刀具	M3			
		切削参数	补正方向	左	外形铣削方式	2D 倒角
			倒角宽度/mm	0.15	底部偏移/mm	0.5
			内圆角半径/mm	0.07	外部拐角修剪半径/mm	0
			壁边预留量/mm	0	底面预留量/mm	0
		进/退刀设置	直线	—		
			长度/mm	—	半径/mm	—
			调整轮廓起始位置/mm	（133%）4缩短	调整轮廓结束位置/mm	（133%）4缩短
		连接参数	安全高度/mm	—		
			提刀/mm	6.35（增量坐标）	下刀位置/mm	5.08（增量坐标）
			毛坯顶部/mm	45.375（绝对坐标）	深度/mm	0.0254（增量坐标）

刀路编号	加工方式	加工参数设置				
46	外形	串连图形				
		刀具	M3			
		切削参数	补正方向	左	外形铣削方式	2D 倒角
			倒角宽度/mm	0.15	底部偏移/mm	0.2
			内圆角半径/mm	0.07	外部拐角修剪半径/mm	0
			壁边预留量/mm	0	底面预留量/mm	0
		进/退刀设置	直线		—	
			长度/mm	—	半径/mm	—
			调整轮廓起始位置/mm	—	调整轮廓结束位置/mm	—
		连接参数	安全高度/mm		—	
			提刀/mm	6.35（增量坐标）	下刀位置/mm	5.08（增量坐标）
			毛坯顶部/mm	45.375（绝对坐标）	深度/mm	0.0254（增量坐标）

3. 生成的 2D 外形铣削刀路如图 4-6-2 所示。

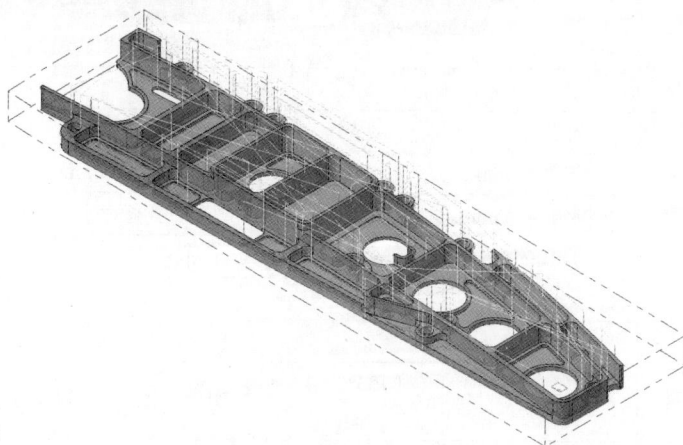

图 4-6-2　2D 外形铣削刀路

4. 对所有已设置完成的刀路进行仿真验证，结果如图 4-6-3 所示。

5. 将文件保存为"航空翼肋（倒角）-×××.emcam"。

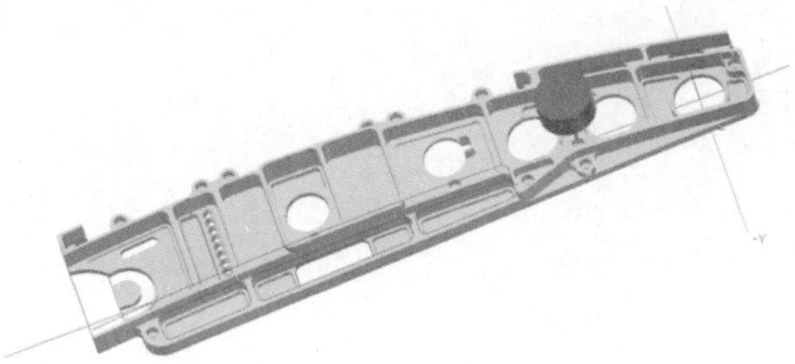

图 4-6-3 仿真验证结果

【自测练习】

你能回答这些问题吗？

1. 刀具的偏移图素方向有左偏移和右偏移两种，具体选择哪种偏移方向，应根据实际加工要求来进行。

A. 正确   B. 错误

2. 外形铣削加工有哪几种类型？

A. 2D   B. 2D 倒角

C. 斜线渐降加工   D. 残料加工

3. 在外形铣削中，当勾选【不提刀】复选框时，刀具从当前深度直接移动到下一层的切削深度。

A. 正确   B. 错误

大国重器

国产航空发动机

航空发动机被誉为现代工业皇冠上的"明珠"，综合应用了技术、材料和工艺，涉及三万多个零部件的精准加工和精密配合，需要设计研发、制造加工、材料技术等各环节的技术支持与严格的质量保证。20 世纪 60 年代初，为打破技术壁垒，独立发展航空动力尖端技术，我国在沈阳成立了专门的发动机设计研究所，开启了中国航空发动机自主研发的道路。

在指标要求严格、试验设备缺乏、研制经费紧张等不利条件下，"昆仑"发动机参研单位历尽艰辛、顽强拼搏，历时 10 多年，攻克了高低压压气机工作不匹配、高压涡轮叶片断裂、振动、高空大马赫数喘振停车、高空小表速切断加力停车等几十项重大关键技术，排除了地面试验和空中试飞中的上百次故障。最终，按照研制任务书、型号规范的规定及空军追加的试验要求，全面完成了地面考核试验和空中试飞任务，实现了设计定型，具备了装备中国空军的条件。"昆仑"发动机在继承成熟技术的基础上采用了近 40 项新技术、新材料、新工艺，如定向凝固、无余量精铸、复合冷却空心涡轮叶片技术等，这些技术的应用使我国在同等材料水平上有效提高了涡轮前温度，大大提升了发动机的推力。

1984 年启动研制的"昆仑"发动机，经过多年的技术攻坚和完善，最终在 1997 年 12 月 20 日试制成功，成为首台具有自主知识产权的高性能双转子加力涡轮喷气发动机。"昆仑"发动机的研制成功标志着我国真正走完了航空发动机自行设计、试制、试验、试飞的全过程。

国产航空发动机

任务 4-7　挑战：自主项目

现在读者已经基本了解了 Mastercam 的设计和编程过程，是时候设计和定制自己的项目了。对于这个自主项目，读者可使用 Mastercam 进行结构件加工和舱门加工。

【任务练习】

练习1：飞机结构件加工

飞机结构件是飞机机体骨架的重要组成部分，其主要由框、梁、肋及整体壁板结构组成。图 4-7-1 所示为飞机结构件，材料为航空铝 7075。

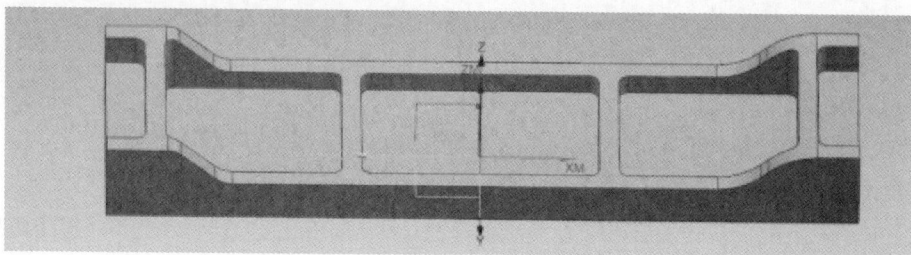

图 4-7-1　飞机结构件

要求根据图 4-7-2 所示的飞机结构件的二维图形进行建模并编排加工工艺表，完成仿真加工的编程操作并验证。注意，粗、精加工要分开进行。

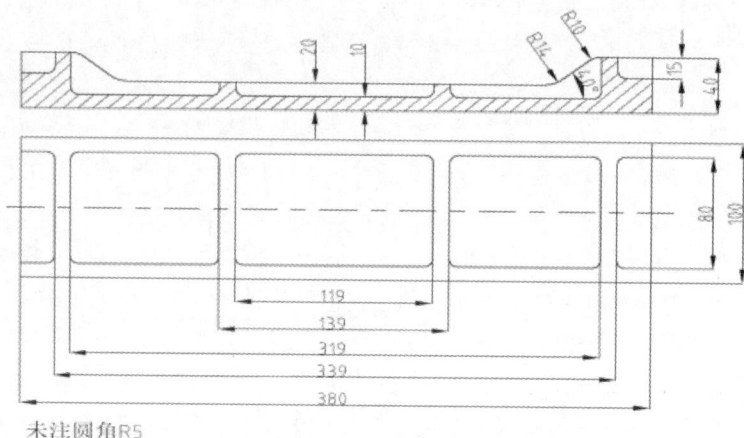

图 4-7-2　飞机结构件的二维图

练习2：飞机舱门加工

舱门为飞机机身的主要结构件，属于飞机的典型结构件，如图 4-7-3 所示。该结构件材料为航空铝 7075，毛坯尺寸为 1110mm×650mm×60mm，有体积较大、切削去除量大、腹板薄、多为直边等特征。

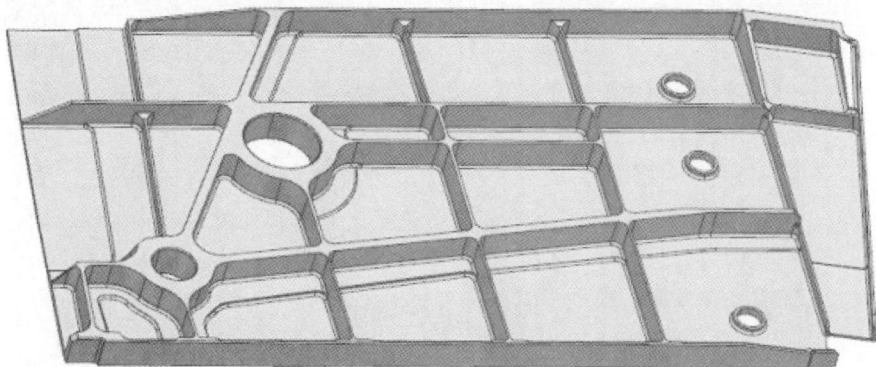

图 4-7-3　飞机舱门

自主项目评分标准如表 4-7-1 所示，要求编排飞机舱门加工工艺表，完成仿真加工的编程操作并验证。

表 4-7-1　　　　　　　　　　　　　　　自主项目评分标准

评定准则	最初	发展中	精通	可示范的
创造力	项目不是原创的，很少探究独特的或不同的想法	项目是原创的并展示了一些独特的想法	项目是原创的并展示了多个独特的想法	项目是独特的，并将这些独特或巧妙的方法进行融合
主动性	受挫便去寻求帮助，而不试图独立完成挑战	受挫时，在寻求帮助之前尝试独立解决这些问题	在寻求帮助之前，尝试以积极的态度独立完成挑战	坚持以积极的态度独立完成挑战
升级迭代	在练习期间不会尝试改进设计	尝试对项目进行单次改进，但以任何方式的改进都是失败的	尝试对项目进行单次的改进，并成功地改进了项目	尝试对项目进行多次改进，并且多次成功地改进了项目
持续学习	不去尝试采用一些新的技术或方法，只依赖于熟悉的方法	试图将一种新的技术或方法应用于项目中，但没有成功	在项目中展示出一种之前没有掌握的新的技术或方法	在项目中展示了多种之前没有掌握的新的方法或技术
展示	演讲不完整，内容不易理解	演讲是完整的，但可能杂乱无章或无法吸引观众的注意力	演讲是完整的、有条理的，能吸引观众的注意力	演讲是完整的，且有条理，并能以一种独特或引人入胜的方式吸引观众

赛证练习　　复杂部件数控多轴联动加工技术赛项

人物长廊

冯如

冯如（1884—1912 年）是我国第一位飞机设计师、制造师和飞行家，被誉为"中国航空之父"。冯如的一生，是为中华崛起而奋斗的一生，他把毕生精力都献给了祖国的航空事业。他创造了"六个第一"，提出了航空战略理论，对中华民族航空事业和人民空军发展带来了深远影响。

冯如 12 岁跟随舅舅前往美国谋生，经过 10 余年年的努力学习和积累，冯如精通了机械和电机的专业知识，能够熟练设计和制造各种机器。

1906 年，冯如开始收集有关设计、制造和驾驶飞机的资料，并着手实施飞机制造计划。经过不懈的努力，1909 年 9 月，冯如在世界首架飞机问世仅 6 年后，成功制造出了中国人自己设计的第一架飞机——"冯如 1 号"。冯如的首次试飞成功，标志着中国航空史的开端。1911 年 1 月，冯如又研制成功了一架新型飞机——"冯如 2 号"，当地报纸赞叹道："他为中国龙插上了翅膀。"

随着 1911 年 10 月辛亥革命的爆发，冯如被任命为广东革命军的飞机长，成为中国首位飞机长。他组织了北伐飞机侦察队，并在大约三个月的时间内，制成了中国国内第一架飞机，揭开了中国航空工业史新的一页。1912 年 4 月，冯如在广东进行了公开的飞行表演，这是中国人第一次驾驶自制的飞机在祖国领空上进行公开展示。1912 年 8 月 25 日，冯如在广州燕塘飞行表演中失事殉国，年仅 29 岁。冯如一生致力于发展中国航空事业，至死不渝，其精神值得后人敬仰。

冯如